머릿속에 쏙쏙!
방사선 노트

머릿속에 쏙쏙!

방사선 노트

고다마 가즈야 지음　김정환 옮김

시그마북스
Sigma Books

머릿속에 쏙쏙! 방사선 노트

발행일 2021년 3월 19일 초판 1쇄 발행
2024년 8월 5일 초판 2쇄 발행
지은이 고다마 가즈야
옮긴이 김정환
발행인 강학경
발행처 시그마북스
마케팅 정제용
에디터 최연정, 최윤정, 양수진
디자인 김은경, 김문배, 강경희, 정민애

등록번호 제10-965호
주소 서울특별시 영등포구 양평로 22길 21 선유도코오롱디지털타워 A402호
전자우편 sigmabooks@spress.co.kr
홈페이지 http://www.sigmabooks.co.kr
전화 (02) 2062-5288~9
팩시밀리 (02) 323-4197
ISBN 979-11-91307-19-1(03430)

ZUKAI MIJIKA NI AFURERU "HOUSHASEN"GA 3 JIKAN DE WAKARU HON
© KAZUYA KODAMA 2020
Originally published in Japan in 2020 by ASUKA PUBLISHING INC., Tokyo.
Korean translation rights arranged with ASUKA PUBLISHING INC., Tokyo,
through TOHAN CORPORATION, TOKYO and Enters Korea Co., Ltd., Seoul.

시작하며

방사선.

여러분은 이 단어를 보고 어떤 느낌을 받았는가? '최대한 멀리하고 싶은 것' 이렇게 생각한 사람도 적지 않을 것이다. 2011년에 후쿠시마 제1원자력 발전소에서 사고가 일어나 대량의 방사성 물질이 흘러나온 뒤로 일본에서 방사선을 의식하지 않으면서 살기는 어려워졌다. 이것은 참으로 골치 아픈 일이다. 방사선은 눈에 보이지도 않고 냄새나 맛도 없기 때문에 눈앞을 날아다니고 있어도 알 수가 없다. 그렇다 보니 '그전까지 내 주변에 방사선 같은 건 있지도 않았는데, 원자력 발전소 사고 때문에 방사선이 근처까지 날아왔다'라고 생각하는 사람도 있을 것이다.

그러나 사실 방사선은 그전부터 항상 우리의 주변을 날아다니고 있었다. 우주나 지표면에서 방사선이 날아오고, 음식에서도 방사선이 나오며, 여러분의 몸에서도 방사선이 방출된다. 방사선을 대량으로 맞으면 생물은 죽고 만다. 맞는 양이 늘어나면 '암'에 걸릴 위험성도 높아진다. 그러나 일상생활을 하면서 우주나 대지, 음식 등에서 나오는 수준의 방사선을 걱정할 필요는 전혀 없다.

방사선은 우리 생활 속에서도 다양한 곳에서 모습을 드러낸다. 병원에서 찍는 '엑스선' 사진도 방사선을 이용한 것이고, 타이어를 튼튼하게 만드는 데도 방사선

이 사용되며, 쓰지만 맛있는 오키나와의 여주를 일본 본토에서 먹을 수 있게 된 것도 방사선 덕분이다.

이렇듯 방사선은 항상 우리 주변에 존재하지만, 어떤 이유로 그 양이 많아지면 우리에게 좋지 않은 일이 일어난다. 다시 말해 방사선을 생각할 때는 '양(量)'이 중요하다는 말이다.

이런 방사선과 함께 살기 위해서는 '방사선이란 이런 것이다'라는 지식을 갖는 것이 중요하다. 그래서 이 책에 방사선의 기초 지식을 담았다. 항목은 많지만 하나하나를 개별적으로 읽을 수 있도록 구성했기 때문에 어떤 부분부터 읽더라도 방사선의 다양한 '얼굴'을 알게 될 것이다. 이 책을 읽은 여러분이 방사선과 함께 살기 위한 힌트를 조금이라도 파악한다면 참으로 기쁠 것이다.

마지막으로, 이 책이 완성되기까지 아스카 출판사의 다나카 유야 씨에게 많은 도움을 받았다. 글을 어렵게 쓰는 경향이 있는 필자에게 여러 가지 조언을 해 주신 덕분에 재미있고 이해하기 쉬운 문장으로 다듬을 수 있었다.

고다마 가즈야

차례

프롤로그 '방사선'이란 무엇일까?

제 5 장   원자력 발전의 원리와 후쿠시마 제1원자력 발전소 사고

제 6 장 원자로와 방사선의 사건 · 사고

여러 가지 '방사선'

알파(α)선

우라늄이나 라듐 같은 무거운 방사성 핵종의 원자핵이 방출하는 방사선으로, 양성자 2개와 중성자 2개의 덩어리다. 플러스 전하(전기)를 띠며 무거운 까닭에 얇은 종이도 뚫고 지나가지 못한다. 물질 속을 돌진하면서 큰 전기적 힘을 미치기 때문에 충돌한 물질에 지대한 영향을 준다.

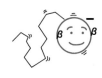

베타(β)선

원자핵에서 튀어나오는 전자. 질량이 작고(알파선의 7,300분의 1) 마이너스 전하를 띠기 때문에 주위에 있는 물질의 영향을 받아서 지그재그로 움직인다. 날아가는 거리는 공기 속일 경우 수십 센티미터에서 수 미터 정도다. 종이는 통과할 수 있지만 알루미늄 호일은 통과하지 못한다.

감마(γ)선

불안정한 원자핵에서 잉여 에너지를 받아 튀어나온, 눈에 보이지 않는 고에너지의 빛. 전자파여서 공기 속에서도 영향을 받지 않고 에너지가 없어질 때까지 직선적으로, 때로는 수 킬로미터까지도 날아간다. 콘크리트나 납 같은 것이 아니고서는 막을 수가 없다.

중성자선

중성자는 양성자와 함께 원자핵을 구성하는 소립자다. 우라늄-238 같은 무거운 방사성 핵종은 그냥 내버려 둬도 핵이 자연히 2개로 분열될 때가 있는데, 이때 중성자가 튀어나온다. 이것을 중성자선이라고 하며, 전하를 띠지 않아서 물질을 매우 쉽게 통과한다.

엑스(X)선

감마선과 같은 고에너지의 전자파이지만, 엑스선은 원자핵의 바깥에서 나온다. 전자가 공간을 날고 있을 때 원자핵 근처를 지나가거나 해서 속도가 변화하면 에너지의 일부가 엑스선으로서 방출된다.

여러 가지 '방사능'

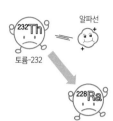

알파(α) 붕괴

우라늄이나 토륨 같은 매우 무거운 원자가 알파선을 방출해 다른 원자가 되는 것을 알파 붕괴라고 한다. 알파 붕괴가 일어나면 원자 번호가 2, 질량수가 4 작아진다. 알파선이 나올 때 감마선도 나오는 경우가 많다.

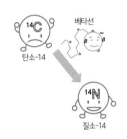

베타(β)선 붕괴

베타 붕괴는 세 종류로, ① 전자(마이너스의 전하)가 방출되는 베타 마이너스 붕괴(원자 번호가 1 커진다), ② 양전자(플러스의 전하)가 방출되는 베타 플러스 붕괴(원자 번호가 1 작아진다), ③ 전자가 원자핵에 포획되는 전자 포획(원자 번호가 1 작아진다)이 있으며, 질량수는 모두 변하지 않는다.

이성질핵 전이

원자 번호도 질량수도 같지만 원자핵의 안정성이 다른 두 종류 이상의 핵종이 있을 경우, 서로를 이성질핵이라고 한다. 불안정한 이성질핵은 m을 붙여서 구별한다. 이성질핵이 잉여 에너지를 감마선으로 방출하고 다른 이성질핵으로 바뀌는 것을 이성질핵 전이라고 한다.

자발 핵분열

외부에서 에너지를 주거나 중성자를 충돌시키지 않아도 원자핵이 자연히 2개로 분열되는 것을 자발 핵분열이라고 하며, 분열된 파편을 핵분열 생성물이라고 한다. 원자 번호가 굉장히 큰 원소가 자발 핵분열을 일으키며, 이때 고속의 중성자가 나온다.

삼중수소(트리튬)

가장 가벼운 방사성 핵종으로, 반감기는 12.3년이다. 우리의 몸속에는 우주선(宇宙線)이 만들어 낸 삼중수소가 존재하며, 눈물 한 방울에 수천 개가 들어 있다. 베타선을 방출하지만 에너지가 매우 약한 까닭에 물속에서 0.001밀리미터 정도밖에 날아가지 못한다.

탄소-14

우주선이 공기 속의 질소와 충돌해서 생긴 방사성 핵종으로, 반감기는 5,730년이다. 지상으로 내려온 탄소-14를 식물이 흡수하고, 먹이 사슬을 거쳐 우리의 몸속으로 들어온다. 몸무게가 60킬로그램인 사람의 몸속에서는 1초에 약 2,500개의 탄소-14가 붕괴되고 있다.

칼륨-40

칼륨(포타슘)은 생물이 살아가는 데 꼭 필요한 원소(필수 원소)다. 칼륨 원자 가운데 0.012퍼센트는 방사성인 칼륨-40으로, 몸무게가 60킬로그램인 사람의 몸속에는 0.014그램의 칼륨-40이 들어 있다. 여기에서 매분 약 3만 개의 감마선이 나와서 몸을 빠져나간다.

루비듐-87

루비듐은 나트륨이나 칼륨과 비슷한 성질을 지니고 있으며, 천연 루비듐 가운데 27.8퍼센트가 방사성인 루비듐-87이다. 인체에는 칼륨-40보다 많은 약 0.9그램의 루비듐-87이 들어 있지만, 반감기가 490억 년이어서 방사능은 칼륨-40보다 약하다.

우라늄-238

우라늄은 천연 중에서 가장 원자 번호가 큰 원소로, 사람의 몸속에는 약 0.1밀리그램이 존재한다. 그 우라늄 가운데 우라늄-238은 99.275퍼센트를 차지하고 있으며, 반감기는 44억 6,000만 년으로 매우 길다. 그런 까닭에 우라늄에서 나오는 방사선보다는 우라늄이 지니고 있는 중금속으로서의 독성이 더 강하다.

라돈-222

우라늄-238이 알파 붕괴를 반복하는 과정에서 생기는 방사성 핵종. 토륨-232에서 생기는 라돈-220도 방사성으로, 둘 다 알파선을 방출한다. 건축 자재로 사용한 흙이나 암석에서 라돈이 방출되며, 집 내부의 라돈 농도와 폐암 발생의 상관관계가 주목받고 있다.

납-214

공기 속을 떠도는 라돈-222가 붕괴해서 생긴다. 같은 과정에서 생기는 비스무트-214와 함께 빗방울에 섞이면 근처로 내려오기 때문에 비가 내리면 방사선량이 증가한다. 다만 반감기가 납-214의 경우 26.8분, 비스무트-214의 경우 19.9분으로 짧은 까닭에 비가 그치면 방사선량은 금방 감소한다.

토륨-232

천연에 존재하는 토륨의 대부분은 토륨 232다. 반감기가 140억년으로 길며, 지구 탄생 당시에 있던 토륨 232중 85%가 지금도 남아 있다. 일찍이 X선 진단에 토륨의 조영제가 사용되어 10년 이상 경과해 백혈병이나 골종양이 다발했다.

스트론튬-90

우라늄 100개가 핵분열을 일으키면 약 6개의 스트론튬-90이 생긴다. 반감기는 28.7년으로, 운전 중인 원자력 발전소에는 스트론튬-90이 대량으로 쌓여 있다. 성질이 칼슘과 비슷해 뼈에 쌓이며, 베타선을 지속적으로 방출해 골종양 등의 원인이 된다.

요오드-131

우라늄 100개가 핵분열을 일으키면 약 4개의 요오드-131이 생긴다. 요오드(아이오딘)는 갑상선 호르몬의 재료이기 때문에 요오드-131도 갑상선에 축적되어 방사선을 조사(照射)한다. 반감기가 8.04일로 짧으며, 원자력 발전소 사고가 일어난 직후에는 요오드-131의 피폭이 문제가 된다.

세슘-137

우라늄 100개가 핵분열을 일으키면 약 6개의 세슘-137이 생긴다. 반감기는 30.0년으로, 운전 중인 원자력 발전소에는 세슘-137도 대량으로 쌓여 있다. 휘발성인 까닭에 원자력 발전소 사고가 일어나면 외부 환경으로 방출되기 쉽다. 나트륨(소듐)이나 칼륨(포타슘)과 비슷한 성질을 지닌다.

테크네튬-99m

테크네튬의 동위 원소는 전부 방사성이기 때문에 지구가 탄생할 때 존재했던 테크네튬은 현재 전부 사라졌다. 테크네튬-99m은 이성질핵 전이로 투과력이 강한 감마선을 방출하는데다가 반감기가 6.01시간으로 짧기 때문에 병원에서 검사용으로 자주 사용된다.

라듐-226

라듐은 퀴리 부부가 우라늄 광석에서 발견한 원소. 허술한 실험실에서 위험한 연구를 계속한 탓에 두 사람은 대량의 방사선을 쐬고 말았다. 라듐-226의 반감기는 1,600년이며, 과거에 방사능 단위로 사용했던 퀴리(Ci)의 기준은 라듐-226 1그램이 지닌 방사능이었다.

폴로늄-210

퀴리 부부가 우라늄 광석에서 발견한 최초의 방사성 원소. 명칭은 마리 퀴리의 조국인 폴란드에서 유래했다. 폴로늄-210은 알파 붕괴를 일으키며, 반감기가 138.4일이고 강한 방사능을 지녀서 몸속에 들어가면 매우 위험하다.

플루토늄-239

전쟁의 도구로 사용된 방사성 원소. 우라늄-238에 중성자를 충돌시켜 핵반응을 일으킴으로써 만든다. 반감기가 2만 4,110년으로 어중간하게 길어서 강한 방사능이 좀처럼 감소하지 않는다. 일단 몸속에 들어가면 거의 배설되지 않는다.

프롤로그

'방사선'이란 무엇일까?

01

'방사선'이란 무엇일까?

양성자 수와 중성자 수의 균형이 깨지면 원자핵은 불안정한 상태가 된다. 불안정한 원자핵은 안정 상태가 되어 차분해지고 싶기 때문에 잉여 에너지를 방사선으로 방출한다.

방사선은 높은 에너지를 지닌 입자의 흐름

방사선은 원자핵의 잉여 에너지를 받기 때문에 빠른 속도로 날고 있다. 방사선에는 전하를 지닌 알갱이(알파선, 베타선)와 빛의 알갱이(감마선)가 있는데, 모두 에너지를 잔뜩 가진 작은 알갱이의 흐름이다.

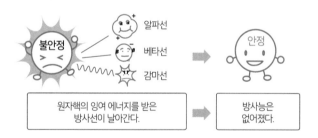

불안정한 원자는 방사선을 방출하고 다른 원자로 바뀐다. 이 성질을 "방사능을 지녔다"라고 말한다. 잉여 에너지를 방출해서 안정적인 원자가 되면 방사능은 사라진다.

방사선을 둘 이상 방출하는 것도 있다

방사선을 하나 방출했지만 안정되지 않아서 하나를 더 방출하는 원자도 있다.

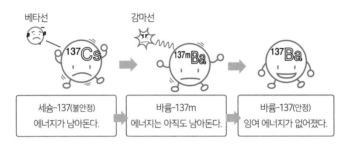

| 세슘-137(불안정) 에너지가 남아돈다. | 바륨-137m 에너지는 아직도 남아돈다. | 바륨-137(안정) 잉여 에너지가 없어졌다. |

또한 그랬는데도 안정되지 않아서 방사선을 계속 방출한 끝에 겨우 안정되는 원자도 있다.

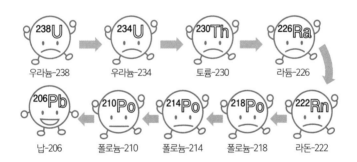

방사선의 방출 패턴은 원자에 따라 정해져 있다

불안정한 원자가 방사선을 방출할 때, 무엇이 나올지는 정해져 있다.

알파선과 감마선의 경우, 방출된 방사선의 에너지 크기를 측정하

삼중수소(트리튬)	베타선
탄소-14	베타선
칼륨-40	베타선 · 감마선
스트론튬-90	베타선
요오드-131	베타선 · 감마선
세슘-137	베타선 · 감마선
라돈-222	알파선
라듐-226	알파선
우라늄-235	알파선

면 어떤 원자에서 나왔는지 알 수 있다.

02

'방사선', '방사능', '방사성 물질'은 어떻게 다를까?

반딧불이에 비유하면, '반딧불이가 내는 빛=방사선', '반딧불이=방사성 물질', '빛을 내는 능력= 방사능'이다. 반딧불이가 곤충 채집함에서 도망친 것이 방사능 누출에 해당된다.

반딧불이가 내는 빛=방사선

방사선은 불안정한 원자가 그대로는 차분해질 수가 없기 때문에 잉여 에너지를 방출할 때 나오는 것이다. 반딧불이에 비유하면 반딧불이가 내는 빛이 '방사선'에 해당된다.

반딧불이=방사성 물질

방사선을 방출하는 물질을 방사성 물질이라고 한다. 반딧불이에 비유하면 빛을 내는 물질인 반딧불이가 '방사성 물질'인 셈이다.

빛을 내는 능력=방사능

불안정한 원자는 그냥 내버려 둬도 저절로 방사선을 방출하고 다른 원자로 바뀌어 버린다. 이렇게 방사선을 방출하는 능력을 '방사능'이 라고 한다. 반딧불이에 비유하면, 반딧불이는 빛을 내는 능력이 있으 므로 '방사능을 지니고 있는' 셈이 된다. 그리고 반딧불이가 곤충 채 집함에서 도망친 것이 '방사능 누출'이다.

반딧불이
(방사성 물질)

반딧불이가 도망쳤다
(방사능 누출)

반딧불이가 내는 빛
(방사선)

빛을 내는 능력
(방사능)

반딧불이가 내는 빛 = 방사선
반딧불이 = 방사성 물질
빛을 내는 능력 = 방사능
반딧불이가 도망쳤다 = 방사능 누출

03 방사선은 어디에서 날아오는 걸까?

방사선은 우리 눈에 보이지 않을 뿐만 아니라 냄새나 맛도 없기 때문에 우리 주변에는 존재하지 않는 것처럼 느껴진다. 그러나 전용 측정기를 사용하면 하늘에서도, 땅에서도, 심지어 여러분의 몸에서도 나오고 있음을 알게 된다.

우주에서 날아온다

우리가 지구에서 살 수 있는 것은 태양 덕분인데, 태양에서는 빛이나 열과 함께 방사선도 날아온다. 별이 대폭발(초신성 폭발)을 일으켰을 때 튀어나온 아주 높은 에너지의 방사선도 우주를 날아다니고 있으며, 지구로 내려오기도 한다. 이런 방사선을 우주방사선[또는 우주선(宇宙線)]이라고 하며, 높은 하늘을 나는 비행기의 승무원이나 우주비행사들은 이 우주방사선으로부터 몸을 지킬 필요가 있다.

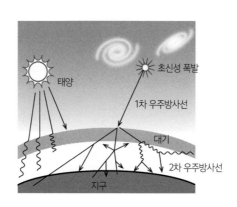

지면이나 공기 속에서도 날아온다

우리의 발밑에서도 방사선이 날아온다. 땅속에 있는 우라늄이나 토륨, 칼륨-40 등에서 날아오는 방사선으로, 지구를 따뜻하게 데우는 열원의 역할도 하고 있다. 지면에서 나온 라돈이 공기 속에 스며들어 있기 때문에 비가 내리면 방사선의 양도 증가한다.

인간의 몸속에서 날아온다

우리의 몸속에는 음식이나 공기에서 섭취한 방사성 물질이 있으며, 그 방사성 물질이 끊임없이 방사선을 방출한다.

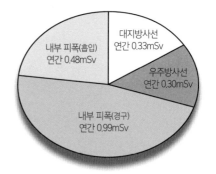

　이런 방사선을 전부 합친다면 일본인은 평균적으로 1년에 2.10밀리시버트의 방사선을 쐬고 있다.

04 어떻게 해야 방사선을 측정할 수 있을까?

방사선은 눈에 보이지 않지만, 측정기가 있으면 얼마나 많은 방사선이 우리 주위를 날아다니고 있는지 알 수 있다. 높이를 바꿔서 측정하면 원자력 발전소에서 날아온 방사성 물질이 있는지 없는지도 알 수 있다.

방사선 측정기로 우리 주위의 방사선을 측정한다

우리 주변에는 자연의 방사선이 날아다니고 있으며, 소형 방사선 측정기가 있으면 그런 자연의 방사선을 손쉽게 측정할 수 있다. 또한 원자력 발전소 사고로 퍼진 방사성 물질에서 나오는 방사선은 환경에서의 분포 등이 자연의 방사선과 다르기 때문에 측정기를 능숙하게 사용하면 그것이 있는지 없는지, 있다면 얼마나 있는지도 알 수 있다.

방사선 측정기로 측정할 수 있는 방사선

방사선 측정기로 측정할 수 있는 것은 우주에서 날아온 방사선과 대지나 건물에서 날아온 방사선으로, 전부 감마선이다. 감마선은 멀리까지 날기 때문에 수십~수백 미터나 떨어진 곳에서 날아온 감마선도 측정기에 들어온다.

방사선 측정기로 측정할 수 있는 방사선

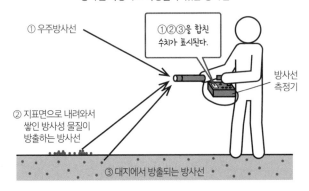

① 우주방사선

①②③을 합친 수치가 표시된다.

방사선 측정기

② 지표면으로 내려와서 쌓인 방사성 물질이 방출하는 방사선

③ 대지에서 방출되는 방사선

지표면으로부터의 높이를 바꿔서 측정한다

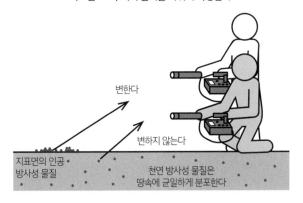

변한다

변하지 않는다

지표면의 인공 방사성 물질

천연 방사성 물질은 땅속에 균일하게 분포한다

높이에 따라 측정값이 변한다
➡ 지표면으로 내려와서 쌓인 방사성 물질이 있다

높이를 바꿔서 측정하면 원자력 발전소에서 날아온 방사성 물질을 알 수 있다

땅속 방사성 물질은 균일하게 분포하기 때문에 지면으로부터의 높이를 바꾸더라도 측정값이 달라지지 않는다. 한편 원자력 발전소 사고로 날아온 방사성 물질은 지표면 근처로 내려와서 쌓이기 때문에 측정기 위치를 높이면 측정값이 낮아진다. 1미터 높이와 30센티미터 높이의 측정값이 다르다면 원자력 발전소에서 날아온 방사성 물질이 존재할 가능성이 있다.

05

방사선은 어디에서 활용될까?

방사선은 물질을 뚫고 지나가거나, 물질에 전리 또는 들뜸을 일으키거나, 열을 내는 등의 성질이 있다. 이런 성질 때문에 과학과 의료, 공업, 농업 등 다양한 분야에서 방사선을 이용하고 있다.

방사선은 다양한 물질을 뚫고 지나간다

병이 있는지 조사한다	물건을 부수지 않고 내부를 들여다본다	여러 가지 물건을 측정한다
엑스선 촬영 CT 검사 · RI(핵의학) 검사 PET 검사	비파괴 검사 건물 · 수화물 검사 문화재 · 화산	탱크 속 액체의 액면 높이 종이의 두께 흙의 밀도 코크스의 수분 함량

방사성 물질을 표적으로 삼는다

물질의 움직임을 살핀다

트레이서(추적자)
화학 · 생물학 · 농학 등에서 이용
RI 검사 · PET 검사

방사성 물질이 붕괴할 때 나오는 열을 이용한다

열원, 전원으로 사용한다

우주 탐사선

방사선이 물질에 에너지를 줘서 전리 · 들뜸을 일으킨다

병을 치료한다

암의 치료
집중적으로 노린다.
깊숙한 부분도 치료한다.
방사선원(源)을 몸속에 삽입한다.

농업에 이용한다

해충 구제
여주(고야), 망고

품종 개량
보리, 옥수수, 국화

식품 보존
감자 싹 방지

물건의 성질을 변화시킨다

고분자 화합물의 가공
화분증용 마스크
래디얼 타이어
잉크의 윤활제

필요 없는 물질을 분해한다

**배기가스의
대기 오염 물질을 분해**

위험물의 독성을 낮춤

제 1 장

방사선과 방사능의

기본을 공부하자

01

'원자'는 무엇이고 '원자핵'은 무엇일까?

방사선 이야기를 시작하기에 앞서, 먼저 원자와 원자핵의 구조를 간단하게 설명하겠다. 방사선을 이해하려면 원자와 원자핵의 구조를 아는 것이 매우 중요하다.

원자의 중심에는 원자핵이 있고, 그 주위를 전자가 돌고 있다

우리 몸은 물과 단백질 등 여러 가지 재료로 구성된다. 이런 재료를 '물질'이라고 하는데, 물질은 다시 '원자'라는 아주 작은 알갱이로 구성된다. 원자의 종류는 고작 100여 가지에 불과하며, 원자의 종류를 '원소'라고 한다.

나트륨(소듐)을 예로 들면서 원자의 구조를 설명하겠다. 나트륨은 소금(염화나트륨) 속에 들어 있다.

원자의 중심에는 원자핵이 있고, 그 주위를 전자가 돌고 있다. 원자핵은 플러스(+) 전하(전기)를 띠는 양성자와 전하를 띠지 않는 중성자로 구성된다. 양성

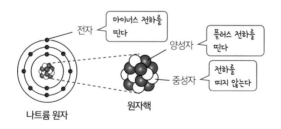

전자 ─ 마이너스 전하를 띤다
양성자 ─ 플러스 전하를 띤다
중성자 ─ 전하를 띠지 않는다
나트륨 원자   원자핵

자 1개의 전하는 1+다. 원자핵에 들어 있는 양성자 수는 원소에 따라 정해져 있으며, 그 수를 원자 번호라고 한다. 나트륨의 원자핵에는 양성자가 11개 있는데, 이 때문에 나트륨의 원자 번호는 11이 된다.

원자핵 주위를 돌고 있는 전자는 마이너스(-) 전하를 띤다. 전자 1개의 전하는 1-다. 원자핵의 양성자 수와 원자핵의 주위를 돌고 있는 전자의 수는 똑같기 때문에 +와 −가 상쇄되어 원자 전체의 전하는 0이 된다.

원자 속에는 전자가 규칙적으로 채워져 있다

원자핵 주위를 돌고 있는 전자는 제멋대로 도는 것이 아니라 전자껍질이라는 궤도 위를 돈다. 전자껍질에는 원자핵과 가까운 쪽부터 순서대로 K껍질, L껍질, M껍질……이라는 이름이 붙어 있으며, 각각의 전자껍질에 들어갈 수 있는 전자의 수는 2개, 8개, 18개……로 정해져 있다.

전자는 안쪽에 위치한 전자껍질부터 순서대로 들어간다. 요컨대 K껍질에 전자 2개가 들어가면 그다음에는 L껍질에 전자 8개가 들어가는 식이다. 이렇게 전자가 전자껍질에 들어가는 방식을 전자 배치라

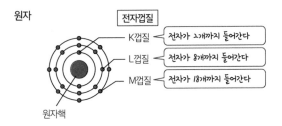

원자

전자껍질

K껍질 ← 전자가 2개까지 들어간다

L껍질 ← 전자가 8개까지 들어간다

M껍질 ← 전자가 18개까지 들어간다

원자핵

	1	2	3	4	5	6	7	8
가전자 수	(1+) ₁H 수소							(2+) ₂He 헬륨
	(3+) ₃Li 리튬	(4+) ₄Be 베릴륨	(5+) ₅B 붕소	(6+) ₆C 탄소	(7+) ₇N 질소	(8+) ₈O 산소	(9+) ₉F 불소(플루오린)	(10+) ₁₀Ne 네온
	(11+) ₁₁Na 나트륨(소듐)	(12+) ₁₂Mg 마그네슘	(13+) ₁₃Al 알루미늄	(14+) ₁₄Si 규소	(15+) ₁₅P 인	(16+) ₁₆S 황	(17+) ₁₇Cl 염소	(18+) ₁₈Ar 아르곤

고 한다. 위 그림은 원자 번호가 1인 수소부터 18인 아르곤까지의 전자 배치를 나타낸 것이다.

가전자 수가 원자의 화학적 성질을 결정한다

원자에는 다른 원자와의 결합의 용이성이라든가 결합 방식 같은 화학적 성질이 있다. 이런 화학적 성질은 가장 바깥쪽 원자껍질에 들어 있는 **전자(가전자)의 수에 따라 결정된다.**

　위 그림에서 제일 오른쪽 열에 있는 세 원소(헬륨, 네온, 아르곤)는 가장 바깥쪽 원자껍질에 전자가 가득 채워져 있다. 이 세 원소는 모두 상온에서 기체(가스) 상태이며, 다른 원자와 반응하는 일이 거의 없기 때문에 비활성 기체라고 부른다. 비활성 기체가 다른 원자와 잘 반응하

나트륨 원자 나트륨 이온 염소 원자 염화물 이온
Na Na⁺ Cl Cl⁻

이 전자를 방출한다 이곳에 전자를 받아들인다

지 않는 이유는 가장 바깥쪽에 있는 원자껍질이 전자로 가득 채워져 있어서 원자 하나만 있는 상태에서도 안정적으로 존재할 수 있기 때문이다.

　비활성 기체 이외의 원자는 전자를 방출하거나 받아들여서 안정적인 전자 배치가 되려고 하는 경향이 있다. 예를 들어 나트륨은 가전자 수가 1개이기 때문에 이것을 방출하면 네온과 같은 전자 배치가 된다. 그러면 원자핵의 양성자 수보다 전자 수가 1개 적어지므로 플러스의 전하를 띤 양이온이 된다.[1]

　한편 염소 원자는 가전자 수가 7개다. 그래서 전자를 1개 받아들이면 아르곤과 같은 전자 배치가 되는데, 그러면 원자핵의 양성자 수보다 전자 수가 1개 많아지므로 마이너스의 전하를 띤 음이온이 된다.

가전자 수가 같은 전자끼리는 화학적 성질이 비슷하다

전자 배치를 나타낸 왼쪽 페이지의 표를 다시 한번 유심히 살펴보자. 각 열의 가장 윗부분에 가전자 수가 적혀 있는데, 가전자 수가 1개인 리튬과 나트륨, 가전자 수가 7개인 불소와 염소는 각각 화학적 성질

1　이온은 전자를 가진 원자 또는 원자의 집합이다. 원자 또는 원자의 집합이 1개에서 여러 개의 전자를 방출하면 양이온, 1개에서 여러 개의 전자를 받아들이면 음이온이 된다.

이 매우 유사하다.

리튬은 가전자 수가 1개이므로 전자를 1개 방출하면 헬륨과 같은 전자 배치가 되며, 그러면 나트륨과 같은 1+의 전하를 가진 양이온이 된다. 한편 불소 원자는 가전자 수가 7개이므로 전자를 1개 받아들이면 네온과 같은 전자 배치가 되며, 그러면 염소와 마찬가지로 1-의 전하를 가진 음이온이 된다. 이렇게 해서 가전자 수가 같은 원자끼리는 화학적 성질이 비슷해진다(40페이지 '원소 주기율표'를 참조).

이것은 꼭 기억해 두기 바란다. 뒤에서 "스트론튬은 칼슘과 화학적 성질이 비슷하기 때문에 뼈에 축적된다" 같은 설명을 하게 되는데, '가전자 수가 같은 원자끼리는 화학적 성질이 비슷하다'는 것이 이 설명을 이해하는 열쇠가 된다.

방사성인지 방사성이 아닌지는 원자핵의 안정성이 결정한다

원자의 화학적 성질은 가전자, 즉 가장 바깥쪽 전자껍질에 들어 있는 전자의 수에 따라 결정되는 것이었다. 그렇다면 어떤 원자가 방사능을 지니고 있다거나 지니고 있지 않다거나 하는 성질은 무엇에 따라 결정되는 걸까?

앞에서 이야기한 나트륨에는 원자핵에 양성자가 11개 있으며, 가령 소금에 들어 있는 나트륨의 경우 원자핵에 중성자가 12개 있다. 즉 양성자와 중성자의 수를 더하면 23개가 된다. 이처럼 **원자핵에 있는 양성자 수와 중성자 수를 더한 숫자를 질량수**라고 하며, 양성자가 11개이고 중성자가 12개인 나트륨은 나트륨-23이라고 부른다. 한편 나트륨에는 중성자가 11개 또는 13개인 것도 있어서, 그런 것들은 각각 나트륨-22와 나트륨-24라고 한다. 이와 같이 **원자 번호는 같지만 질량수가 다른 원자들을 동위 원소(동위체)라고 부른다.**

나트륨의 동위 원소 중 나트륨-23은 영원히 나트륨-23에서 변하지 않는다. 이처럼 시간이 지나도 원자핵이 같은 상태인 것을 '안정'이라고 한다. 그런데 나트륨-22와 나트륨-24는 자연히 다른 원자로 바뀌어 버리며(불안정), 이때 방사선이 튀어나온다. 이렇게 **원자핵이 불안정해서 자연히 방사선을 방출하는 성질을 방사능이라고 한다.**

다음 그림은 세 나트륨 동위 원소의 양성자, 중성자, 전자의 수를 나타낸 것이다. 전자 수는 모두 같지만 안정적인 원자와 불안정한 원자가 있다. 이 말은 원자가 안정한가 불안정한가는 전자와 상관이 없다는 의미다. 원자핵이 안정한가 불안정한가를 결정하는 것은 양성자 수와 중성자 수의 균형이다. 원자핵은 중성자가 너무 많아도, 혹은 너무 적어도 불안정해진다.

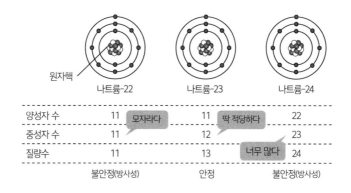

	나트륨-22	나트륨-23	나트륨-24
양성자 수	11 (모자라다)	11 (딱 적당하다)	22
중성자 수	11	12	23
질량수	11	13 (너무 많다)	24
	불안정(방사성)	안정	불안정(방사성)

원소 주기율표

1	2	3	4	5	6	7	8	9

| I
H
수소 | | | | | | | | |

범례

Tc
테크네튬 — 동위 원소가 전부 방사성인 원소

3 **Li** 리튬	4 **Be** 베릴륨
11 **Na** 나트륨(소듐)	12 **Mg** 마그네슘

19 **K** 칼륨(포타슘)	20 **Ca** 칼슘	21 **Sc** 스칸듐	22 **Ti** 타이타늄(티타늄)	23 **V** 바나듐	24 **Cr** 크로뮴(크롬)	25 **Mn** 망가니즈(망간)	26 **Fe** 철	27 **Co** 코발트
37 **Rb** 루비듐	38 **Sr** 스트론튬	39 **Y** 이트륨	40 **Zr** 지르코늄	41 **Nb** 나이오븀	42 **Mo** 몰리브데넘 (몰리브덴)	43 **Tc** 테크네튬	44 **Ru** 루테늄	45 **Rh** 로듐
55 **Cs** 세슘	56 **Ba** 바륨	57~71 란타넘족	72 **Hf** 하프늄	73 **Ta** 탄탈럼	74 **W** 텅스텐	75 **Re** 레늄	76 **Os** 오스뮴	77 **Ir** 이리듐
87 **Fr** 프랑슘	88 **Ra** 라듐	89~103 악티늄족	104 **Rf** 러더포듐	105 **Db** 더브늄	106 **Sg** 시보귬	107 **Bh** 보륨	108 **Hs** 하슘	109 **Mt** 마이트너륨

란타넘족	57 **La** 란타넘	58 **Ce** 세륨	59 **Pr** 프라세오디뮴	60 **Nd** 네오디뮴	61 **Pm** 프로메튬	62 **Sm** 사마륨

악티늄족	89 **Ac** 악티늄	90 **Th** 토륨	91 **Pa** 프로트악티늄	92 **U** 우라늄	93 **Np** 넵투늄	94 **Pu** 플루토늄

10	11	12	13	14	15	16	17	18
								2 **He** 헬륨
			5 **B** 붕소	6 **C** 탄소	7 **N** 질소	8 **O** 산소	9 **F** 불소(플루오린)	10 **Ne** 네온
			13 **Al** 알루미늄	14 **Si** 규소	15 **P** 인	16 **S** 황	17 **Cl** 염소	18 **Ar** 아르곤
28 **Ni** 니켈	29 **Cu** 구리	30 **Zn** 아연	31 **Ga** 갈륨	32 **Ge** 저마늄(게르마늄)	33 **As** 비소	34 **Se** 셀레늄	35 **Br** 브로민	36 **Kr** 크립톤
46 **Pd** 팔라듐	47 **Ag** 은	48 **Cd** 카드뮴	49 **In** 인듐	50 **Sn** 주석	51 **Sb** 안티모니	52 **Te** 텔루륨	53 **I** 요오드 (아이오딘)	54 **Xe** 제논
78 **Pt** 백금	79 **Au** 금	80 **Hg** 수은	81 **Tl** 탈륨	82 **Pb** 납	83 **Bi** 비스무트	84 **Po** 폴로늄	85 **At** 아스타틴	86 **Rn** 라돈
110 **Ds** 다름슈타튬	111 **Rg** 뢴트게늄	112 **Cn** 코페르니슘	113 **Nh** 니호늄	114 **Fl** 플레로븀	115 **Mc** 모스코븀	116 **Lv** 리버모륨	117 **Ts** 테네신	118 **Og** 오가네손

63 **Eu** 유로퓸	64 **Gd** 가돌리늄	65 **Tb** 터븀	66 **Dy** 디스프로슘	67 **Ho** 홀뮴	68 **Er** 어븀	69 **Tm** 툴륨	70 **Yb** 이터븀	71 **Lu** 루테튬
95 **Am** 아메리슘	96 **Cm** 퀴륨	97 **Bk** 버클륨	98 **Cf** 캘리포늄	99 **Es** 아인슈타이늄	100 **Fm** 페르뮴	101 **Md** 멘델레븀	102 **No** 노벨륨	103 **Lr** 로렌슘

02

방사선은 어떤 식으로 날아다닐까?

불안정한 원자핵은 잉여 에너지를 방사선에 실어서 외부에 방출한다. 그 에너지는 입자나 전자기파 형태로 원자핵에서 나오며, 그 차이에 따라 방사선의 종류가 나뉜다.

잉여 에너지를 싣고 밖으로 나간다

앞에서 이야기했듯이, 원자핵이 안정한가 불안정한가는 양성자 수와 중성자 수의 균형에 따라 결정되며, 중성자가 너무 많거나 적으면 원자핵은 불안정해진다. 그리고 원자핵이 불안정하다는 것은 에너지가 남아도는 상태를 말한다. 불안정한 원자핵은 그 상태에서는 차분해질 수가 없기 때문에 잉여 에너지를 밖으로 방출함으로써 안정적인 원자핵이 되려고 한다.

불안정한 원자핵이 안정적인 원자핵으로 바뀔 때 잉여 에너지를 싣고 밖으로 나가는 것이 방사선이다. 방사선은 여러 종류가 있는데, 크게 입자(알파선, 베타선)와 전자기파(감마선)로 나뉜다.

알파선 : 플러스 전하를 띤 무거운 입자

알파선은 우라늄이나 라듐 등 무거운 원자핵[1]이 붕괴될 때 나오는 방사선이다.

---

1 주기율표에서 아래쪽에 있는 우라늄이나 라듐은 주기율표의 위쪽에 있는 원소보다 양성자나 중성자의 수가 많기 때문에 원자핵이 무겁다.

양성자 2개와 중성자 2개의 덩어리로, 헬륨-4
의 원자핵과 동일하다.[2] 양성자 2개가 들어
있어서 2+의 전하를 띤다. 양성자와 중

알파선은 양성자 2개와
중성자 2개의 입자

성자의 질량은 둘 다 전자의 1,840배 정도로 거의 같다. 이처럼 알파
선은 플러스 전하를 띠며 매우 무겁다는 특징이 있다.

플러스 전하를 띠므로 날아가는 도중에 주위의 원자와 상호작용
을 일으켜 전리나 들뜸[3]을 반복하는 가운데 에너지를 잃어 간다. 그
런 까닭에 알파선은 날아가는 거리(비거리)가 짧다. 공기 속에서는 2~3센티미
터, 몸속에서는 그 1,000분의 1 정도밖에 날지 못한다.

또한 오른쪽 그림을 보
면 알 수 있듯이, 알파선은
무거운 까닭에 대부분이
똑바로 돌진하여 최대 비
거리 근처까지 날아간 뒤
그 지점에서 갑자기 멈춰
버린다. 그리고 멈출 때 주
위 물질에 큰 에너지를 집

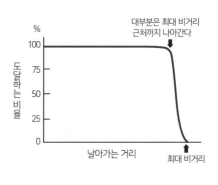

알파선의 비행

중적으로 준다. 그런 까닭에 **몸속을 나는 알파선은 세포 속 물질을 파괴해**
지대한 피해를 입힌다.

---

2 원자핵이 아닌 곳에서 양성자 2개와 중성자 2개의 입자가 나올 경우는 알파선과 구별해 헬
　룸선이라고 부른다.
3 원자핵 주위를 돌고 있는 전자가 원자로부터 떨어져 나가는 것을 전리, 밖으로는 떨어져 나
　가지 않고 안쪽 궤도에서 바깥쪽 궤도로 이동하는 것을 들뜸(여기)이라고 한다.

몸 밖에서 날아다니는 알파선은 종이 한 장에 막히기 때문에 문제가 되지 않는다. 그러나 몸속에서 방출된 알파선은 좁은 범위에 커다란 타격을 입힌다. 그렇기 때문에 알파선을 방출하는 방사성 핵종이 몸속에 들어오지 않게 하는 것이 중요하다.

베타선 : 원자핵에서 튀어나오는 전자

베타선은 원자핵에서 튀어나오는 전자다.[4] 불안정한 원자핵에서 잉여 에너지를 받았기 때문에 엄청난 기세로 날아간다.

같은 종류의 원자핵에서 튀어나온 베타선이라 해도 지니고 있는 에너지는 하나하나가 전부 다르다.[5] 이것이 알파선이나 감마선과 다른 점이다. 베

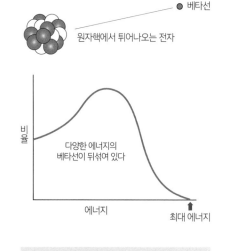

원자핵에서 튀어나오는 전자

타선의 에너지를 조사해 보면 위 그림처럼 저마다 에너지가 다른 것들이 섞여 있다.

---

4 원자핵이 아닌 곳에서 나오는 전자는 알파선과 구별해 전자선이라고 부른다.

5 같은 종류의 원자핵에서 나왔음에도 방사선 하나하나의 에너지가 전부 다른 것을 연속 에너지 스펙트럼이라고 한다. 한편 에너지가 한 가지로 정해져 있는 것은 선 에너지 스펙트럼이라고 한다.

베타선의 질량은 알파선의 7,300분의 1 정도다. 가볍고 마이너스 전하를 띠는 까닭에 물질 속을 날아가는 과정에서 주위의 원자핵에 진로가 크게 꺾

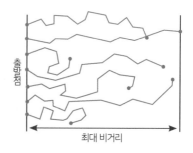

출발지점

최대 비거리

인다. 그래서 베타선이 비행하는 모습을 보면 술 취한 사람처럼 갈지자로 움직이며 하나하나가 다른 패턴으로 날아다니는 것을 알 수 있다(오른쪽 상단 그림).

베타선은 비행 패턴이 저마다 다르기 때문에 가령 칼륨-40과 세슘-137에서 나온 베타선이 뒤섞여 날고 있더라도 눈앞을 지나간 베타선이 어디에서 나온 것인지 구별할 방법이 없다.

몸 밖에서 베타선이 날아다니고 있더라도 피부에서 멈춰 버리기 때문에 그다지 걱정할 필요는 없다. 그러나 몸속을 날아다닐 경우는 알파선 정도는 아니지만 세포에 피해를 입힌다.

감마선 : 원자핵의 에너지를 받은 전자기파

감마선은 불안정한 원자핵에서 잉여 에너지를 받아서 튀어나온 전자기파(빛의 입자)다.[6] 감

감마선

원자핵의 잉여 에너지를 전자기파로서 방출한다

---

6   원자핵이 아닌 곳에서 튀어나온 전자기파는 감마선과 구별해 엑스선이라고 부른다.

마선은 전하를 띠지 않기 때문에 원자에 끌어당겨지거나 튕기지 않으며, 그래서 물질 속을 날고 있어도 좀처럼 멈추지 않는다. 공기 속에서는 에너지가 없어질 때까지 수 킬로미터를 직선으로 날아가기도 한다. 감마선을 저지하려면(차폐하려면) 납이나 두꺼운 콘크리트가 필요하다.

알파선과 베타선은 몸 밖에서 날아오더라도 피부를 통과하지 못하고 멈춰 버리지만, 감마선은 피부를 뚫고 몸속까지 들어온다. 그런 까닭에 감마선이 많이 날아다니는 환경에서는 감마선을 차폐할 필요가 있다. 한편 몸속에서 발생한 감마선은 몸을 뚫고 밖으로 나가 버리기 때문에 그다지 피해를 입히지 않는다.

03 전자레인지도 방사선을 방출할까?

앞서 이야기했듯이, 감마선이나 엑스선은 전자기파(빛의 입자)다. 전자기파에는 햇빛(가시광선)이나 전자레인지의 마이크로파, 전기난로의 적외선 등도 포함된다. 그렇다면 이런 전자기파도 방사선일까?

파장이 짧을수록 에너지가 크다

다음 그림은 여러 가지 전자기파와 그 전자기파의 파장을 나타낸 것이다. 전자기파는 전부 빛의 입자이며, 파동으로서 공간 속을 퍼져나간다. 전자기파는 파동이기 때문에 파장과 진동수가 있다. 파장은 1회 진동하는 동안 나아가는 거리, 진동수는 1초 동안 진동이 반복되는 횟수를 나타낸다.

빛의 에너지는 진동수에 정비례하는 것으로 알려져 있다. 또한 파장×진동수는 전자기파가 1초 동안 나아가는 거리(와 속도)를 나타내

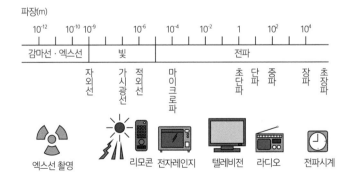

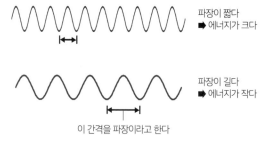

파장이 짧다
➡ 에너지가 크다

파장이 길다
➡ 에너지가 작다

이 간격을 파장이라고 한다

는데, 빛의 속도는 진공 속일 경우 초속 약 30만 킬로미터로 일정하다. 이것은 파장과 진동수는 반비례함을 의미한다. 이러한 사실을 정리하면 **파장이 짧은 전자기파일수록 빛의 에너지가 크다**는 결론이 나온다.

앞 페이지의 그림에는 각 전자기파의 파장이 표시되어 있다. 왼쪽으로 갈수록 파장이 짧고, 오른쪽으로 갈수록 파장이 길어진다. 다시 말해 왼쪽으로 갈수록 에너지가 크고 오른쪽으로 갈수록 에너지가 작다는 이야기다.

방사선인지 아닌지를 나누는 기준은 '전리가 가능한가, 불가능한가?'

감마선이나 엑스선이 물질과 충돌하면 원자에서 전자가 튀어나오는데, 이 전자를 2차 전자라고 한다. 가시광선도 원자에 작용해 2차 전자를 튀어나오게 할 때가 있다. 그리고 이 2차 전자가 다른 원자에 부딪혔을 때 상대를 전리시키느냐 전리시키지 않느냐에 따라 방사선인가 방사선이 아닌가가 나뉜다.

전리는 감마선이나 엑스선이 원자에 부딪혔을 때 원자핵 주위를 돌고 있던 전자(궤도 전자)가 원자 밖으로 쫓겨나는 현상이다. 한편

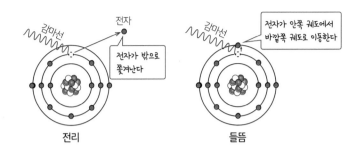

전리

들뜸

궤도 전자가 원자 밖으로 쫓겨나지는 않고 안쪽 궤도에서 바깥쪽 궤도로 이동하는 경우도 있는데, 이를 들뜸(여기)이라고 한다. **방사선이 인체에 영향을 끼치는 이유는 세포 속에서 전리나 들뜸이 일어나기 때문이다.**

햇빛이나 전자레인지의 마이크로파는 방사선이 아니다

감마선이 물질에 부딪히면 원자에 작용해 궤도 전자가 튀어나온다(2차 전자). 그리고 튀어나온 2차 전자는 날아가면서 다른 원자에 작용해 궤도 전자를 튀어나오게 한다. 전자가 지닌 마이너스 전하와 다른 원자의 궤도 전자가 지닌 마이너스 전하가 서로 반발한 결과 궤도 전자가 튀어나가는 것이다.

2차 전자가 전리를 유발할 수 있는 것을 전리 방사선이라고 한다. 감마선이나 엑스선은 전리 방사선이다.

한편 햇빛(가시광선)도 원자에 작용해 궤도 전자를 튀어나오게 만들 때가 있다. 그러나 이때 튀어나온 2차 전자는 날아가면서 다른 원자에 작용해 궤도 전자를 튀어나오게 하지 못한다. 2차 전자의 에너지가 작기 때문이다.

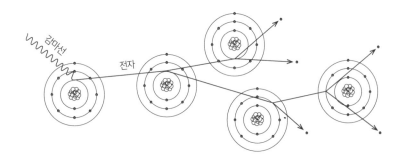

감마선

전자

감마선이 일으키는 전리

이처럼 2차 전자가 전리를 유발하지 못하는 것을 비전리 방사선이라고 한다. 본래 방사선은 전리 방사선과 비전리 방사선을 모두 포함하는 용어이지만, 전리 방사선만을 방사선이라고 부르는 경우가 대부분이다.

파장이 매우 짧은 전자기파는 에너지가 굉장히 크기 때문에 2차 전자도 전리를 유발할 수 있다(방사선). 한편 그 밖의 전자기파는 에너지가 크지 않은 까닭에 2차 전자가 전리를 유발하지 못한다(방사선이 아니다). 그러므로 햇빛(가시광선)이나 전자레인지의 마이크로파, 전기난로의 적외선은 방사선이 아니다.

'방사능'이란 무엇일까?

방사능(방사선을 방출하는 능력)에는 여러 종류가 있으며, 원자핵의 잉여 에너지를 방출하는 방식과 이때 나오는 방사선도 저마다 다르다.

방사선을 방출하는 능력을 방사능이라고 하며, 방사능에는 몇 가지 종류가 있다. 이번에는 그 이야기를 하려고 한다.

무거운 원자가 알파선을 방출하는 알파 붕괴

우라늄이나 토륨 같은 매우 무거운 원자가 알파선을 방출해 다른 원자가 되는 것을 알파 붕괴라고 한다.

앞에서도 말했듯이, 알파선은 양성자 2개와 중성자 2개의 덩어리다. 원자핵에서 알파선이 나오면 본래의 원자보다 원자 번호가 2, 질량수가 4 작아진다. 예를 들어 토륨-232가 알파 붕괴를 일으키면 라듐-228이 된다.

매우 무거운 원자는 알파선을 1개 방출하더라도 아직 불안정하기 때문에 알파 붕괴를 계속한다. 예를 들어 우라늄-238은 다음과 같이 알파 붕괴를 반복한 끝에 최종적으로

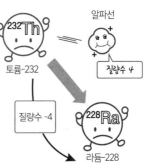

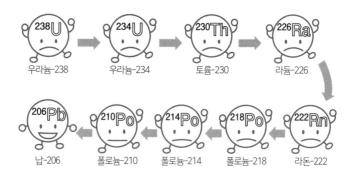

우라늄-238 우라늄-234 토륨-230 라듐-226

납-206 폴로늄-210 폴로늄-214 폴로늄-218 라돈-222

납-206이 되어서야 비로소 안정 상태가 되어 방사선을 방출하지 않게 된다.

이런 방사능 핵종이 몸속에 들어가면 몸속에서 계속 방사선을 방출하기 때문에 매우 골치 아픈 문제가 된다.

원자핵에서 전자를 방출하는 베타 붕괴

불안정한 원자가 원자핵에서 베타선(전자)을 방출해 다른 원자로 변하는 것을 베타 붕괴라고 하며, 베타 붕괴에는 세 종류가 있다.

① 베타 마이너스 붕괴(전자가 튀어나온다)

첫 번째는 베타 마이너스 붕괴로, 마이너스 전하를 띤 평범한 전자가 튀어나온다. 베타 마이너스 붕괴에서는 원자핵의 양성자 1개가 늘어나고 중성자 1개가 줄어들기 때문에 결과적으로 원

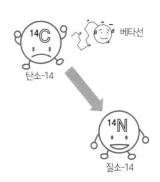

탄소-14 베타선
질소-14

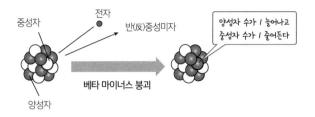

자 번호가 1 커지며 질량수는 달라지지 않는다.

그런데 앞에서도 이야기했지만 베타 붕괴에서 나온 전자는 하나하나의 에너지가 전부 다르다. 베타 마이너스 붕괴에서 이 현상이 발견되었을 때, 물리학자들은 모두 머리를 쥐어 감싸며 고민에 빠졌다. 이를 대포가 포탄을 발사하는 경우에 비유해서 설명하면 다음과 같다.

대포에서 포탄을 발사할 때 화약의 폭발로 발생하는 에너지는 일정하다. 대포도 폭발의 반동을 받지만, 대포와 포탄에 에너지가 배분되는 비율은 정해져 있기 때문에 포탄이 얼마나 날아갈지는 예측이 가능하다. 그런데 베타 마이너스 붕괴에서는 대포에 포탄을 재고 화약에 불을 붙였더니 포탄이 아니라 대포가 날아가는 현상이 일어난 것이다.

이런 현상이 일어난 이유는 베타 마이너스 붕괴가 일어날 때 원자핵에서 중성미자[1]라는 소립자가 함께 튀어나왔기 때문이다. **베타 마이너스 붕괴가 일어날 때 원자핵에서 반출된 에너지를 전자와 중성미자가 규칙성**

---

1 중성미자(뉴트리노)는 전하를 띠지 않는 작은 소립자로, 다른 물질과 반응하는 일이 거의 없다. 반(反)중성미자(안티뉴트리노)는 중성미자와 스핀(각운동량)만 다를 뿐 다른 성질은 똑같은 입자다. 이런 입자를 반(反)입자라고 한다.

없이 받았기 때문에 베타선 하나하나의 에너지가 달랐던 것이다.

② 베타 플러스 붕괴(양전자가 튀어나온다)

두 번째는 베타 플러스 붕괴로, 플러스 전하를 띤 양전자[2]가 나온다. 베타 플러스 붕괴에서는 원자핵의 양성자가 1개 줄어들고 중성자가 1개 늘어나기 때문에 결과적으로 원자 번호가 1 작아지며 질량수는 달라지지 않는다.

양전자는 날아가는 과정에서 전리나 들뜸을 반복하며 에너지를 잃어간다. 주위에는 전자가 많이 있으므로 양전자는 그중 한 전자와 결합해 2개의 감마선[3]을 방출하고 사라진다. 이 현상을 쌍소멸이라고 한다.

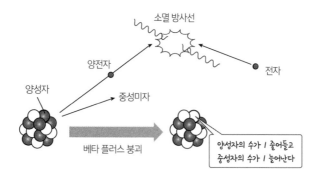

---

2 양전자는 플러스 전하를 띠며, 다른 성질은 전자와 완전히 똑같다. 즉 양전자는 전자의 반입자다.

3 이 감마선을 소멸 방사선이라고 한다.

③ 전자 포획(베타 붕괴이지만 전자는 튀어나오지 않는다)

세 번째는 전자 포획으로, 전자를 방출하는 대신 궤도 전자 중 하나가 원자핵으로 떨어진다. 전자 포획에서는 원자핵의 양성자가 1개 줄어들고 중성자가 1개 늘어나기 때문에 결과적으로 원자 번호가 1 작아지며 질량수는 달라지지 않는다. 궤도 전자가 원자핵에 포획되면 원자핵 속의 양성자와 전자가 결합해 중성자와 중성미자가 만들어지며, 뉴트리노가 튀어나온다.

전자 포획이 일어나면 궤도 전자가 있었던 곳이 비어 버린다. 그러면 바깥쪽 궤도를 돌고 있었던 전자가 떨어져 빈자리를 채우며, 바깥쪽과 안쪽 전자 궤도의 에너지 차이가 엑스선으로서 방출된다. 이 엑스선을 특성 엑스선이라고 한다.

전자 포획이 일어날 때는 베타선이 방출되지 않는다. 그렇다면 어떻게 전자 포획이 일어났음을 알 수 있을까? 그 이유는 전자 포획이 일어나면 즉시 특성 엑스선이 나오기 때문이다.

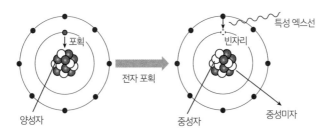

감마선을 방출해서 안정 상태가 된다 : 이성질핵 전이

이번에는 감마선이 어떤 식으로 방출되는지 알아보자. 원자 번호도
질량수도 같은데 원자핵의 안정성이 다른 두 종류 이상의 핵종이 있
을 경우, 서로를 이성질핵이라고 한다.

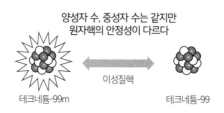

양성자 수, 중성자 수는 같지만
원자핵의 안정성이 다르다

이성질핵

테크네튬-99m   테크네튬-99

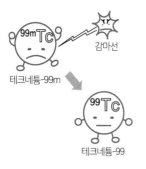

감마선

테크네튬-99m

테크네튬-99

이성질핵 전이는 잉여 에너지를 지니고 있
는 이성질핵이 감마선을 방출해서 다른 이성
질핵으로 바뀌는 현상이다. 가령 병원에서
는 테크네튬-99m[4]이 이성질핵 전이를
일으킬 때 방출하는 감마선을 질병 검
사에 자주 이용한다.

원자핵이 자연히 둘로 분열된다 : 자발 핵분열

지금까지 불안정한 원자핵에서 에너지를 받아 방사선이 튀어나오는

---

4 이성질핵 중에서 불안정한 쪽에 'm'을 붙여 구별한다. 테크네튬-99m은 이성질핵 전이를
   일으킬 때 투과력이 강한 감마선을 방출하며 반감기가 6.01시간으로 짧기 때문에 병원의
   질병 검사에 자주 사용된다.

세 가지 현상을 설명했는데, 네 번째는 불안전한 원자핵 자체가 둘로 갈라지는 현상이다.

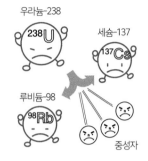

원자력 발전소의 원자로에서는 우라늄 등의 원자핵에 중성자가 충돌해서 원자핵이 둘로 분열되는 현상이 일어나고 있다. 이것을 핵분열이라고 한다. 그런데 **중성자를 충돌시키지 않아도 원자핵이 자연히 둘로 분열되는 경우가 있다. 이것을 자발 핵분열이라고 하며, 분열된 파편은 핵분열 생성물이라고 부른다.** 자발 핵분열이 일어날 때는 고속의 중성자도 튀어나온다.

우라늄 같은 무거운 원자가 둘로 분열되어 작아지면 알파 붕괴를 계속하는 것보다 쉽고 빠르게 안정될 수 있다. 이때 파편은 정확히 절반씩이 아니라 한쪽이 조금 크고 다른 쪽이 조금 작은 크기로 분열된다.

05 방사능은 시간이 얼마나 지나야 사라질까?

방사능은 원자가 방사선을 방출하는 능력이다. 그렇다면 방사능을 지니고 있는 원자는 영원히
방사능을 지닌 상태로 있을까?

안정적인 원자가 되면 방사능은 사라진다

여기 불안정한 원자가 하나 있다고 가정하자. 이 원자는 방사선을 방
출해서 안정적인 원자가 되려고 한다. 그리고 안정적인 원자가 되면
더는 방사선을 방출하지 않게 된다. 다시 말해 방사능이 사라진 것이
다. 요컨대 '방사능을 지니고 있는 원자는 영원히 방사능을 지닌 상태로 있는'
것이 아니며, 방사선을 방출해서 안정적인 원자가 되면 방사능은 사라진다.

방사능을 지닌 원자가 절반으로 줄어드는 시간이 반감기

그렇다면 불안정한 원자가 하나 있을 때 그 원자가 언제 방사선을 방
출할지 알 수 있을까? 사실 이것은 누구도 알 수 없다. 알 수 있는 것
은 불안정한 원자가 가령 100개 있을 때 그 원자가 절반인 50개로
줄어드는 데 걸리는 시간이다. 이 시간, 즉 **방사선을 지닌 원자가 절반으
로 줄어드는 시간을 반감기라고 한다.**

다음 그림을 보기 바란다. 제일 왼쪽에 불안정한 원자가 36개 있는
데, 10일이 지나자 이 가운데 절반인 18개가 방사선을 방출해 안정

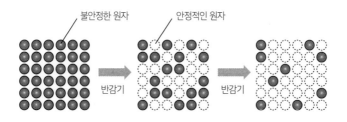

불안정한 원자   안정적인 원자

반감기   반감기

상태가 되었고 불안정한 원자는 18개만 남았다고 가정하자. 이 경우 반감기는 10일이 된다.

그렇다면 다시 10일이 지난 뒤에는 남은 18개의 불안정한 원자도 전부 안정 상태가 되어서 불안정한 원자가 없어질까? 그렇지 않다. 18개의 불안정한 원자 가운데 절반인 9개가 방사선을 방출해 안정 상태가 되며, 불안정한 원자는 9개가 남는다.

이것을 그림으로 나타내면 다음과 같다. 처음에 1이었던 불안정한 원자의 수(방사능)는 반감기가 오면 절반이 안정적으로 변하며, 이에 따라 불안정한 원자 수는 절반으로 줄어든다. 그리고 다음 반감기가

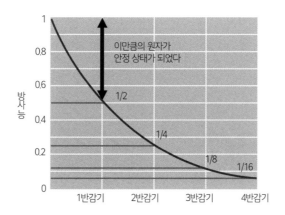

이만큼의 원자가 안정 상태가 되었다

방사능

1/2
1/4
1/8
1/16

1반감기 2반감기 3반감기 4반감기

오면 남은 불안정한 원자 중 절반이 안정적인 원자로 변하며, 이에 따라 불안정한 원자는 다시 절반으로 줄어든다. 처음에 있었던 불안정한 원자 수와 비교하면 절반의 절반, 즉 4분의 1이 되는 것이다.

이와 같이 처음에 1이었던 불안정한 원자는 반감기가 올 때마다 2분의 1 → 4분의 1 → 8분의 1 → 16분의 1……로 줄어든다.

방사성 원자의 종류별로 반감기가 정해져 있다

방사능을 지닌 원자(방사성 물질)로는 삼중수소라든가 탄소-14, 우라늄-238 등 수많은 종류가 있다. 오른쪽 표는 몇 가지 방사성 물질의 반감기를 나타낸 것이다. 테크네튬-99m의 6.01시간이나 요오드(아이오딘)-131의 8.04일처럼 반감기가 짧은 것이 있는가 하면, 백금-190의

방사성 물질의 반감기

삼중수소	12.3년
탄소-14	5,730년
칼륨-40	12억 7,000만 년
테크네튬-99m	6.01시간
인듐-115	600조 년
요오드-131	8.04일
세슘-137	30.0년
백금-190	6,900억 년
라듐-226	1,600년
우라늄-238	44억 6,000만 년
니호늄-278	0.00034초

6,900억 년이나 인듐-115의 600조 년처럼 반감기가 굉장히 긴 것도 있다.

그렇다면 수억 년이라든가 수조 년같이 반감기가 긴 물질은 방사능이 거의 영원히 줄어들지 않으니 위험한 것일까?

반감기가 매우 긴 것·매우 짧은 것은 그다지 문제가 되지 않는다

오른쪽 그림은 반감기 길이에 따라 방사능이 감소하는 패턴이 어떻게 다른지를 나타낸다. 반감기가 긴 것은 원자핵이 안정 상태에 가까워 방

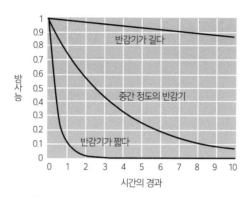

사능이 좀처럼 줄지 않는다. 가령 백금 반지 1그램에는 방사성인 백금-190이 0.014퍼센트 들어 있는데, 알파 붕괴가 8초에 1회의 비율로밖에 일어나지 않는다. 이처럼 반감기가 매우 길면 방사능은 좀처럼 줄지 않지만, 애초에 방사능이 매우 약하므로 문제되지 않는다.

한편 테크네튬-99m처럼 반감기가 매우 짧은 것은 처음에는 방사능이 강하지만 시간이 지남에 따라 급격히 감소하므로 처음에만 조심하면 된다. 병원에서 테크네튬-99m을 질병 검사에 사용하는 이유는 반감기가 매우 짧기 때문이다.

반감기가 '길지도 짧지도 않은' 것이 위험하다

문제가 되는 것은 반감기가 길지도 짧지도 않은 방사성 핵종이다. 방사선을 잔뜩 방출하면서도 좀처럼 줄어들지 않기 때문이다. 원자력 발전소 사고가 일어나서 방사성인 세슘-137이 외부에 누출되면 큰 문제가 되는 이유는 이처럼 길지도 짧지도 않은 반감기를 가져서다.

06

방사선을 방출해도 안정 상태가 되지 못하는 원자가 있다?

불안정한 원자가 방사선을 방출해 다른 원자로 바뀌었음에도 여전히 안정 상태가 되지 못하는 경우가 있는데, 그 성질을 이용해서 방사성 핵종을 우유처럼 짜낼 수 있다.

앞에서도 이야기했듯이, 불안정한 원자핵이 안정적인 원자핵으로 바뀔 때 잉여 에너지를 실어서 밖으로 내보내는 것이 방사선이다. 가령 삼중수소나 탄소-14는 베타 붕괴를 일으켜 다른 원자가 되면 더는 방사선을 방출하지 않는다. 그런데 **불안정한 원자가 방사선을 방출해서 다른 원자로 바뀌었지만 바뀐 원자 역시 불안정한 상태일 경우가 있다.**

방사성 붕괴가 계속되는 연차 붕괴

이를테면 스트론튬-90이 베타 붕괴를 일으켜 이트륨-90으로 바뀌는 경우가 그렇다. 이트륨-90도 베타 붕괴를 일으켜서 지르코늄-90이 되며, 이때 비로소 안정 상태가 된다. 이 경우 스트론튬-90을 어미 핵종, 이트륨-90을 딸 핵종이라고 한다.

세슘-137이 베타 붕괴를 일으켜 바륨-137m으로 바뀔 경우도 딸 핵종은 아직 불안정한 상태이며, 이성질핵 전이[1]로 감마선을 방출해

---

1 이성질핵 전이에 관해서는 56페이지를 참조하기 바란다.

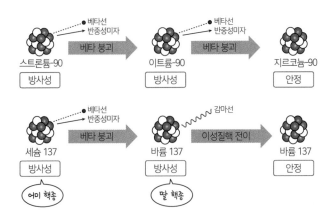

바륨-137이 됨으로써 비로소 안정 상태가 된다.

이와 같이 붕괴가 다단계로 계속되는 것을 연차 붕괴 혹은 축차 붕괴라고 한다.

우라늄-238이 어미 핵종이라면 붕괴가 한참 동안 계속된다

스트론튬-90이나 세슘-137은 2단계 붕괴로 안정 상태 원자가 되지만, 붕괴가 한참 동안 계속되는 경우도 있다. 우라늄-238이 그런 경우로, 다음 페이지 그림처럼 붕괴가 계속된 끝에 납-206이 되어서야 비로소 방사능이 사라진다.

이와 같이 한참 동안 계속되는 연차 붕괴를 계열 붕괴라고 한다. 우라늄-238에서 시작되는 계열 붕괴는 우라늄 계열이라고 하며, 우라늄 계열에서는 우라늄-238을 최초 핵종, 최종적으로 도달하는 안정 상태인 납-206을 최종 핵종이라고 한다.

계열 붕괴는 우라늄 계열을 포함해 네 가지가 있다(65페이지 상단 그림). 각각 왼쪽이 최초 핵종, 오른쪽이 최종 핵종이다. 토륨 계열, 우라늄 계열, 악티늄 계열의 세 가지는 최초 핵종의 반감기가 상당히 길기 때문에 지구가 탄생했을 때 존재했던 최초 핵종이 현재도 상당수 남아 있다. 그러나 넵투늄-237의 반감기는 지구의 연령보다 훨씬 짧기 때문에 이미 소멸해 버렸다.

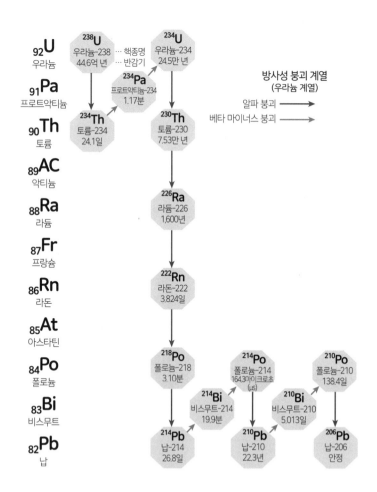

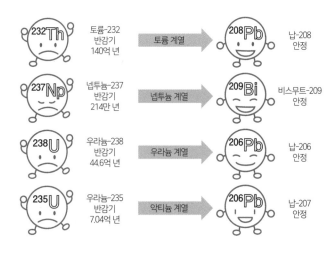

부모와 딸의 방사능은 어떻게 바뀌어 갈까?

예를 들어 A → B → C로 이어지는 연차 붕괴에서 어미 핵종 A와 딸 핵종 B의 방사능은 어떻게 변화할까? 어미 핵종 A의 방사능은 계속

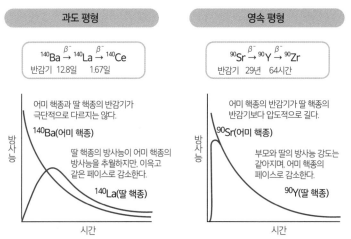

출처 : 안자이 이쿠로 『도해 잡학: 방사선과 방사능』 나쓰메사의 그림을 일부 수정

감소하지만, 딸 핵종 B는 복잡하게 변화한다. A가 붕괴될 때마다 B가 생기는데, B도 계속 붕괴되기 때문이다(앞 페이지 하단 그림).

어미 핵종과 딸 핵종의 반감기가 극단적으로 다르지는 않을 경우

어미 핵종과 딸 핵종의 반감기가 극단적으로 다르지는 않을 경우, 딸 핵종의 방사능은 앞 페이지 하단 왼쪽 그림처럼 변화한다. 예를 들면 바륨-140 → 란타넘-140 → 세륨-140의 연차 붕괴가 이런 경과를 거친다.

처음에 0이었던 딸 핵종의 방사능은 어미 핵종이 붕괴함에 따라 증가하다 이윽고 어미 핵종을 넘어서며, 그 후에는 어미 핵종이 감소하는 것과 같은 페이스로 감소한다. 이런 상태가 된 것을 과도 평형이라고 한다.

어미 핵종의 반감기가 딸 핵종보다 상당히 길 경우

어미 핵종의 반감기가 딸 핵종보다 상당히 길면, 딸 핵종의 방사능은 앞 페이지 오른쪽 그림처럼 변화한다. 예를 들어 스트론튬-90 → 이트륨-90 → 지르코늄-90의 연차 붕괴가 이렇게 된다.

처음에 0이었던 딸 핵종의 방사능은 어미 핵종이 붕괴함에 따라 증가하다 이윽고 어미 핵종과 같아지며, 그 후에는 어미 핵종의 방사능과 같은 수준을 유지하면서 어미 핵종의 반감기에 맞춰 점점 감소한다. 이런 상태를 영속 평형이라고 한다.

다시 한번 64페이지의 우라늄 계열을 보기 바란다. 어미 핵종과 딸 핵종인 우라늄-238과 토륨-234, 라듐-226과 라돈-222는 모두

'부모의 반감기가 딸보다 압도적으로 긴' 경우다. 이것은 양쪽 모두 어미 핵종과 딸 핵종의 방사능이 같아진다는 뜻이다.

방사성 핵종을 우유처럼 짜낸다

이런 영속 평형의 관계에 있는 방사성 핵종을 이용하면 원자로나 가속기[2]가 없어도 반감기가 짧은 방사성 핵종을 손에 넣을 수 있다. 어미 핵종의 반감기가 딸 핵종보다 상당히 길 때는 어미 핵종의 붕괴로 딸 핵종이 만들어지면서 점점 쌓인다. 그리고 이렇게 쌓인 딸 핵종을 분리해서 추출하더라도 어미 핵종의 붕괴로 딸 핵종이 또다시 쌓이기 시작한다.

이렇게 해서 **필요할 때 어미 핵종으로부터 딸 핵종을 추출해 사용하는 것을 '밀킹'**이라고 한다. 밀킹은 젖 짜기라는 의미로, 어미 핵종을 카우(젖소), 딸 핵종을 밀크라고 한다. 병원에서 질병 검사에 자주 사용하는 테크네튬-99m은 검사 직전에 밀킹을 통해 추출된다. 테크네튬-99m은 반감기가 6시간으로 매우 짧기 때문에 병원에서 보관해

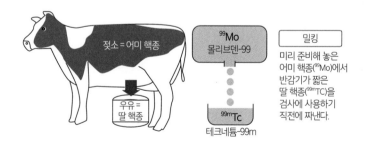

젖소 = 어미 핵종

우유 =
딸 핵종

^{99}Mo
몰리브덴-99

^{99m}Tc
테크네튬-99m

밀킹

미리 준비해 놓은
어미 핵종(^{99}Mo)에서
반감기가 짧은
딸 핵종(^{99m}Tc)을
검사에 사용하기
직전에 짜낸다.

---

2 연구나 산업 등에 사용되고 있는 방사성 핵종의 대부분은 원자로나 가속기에서 만들어진다. 가속기는 입자에 에너지를 줘서 매우 빠른 속도로 날아가도록 만드는 장치다.

놓았다가 사용하기가 불가능하다. 한편 어미 핵종인 몰리브덴-99는 반감기가 65.9시간으로 딸 핵종보다 10배 이상 길기 때문에 밀킹으로 테크네튬-99m을 여러 번 추출해 사용할 수 있다.

07

방사선은 누가 발견했을까?

음극선을 연구하던 뢴트겐은 1895년에 엑스선을 발견했다. 그리고 베크렐이 1896년에 우라늄의 방사능을, 퀴리 부부가 1898년에 미지의 방사성 원소를 발견했다.

엑스선을 발견한 뢴트겐

1895년 가을, 독일의 빌헬름 콘라트 뢴트 겐(Wilhelm Konrad Röntgen, 1845~1923) 은 음극선을 연구하고 있었다. 음극선은 양극과 음극을 밀봉하고 공기를 뺀 관(음 극선관)에 전류를 흘려 넣으면 음극에서 나오는 선이다. 음극선관의 압력을 1만 분의 1기압 정도 낮추면 양극 쪽의 유리

빌헬름 콘라트 뢴트겐
(1845~1923)

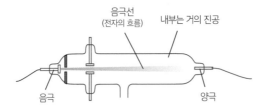

음극선
(전자의 흐름) 내부는 거의 진공

음극 양극

출처 : 다카카와 요지 편집 『발전칼럼식 중학교 과학 교과서』 고단샤(2014)의 그림을 일부 수정

음극선관(크룩스관)

가 황록색 형광을 발한다는 사실이 발견된 상황이었다.

뢴트겐은 검은색 종이로 만든 상자에 음극선관을 집어넣고 방 전체를 어둡게 만든 다음 음극선을 발생시켰다. 그러자 음극선에서 형광이 새어 나온 것도 아닌데 형광 스크린이 밝게 빛났다. 이 형광은 스크린을 음극선관에서 떨어뜨려도 계속 보였기 때문에 그는 음극선관에서 미지의 방사선이 나왔다고 생각하고 실험을 계속했다. 그리고 1985년 12월에 논문을 발표하면서 이 방사선에 엑스선이라는 이름을 붙였다.

엑스선은 1,000페이지나 되는 두꺼운 책도 뚫고 지나갈 만큼 투과력이 강하다는 사실이 밝혀졌다. 오른쪽은 뢴트겐이 처음 촬영한 아내 손의 엑스선 사진이다. 엑스선은 얼마 안 있어 의학을 비롯한 여러 분야에서 이용되기 시작했고, 한편으로 엑스선이 인체에 해를 끼친다는 사실도 알려지게 되었다.

출처 : 기타바타케 다카시 「방사선 장해의 인정」 가네하라출판(1971)

뢴트겐이 처음 촬영한 아내 손의 엑스선 사진

우라늄의 방사능을 발견한 베크렐

엑스선과 형광 물질의 관계를 조사하던 프랑스의 앙투안 앙리 베크렐(Antoine Henri Becquerel, 1852~1908)은 1896년에 사진 건판[1]을 불투명한 검은 천으로 감싸고 한쪽 면을 알루미늄 판으로 막은 다음

----

1 유리판에 감광액을 바른 것으로, 사진을 찍는 데 사용되었다.

우라늄 화합물을 바깥쪽에 테이프로 고정시키고 햇빛을 비추는 실험을 했다. 그러자 내부의 필름이 감광되어 검게 변했다. 그는 햇빛을 흡수한 우라늄 화합물이 알루미늄을 투과하는 눈에 보이지 않는 방사선을 방출했다고 생각했다.

앙리 베크렐(1852~1908)

2월 말, 베크렐은 다시 실험을 할 생각으로 알루미늄 판에 우라늄 화합물을 붙여 놓고 태양이 모습을 드러내기를 기다렸다. 그러나 날이 흐렸기 때문에 장치를 빛이 들어오지 않는 서랍에 보관했는데, 다음날도, 그 다음날도 흐린 날이 계속되자 실험을 포기하고 일단 필름을 현상

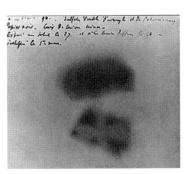

출처 : Wikipedia

우라늄 화합물에 감광된 사진 건판

해 봤다. 그랬더니 예상과 달리 검은 상이 나타난 것이 아닌가?

베크렐은 크게 놀라는 동시에 외부에서의 광선 조사(照射)와는 상관없이 우라늄 화합물에서 방사선이 방출되고 있다고 생각하게 되었다. 천연 우라늄이 지니고 있는 방사능(원자가 방사선을 방출해 다른 원자로 바뀌는 능력)을 발견한 순간이었다. 이 일을 계기로 우라늄에서 나오는 방사능을 한동안 베크렐선이라고 불렀다.

미지의 방사성 원소를 발견한 퀴리 부부

마리 퀴리(Maria Curie, 1867~1934)와 피에르 퀴리(Pierre Curie, 1859~1906) 부부는 베크렐선에 큰 흥미를 느끼고 있었다. 피에르 등이 개발한 장치를 사용해서 방사선 양을 측정하던 마리는 방사선의 방출 능력이 우라늄의 양과 정확하게 비례하며, 우라늄 화합물의 종류라든가 온도나 햇빛의 세기와는 관계가 없음을 확인했다.

마리 퀴리(1867~1934)

　이어서 방사능이 우라늄만의 고유한 성질인지 조사하기 시작한 마리는 토륨이라는 원소에도 방사능이 있음을 발견했고, 입수한 광물 표본을 닥치는 대로 조사하다 피치블렌드라는 우라늄 광석에 강렬한 방사능이 있음을 알게 되었다. 우라늄이나 토륨의 양에서 추정할 수 있는 것보다 훨씬 강한 방사능이었다.

　그 강렬한 방사능이 피치블렌드에 숨어 있는 미지의 물질에서 나온 것이라고 생각한 마리는 그 물질을 추적하기 시작했고, 허술한 실험실에서 수십 톤이나 되는 엄청난 양의 광물을 대상으로 정신이 아득해질 만큼 화학 분리[2]를 반복한 끝에 결국 미지의 방사성 원소를 발견하는 데 성공했다. 그리고 이 새로운 원소에 조국 폴란드의 이름을 딴 폴로늄이라는 명칭을 붙였다.

2　화학적인 조작을 반복해서 다양한 물질이 섞여 있는 혼합물에서 특정 물질을 추출하는 것

그런데 피치블렌드에는 폴로늄 이외에도 또 다른 방사성 원소가 있는 듯했다. 마리는 조사를 계속했고, 고생 끝에 **새로운 방사성 원소인 라듐을 발견했다.** 이것은 라틴어인 라디우스(광선)에서 유래한 명칭이다. 참고로, 마리가 수십 톤의 광석에서 얻은 라듐의 양은 고작 0.1그램에 불과했다.

수십 톤의 우라늄 광석

허술한 실험실에서의
가혹한 분리 작업

0.1그램의
라듐

08 방사선은 어떻게 측정할까?

우리의 오감으로는 방사선을 느낄 수 없기 때문에, 방사선을 감지하려면 측정기가 필요하다. 방사선(양과 질)을 측정하는 데 사용하는 측정기와 방사능(방사성 물질의 종류와 양)을 측정하는 데 사용하는 측정기는 전혀 다르다.

방사선 장해를 방지하려고 방사선량을 측정하기 시작했다

뢴트겐이 엑스선으로 촬영한 사람의 손 사진은 커다란 반향을 불러일으켰다. 의학을 비롯한 여러 분야에서 이용되기 시작하면서 엑스선이 장해를 일으킨다는 사실 또한 알려지게 되었다. 엑스선의 이용이 확산됨에 따라 방사선 장애도 확산되어 많은 사람이 목숨을 잃은 것이다.

이런 상황 속에서 어떻게 해야 방사선 장해를 방지할 수 있을지 대책을 마련하기 위한 노력도 진행되었다. 이를 위해서는 방사선의 세기가 어느 정도일 때 장해가 발생하는지 알 필요가 있다. 그래서 만들어진 것이 방사선 측정기로, 스웨덴의 롤프 막시밀리안 시베르트(Rolf Maximilian Sievert, 1896~1966)가 개발했다. 방사선량의 단위인 시버트는 그의 이름에서 유래한 것이다.

방사선 측정기와 방사능 측정기는 다르다

우리의 오감(시각, 청각, 촉각, 미각, 후각)으로는 방사선을 느낄 수 없다. 그래서 방사선을 감지하기 위해서는 측정기가 필요하다. 방사선 측정

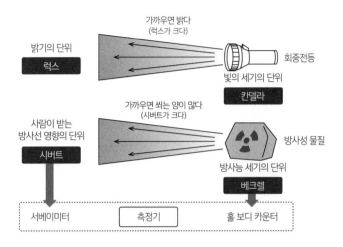

은 방사선(양과 질)의 측정과 방사능(방사성 물질의 종류와 양)의 측정으로 나뉘는데, 이 둘은 사용되는 기술도 상당히 다르다. 따라서 측정 목적에 맞춰 알맞은 측정기를 선택해야 한다.

방사선 측정기는 우리의 주변 환경 속을 날아다니고 있는 방사선의 양을 측정하며, 단위는 '1시간당 시버트'다. 시버트는 방사선이 사람에게 끼치는 영향의 크기를 나타내는 수치로, 물체에 흡수된 방사선의 에너지(단위는 그레이)에서 환산된다.

방사능 측정기는 몸이나 식품, 흙 등의 내부에 있는 방사성 물질의 양을 측정하며, 단위는 '베크렐'이다. 방사성 물질이 1초당 1개 붕괴되는 것을 1베크렐로 삼는다.

주변의 방사선량이나 방사능 오염 상황을 측정한다

휴대할 수 있는 소형 방사선 측정기를 서베이미터라고 한다. 환경 속의 방사선량이나 방사성 물질에 따른 오염 등, 측정 목적이나 방사선 양에 맞춰 다른 측정기를 사용한다.

신틸레이션 서베이미터는 방사선을 맞으면 형광을 발하는 물질을 사용한다. 일본의 평균적인 자연 방사선량은 1시간당 0.1마이크로시버트(0.1 μSv/h) 전후인데, 신틸레이션 서베이미터는 이 수준의 방사선량의 아주 작은 변화도 검출할 수 있다. 그래서 후쿠시마 제1원자력 발전소 사고 이후 곳곳에서 사용되었다. 포켓 서베이미터는 같은 방법으로 측정하며, 손바닥에 올라갈 정도의 크기다.

GM 서베이미터는 가이거 카운터라고도 부르며, 전압이 걸린 기체가 방사선

겉모습	명칭	측정 목적 / 방사선	측정할 수 있는 범위
	신틸레이션 서베이미터	선량률	μSv/h (0 ~ 약 100)
		감마선	
	포켓 서베이미터	선량률	μSv/h (0 ~ 약 100)
		감마선	
	다용도형 GM 서베이미터	선량률	μSv/h (약 10 ~ 1000)
		감마선	
		표면 오염	cps (1 ~ 약 1000)
		베타선	
	단창형 GM 서베이미터	표면 오염	cps (1 ~ 약 1000)
		베타선	

'μSv/h'는 1시간당 마이크로시버트, 'cps'는 1초당 카운트 수를 의미한다. 또한 1시간당 방사선량은 '선량률'이라고 한다.

을 맞으면 전류가 발생하는 성질을 이용한다. 원자력 발전소 사고로 방사성 물질이 방출되었을 때 신체나 환경이 오염되었는지 아닌지를 조사하는 중요한 측정기다. 환경의 방사선을 측정할 수 있는 유형(다목적형)도 있지만, 신틸레이션 서베이미터만큼 감도가 좋지는 않기 때문에 자연 방사선 수준의 방사선량의 변화는 측정하지 못한다.

식품이나 몸속 등의 방사선 에너지와 수를 측정한다

식품이나 몸속 등에 어떤 방사성 물질이 얼마나 들어 있는지는 그 물질에서 나오는 방사선의 에너지와 수를 측정하면 알 수 있다.

다음 그림은 홀 보디 카운터(전신 방사선 측정기. 몸속의 방사성 물질의 양을 몸 밖에서 측정하는 장치)로 측정한 결과다. 방사성 물질인 요

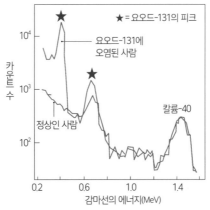

출처 : 일본 원자력 산업 회의
『해설과 대책―방사선 취급 기술』(1998)을 일부 수정

요오드-131을 섭취한 사람의 홀 보디 카운터 측정 결과

오드-131을 섭취해 버린 사람의 경우에서는 정상인에게서 볼 수 없는 피크[별표(★) 부분]가 보인다. 이 피크의 크기를 측정하면 몸속에 있는 방사성 물질의 양을 추측할 수 있다. 가장 오른쪽 부분에 있는 피크는 천연 방사성 물질인 칼륨-40에 따른 것으로, 정상인 사람에게서도 나타난다.

방사선은 항상 우리 주변을 날아다니고 있다?

포켓 서베이미터를 사용하면 우리 주변의 방사선을 수치로 체감할 수 있으며, 저염 소금이나 화강암 근처에서는 수치가 상승한다. 안개상자를 사용하면 방사선을 눈으로 볼 수 있다.

방사선 측정기 값은 0이 되지 않는다

방사선에는 색이나 냄새 같은 것이 없다. 그래서 우리 감각으로는 방사선을 인지할 수 없으며, 그런 까닭에 평소에는 우리 주변에 방사선이 없다고 생각하게 된다.

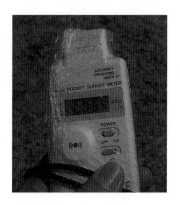

그런데 예를 들어 오른쪽 사진과 같은 포켓 서베이미터의 스위치를 켜고 잠시 기다리면 사각형 액정 화면에 '0.064'라는 숫자가 표시된다. 그리고 숫자 옆에는 'μSv/h(시간당 마이크로시버트 = 1시간 동안에 쐬는 방사선의 양)'라는 단위가 적혀 있다. 요컨대 이 장소의 방사선량은 '0.064μSv/h'라는 말이다.

이 사진은 후쿠시마 제1원자력 발전소 사고로 흩어진 방사성 물질의 영향이 없는 곳에서 찍은 것이다. 그럼에도 0이라는 값은 나오지 않는다. 방사선은 항상 우리 주변을 날아다니고 있기 때문이다.

저염 소금 근처에 측정기를 대면 방사선량이 늘어난다

포켓 서베이미터는 각 지
역의 과학관 등에도 비치
되어 있으니 발견했다면
꼭 만져 보기 바란다. 또
한 그런 곳에는 방사선량
을 측정할 수 있도록 '야
사시오' 같은 저염 소금도
함께 전시되어 있는 경우
가 많다.

방사선 측정기와 저염 소금 '야사시오'

　'야사시오'는 식염 섭취량을 줄일 때 사용되는 저염 소금으로, 식
염과 맛이 매우 비슷한 염화칼륨이 들어 있다. 그런데 칼륨에는 천연
방사성 물질인 칼륨-40이 0.0117퍼센트 들어 있는 까닭에 여기에서 방사선이
나온다. 그래서 포켓 서베이미터를 '야사시오'에 가까이 대면 방사선량을 나타
내는 수치가 커진다.

　만약 화강암(묘비 등에 자주 사용되는 돌)이나 원예용 칼리질 비료가
있다면 여기에도 방사선 측정기를 가까이 대 보기 바란다. 틀림없이
수치가 상승할 것이다.[1] 이런 것에서도 방사선이 나온다.

1　방사선량 수치는 상승하지만 인체에는 전혀 문제가 되지 않으니 걱정하지 않아도 된다.

터널에 들어가도 방사선량이 증가한다

포켓 서베이미터를 자동차에 싣고 터널을 들어갔다 나오면 수치가 크게 변화하는 것을 볼 수 있다. 다음 그림은 그 일례로, 제일 위에 있는 두꺼운 선이 방사선 양을 나타낸다. 터널 안으로 들어가자 방사선량이 증가했고, 터널을 빠져나오자 감소했다. 왜 이런 일이 일어나는 걸까?

사실 이것은 대지에서도 우주에서도 방사선이 날아오고 있으며, 터널 안과 밖에서 그 양이 크게 달라지기 때문이다. 아래의 점선은 대지에서 날아오는 방사선과 우주에서 날아오는 방사선을 구별할 수 있는 측정기로 측정한 결과다. 터널 안으로 들어가면 우주에서 날아오는 방사선이 암반에 가로막혀 감소하고, 반대로 대지에서 날아오는 방사선 양이 증가한다. 그런데 대지방사선의 증가량이 우주방사선의 감소량을 웃돌기 때문에 터널 안으로 들어가면 방사선량이 증가하는 것이다.

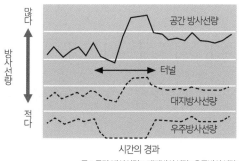

시간의 경과

주 : 공간 방사선량＝대지방사선량＋우주방사선량

안개상자를 사용하면 방사선을 볼 수 있다

이와 같이 서베이미터를 사용하면 방사선이 우리 주변을 날아다니고 있다는 사실을 수치를 통해서 인식할 수 있다. 그런데 사실은 **안개상자라는 상자를 이용하면 방사선을 눈으로 볼 수도 있다.**

안개상자는 용기 속에서 알코올 증기를 과포화[2] 상태로 만든 다음 그곳으로 방사선이 날아 들어와서 충격으로 결로[3] 현상이 일어나는 것을 관측하는 장치다. 방사선의 안개는 비행기구름이 생기는 것과 비슷한 원리로 만들어진다. 안개상자의 구조는 대략적으로 그리면 다음 그림과 같다. 밀폐용기와 알코올, 드라이아이스 등 우리 주변에 흔한 소재로 만들 수 있으며, 만드는 방법은 인터넷을 검색하면 찾을 수 있다.

다음 사진은 안개상자로 방사선을 관측한 예 중 하나로, **왼쪽 아래에 알파선, 중앙 위에 베타선이 날아간 흔적이 보인다.** 알파선은 기세 좋게, 베

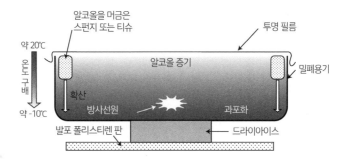

---

2   어떤 양이 포화량 이상으로 증가한 상태를 과포화라고 한다. 증기가 어떤 온도에서 포화 증기 압력 이상의 압력을 가지는 경우도 과포화에 해당된다.
3   증기(기체)가 응축되어 안개(액체)가 되는 것

타선은 약간 갈지자로 날아간다. 이 사진의 경우는 캠프 등에서 사용하는 가스 랜턴[4]의 심지에 들어 있는 토륨을 방사선원(源)으로 삼았지만, 화강암이나 '야사시오', 칼리질 비료를 방사선원으로 삼아도 방사선을 볼 수 있다.

↑베타선

↑알파선

출처 : http://www.02320.net/how-to-make-cloud-chamber/의
사진을 일부 수정

안개상자를 이용해서 본 방사선

안개상자도 각 지역의 과학관 등에 전시되어 있으니, 우리 주변을 날아다니고 있는 방사선을 눈으로 실감해 보기 바란다.

----

4 가스를 연료로 사용해서 등불을 켜는 장치. 토륨 등의 금속 산화물을 심지로 사용하며, 이 심지가 불꽃의 열을 빛으로 바꾼다. 토륨을 사용하지 않은 것도 있다.

10 물질에 중성자를 충돌시키면 방사능을 지니게 된다?

중성자를 물질에 충돌시키면 그 물질은 방사능을 지니게 되며, 이것을 방사화라고 한다. 방사화는 암의 치료나 방사성 물질의 제조, 금속 속의 불순물 분석 등에 이용되고 있다.

몸 밖이나 몸속에서 방사선을 쬐어도 방사능을 지니게 되지는 않는다

몸 밖에서 방사선을 쬐면 몸이 방사능을 지니게 될까? 감마선의 경우는 에너지가 매우 강하면 원자핵과 반응을 일으켜 상대 물질이 방사능을 지니게 될 때가 있다. 그러나 우리가 천연 방사성 물질에서 나온 감마선을 쬐거나 후쿠시마 제1원자력 발전소 사고로 누출된 세슘-137에서 나오는 감마선을 쬐더라도 그런 반응은 일어나지 않는다. 또한 몸 밖에서 날아온 알파선 또는 베타선을 쬐거나 이것을 방출하는 방사성 물질이 몸속에 들어오더라도 몸이 방사능을 지니게 되는 일은 없다.

중성자가 충돌하면 물질은 방사능을 지니게 된다

한편 중성자가 충돌하면 그 물질은 방사능을 지니게 된다.[1] 중성자는 전하를 가지고 있지 않기 때문에 플러스의 전하를 띤 원자핵에 반발하지

---

1 우리 주위를 날아다니고 있는 중성자는 많지 않으므로 이것을 걱정할 필요는 없다.

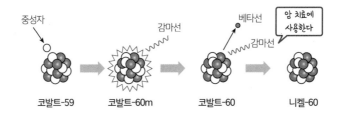

않고 흡수될 때가 있다. 그러면 원자핵의 중성자 수가 1 늘어난다. 그 전까지 양성자의 수와 중성자의 수가 균형을 이루고 있었는데 갑자기 중성자의 수가 1 늘어나 버리면 그 원자핵은 불안정해진다.

위 그림은 코발트-59(안정적인 원자핵)에 중성자를 충돌시킨 경우다. 코발트-59의 원자핵은 중성자 1개를 흡수해서 코발트-60m이라는 불안정한 원자핵이 되며, 감마선을 방출해 코발트-60이 된다. 그러나 여전히 불안정한 상태이기 때문에 다시 베타선과 감마선을 방출해 니켈-60이 됨으로써 비로소 안정 상태가 된다. 코발트-60이 방출하는 감마선은 암 치료 등에 사용되고 있다.

이와 같이 중성자가 충돌해서 방사능을 지니게 되는 것을 방사화라고 한다.

다양하게 이용되는 중성자 방사화

중성자 방사화는 다양한 물질의 분석에도 사용되고 있다. 예를 들어 철에는 불순물로서 코발트가 들어 있다. 그래서 조사하고자 하는 철에 중성자를 충돌시키면 불순물로 들어 있는 코발트-59가 코발트-60이 되며, 이때 감마선이 튀어나온다. 이 감마선의 양을 측정하면 불순물로서 코발트가 얼마나 들어 있는지를 알 수 있다.

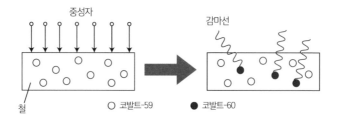

중성자

감마선

철
○ 코발트-59   ● 코발트-60

은화가 방사성 물질에 오염되었는지도 알 수 있다

지금으로부터 약 50년 전, 중성자가 충돌해 방사화한 은이 유통되고 있다는 사실이 발견되었다. 은 광석을 채굴할 때 핵폭발을 이용했을 가능성이 있었던 것이다. 은에 중성자가 충돌하면 은-108m[2]이라는 방사능을 지닌 은이 만들어져 감마선이 튀어나온다. 다음 그림은 일본에서 만들

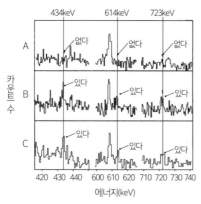

434keV   614keV   723keV

A : 에도 시대 말기의 은화
B : 도쿄 올림픽 기념 은화
C : 삿포로 동계올림픽 기념 은화

은이 중성자를 쐬면 방사화된 방사성 은(^{108m}Ag)이 생기며, 434keV, 614keV, 723keV의 감마선이 나온다. 왼쪽 그림은 이 감마선을 조사한 것으로, B와 C는 방사성 은에 오염되었지만 A는 오염되지 않았음을 알 수 있다.

카운트 수

420 430 440   600 610 620   710 720 730 740
에너지(keV)

출처 : 고무라 가즈히사, 〈RADIOISOTOPES〉, Vol.55, pp.293-306(2006)

은화의 방사성 은(^{108m}Ag) 오염 여부를 조사한 결과

---

2 은에는 은-107과 은-109라는 안정 동위 원소가 있으며, 은-107에 중성자가 충돌하면 은-108m이 생긴다.

어진 은화 세 종류의 방사능을 조사한 것이다. 그림에서 434킬로전자볼트(keV)[3], 614킬로전자볼트, 723킬로전자볼트라고 적힌 곳에 산이 있으면 은화에 은-108m이 들어 있다는 의미다.

에도 시대 말기에 만들어진 가가번의 은화에서는 은-108m이 검출되지 않았지만, 도쿄 올림픽 기념 은화(1964년)와 삿포로 동계올림픽 기념 은화(1972)에서는 은-108m이 검출되었다. 이 사실에서 적어도 1964년에는 인간이 만든 방사성 은에 따른 오염이 시작되었음을 알 수 있었다.[4]

고고학에서도 사용되는 중성자 방사화

과거에 교토의 큰 절을 대대적으로 수리할 때, 땅속에서 대량의 철 찌꺼기[5]가 발견되었다. 불당을 지을 때 기와를 고정시키기 위해 길이 40센티미터 정도의 쇠못을 대량으로 사용했던 까닭에 이 철 찌꺼기

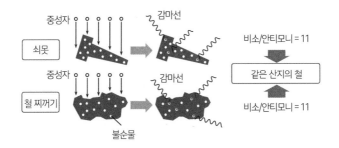

---

3 전자볼트는 원자핵이나 분자 등의 에너지를 나타내는 단위다.

4 이 연구는 이시카와현에 위치한 오고야 광산터의 지하 깊은 곳에 있는 가나자와 대학교의 초저레벨 방사선 실험실에서 실시되었다.

5 철광석에서 철을 추출할 때 제거되는 불순물. 철재(鐵滓)라고도 한다.

의 원료[사철(沙鐵)]가 쇠못과 같은 것인지에 관심이 집중되었다.

철 속에 극소량이 포함되어 있는 비소와 안티모니(안티몬)라는 원소의 비(比)를 조사하면 산지를 추정할 수 있다. 그래서 철 찌꺼기를 중성자 방사화로 분석한 결과, 그 비는 쇠못과 같은 11이었다. 철 찌꺼기의 원료도 쇠못과 같은 오쿠이즈모(시마네현)의 철광석이었던 것이다. 중성자 방사화 덕분에 오쿠이즈모에서 대량의 사철을 교토로 가져와 절의 경내에서 쇠못을 만들고 이때 생겨난 대량의 철 찌꺼기를 그곳에 버렸음을 알 수 있었다.

제 2 장

우리 주변에 가득한

방사선과 방사성 물질

01

우리는 방사선을 얼마나 쐬고 있을까?

일본인은 우주와 대지에서 날아오는 방사선, 음식이나 호흡을 통해서 섭취한 방사성 물질에서 나오는 방사선을 평균적으로 1년에 2밀리시버트 정도 쐬면서 살고 있다. 다만 이 양은 국가에 따라 상당한 차이가 있다.

우리는 방사선에 둘러싸여서 살고 있다

방사선에는 색도, 냄새도, 맛도 없다. 다시 말해 우리의 오감으로는 방사선을 느낄 수 없다. 그런 까닭에 본래는 주변에 없었던 방사선이 원자력 발전소 사고로 갑자기 날아왔다고 생각하는 사람도 많지 않을까 싶다. 그러나 사실 방사선은 자연계 곳곳에 존재한다. 우리는 항상 방사선에 둘러싸여서 살고 있다고 해도 과언이 아닐 것이다.

방사선에는 천연 방사선원에서 날아오는 자연 방사선과 인공 방사선원에서 날아오는 인공 방사선이 있는데, 여기에서는 전자인 '자연 방사선'에 관해 이야기하겠다.

자연 방사선의 기원은 다음의 네 가지다.

① **우주방사선**　우주에서 내려오는 방사선이다. 기원은 초신성이 대폭발을 일으키면서 흩어진 잔해로 생각되며, 은하 우주방사선이라고 한다. 태양에서도 우주방사선이 날아오는데, 이는 태양 우주방사선이라고 한다.

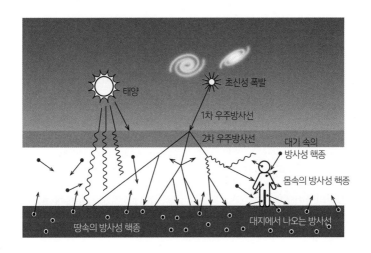

태양

초신성 폭발

1차 우주방사선

2차 우주방사선

대기 속의 방사성 핵종

몸속의 방사성 핵종

땅속의 방사성 핵종

대지에서 나오는 방사선

② 대지방사선　대지나 건물에서 나오는 방사선이다. 집 밖에서는 지면 아래의 흙이나 암반에서 날아오며, 집 안에서는 건축 자재에서 날아오는 방사선이 추가된다. 대지방사선의 양은 암석에 따라 달라진다.

③ 경구 섭취　음식에는 칼륨-40 등의 천연 방사성 물질이 들어 있어서, 입을 통해 몸속으로 들어온다. 이런 방사성 물질에서도 방사선이 나온다.

④ 흡입 섭취　공기 속에는 라돈이라는 방사성 가스가 떠돌고 있어서 호흡할 때 폐 속으로 들어온다. 이 라돈은 폐 속에서 붕괴해 고체 방사성 물질이 되어, 나아가 방사선을 방출한다.

자연 방사선의 양은 국가나 지역에 따라 상당히 다르다

우리가 쐬고 있는 방사선의 양은 ①~④를 합친 것이다. 일본에서는 평균적으로 1년 동안 쐬는 방사선의 양은 ① 우주방사선 0.30밀리시버트(mSv), ② 대지방사선 0.33밀리시버

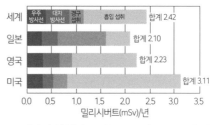

출처 : 이치카와 류시, 《RADIOISOTOPES》, Vol.62, pp.927-938(2013)

1인당 자연 방사선 피폭량

트, ③ 경구 섭취 0.99밀리시버트, ④ 흡입 섭취 0.48밀리시버트이며, 이것을 전부 더하면 2.10밀리시버트가 된다.

위 그림은 세계(평균), 일본, 영국, 미국의 자연 방사선의 양을 비교한 것이다. 우주방사선의 양은 그다지 다르지 않지만 대지방사선과 경구 섭취, 흡입 섭취의 양은 상당한 차이가 있다. **국가에 따라 암석의 종류가 다르고(대지방사선), 음식이 다르며(경구 섭취), 살고 있는 주택의 밀폐성이 다르다(흡입 섭취)는 등의 차이가 있기 때문이다.**

다음 그림은 여러 나라의 자연 방사선량이다. ①~④를 더한, 1년 동안 쐬는 자연 방사선의 양이 적혀 있다. 이것을 보면 국가에 따라 상당한 차이가 있음을 알 수 있다.[1] 일본과 비교하면 프랑스나 스페인은

---

[1] 자연 방사선량이 국가에 따라 이렇게 차이가 나는 이유는 방사성 가스인 라돈의 양이 다르기 때문이다. 토양이나 암석, 그리고 그것으로 만들어진 건축 자재에는 라돈이나 토륨 등의 방사성 원소가 들어 있으며, 여기에서 생긴 라돈이 끊임없이 공기 속으로 방출되고 있다. 실내의 라돈 농도는 방사성 원소가 많이 들어 있는 건축 자재를 사용한 건물이나 기밀성이 높은 건물에서 높게 나오며, 그런 건물에서 살고 있으면 라돈에 따른 피폭량이 많아진다.

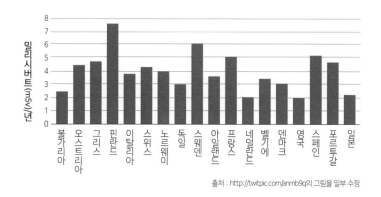

여러 국가의 자연 방사선량

2.5배, 스웨덴은 3배, 핀란드는 4배의 자연 방사선을 쐬고 있다. 참고로, 이 숫자에 체르노빌 원자력 발전소 사고로 방출된 방사성 물질에서 기인한 피폭량은 포함되어 있지 않다.

핵실험으로 피폭량이 증가했었다

자연 방사선과는 다른 방사선에 세계인의 피폭량이 크게 증가한 적이 있었다. 그 원인은 바로 핵실험이었다.

다음 페이지 그림을 보면 1964~1965년에 피폭량이 크게 증가한 것을 알 수 있다. 1963년에 미국과 구소련, 영국이 부분적 핵실험 금지 조약을 체결했는데, 그 직전 해인 1962년에 수많은 '막바지 핵실험'이 실시되어 대량의 방사성 물질이 뿌려졌고 그것이 지구상으로 내려온 것이다. 이 때 내려온 세슘-137과 스트론튬-90[2] 등은 지금도 땅속에 남아 있다.

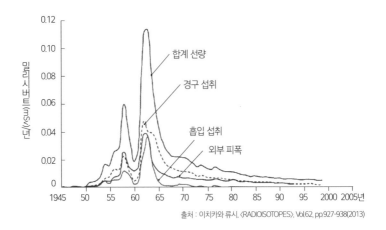

출처 : 이치카와 류시, 〈RADIOISOTOPES〉, Vol.62, pp.927-938(2013)

핵실험에 따른 세계 인구의 1인당 피폭 선량 추이

---

2 세슘-137과 스트론튬-90은 우라늄이나 플루토늄의 핵분열로 만들어지는 방사성 물질로
   서 핵분열 생성물이라고도 한다. 둘 다 반감기가 약 30년인 까닭에 1962년의 실험으로부터
   60년 가까운 시간이 지난 현재도 당시의 4분의 1 정도가 남아 있다.

02

고도 1만 미터의 방사선량은 지상의 100배나 된다?

우주에서 지상으로 내려오고 있는 방사선을 우주방사선이라고 한다. 고도가 높아지면 우주방사선도 강해져서, 비행기가 나는 고도 1만 미터의 우주방사선은 지표면의 약 100배에 이른다.

우주에서 방사선이 내려오고 있다

우주에서는 다양한 것들이 지구로 날아오고 있다. 방사선도 그중 하나다. 우주에서 내려오는 방사선을 우주방사선이라고 하며, 우주방사선에는 세 종류가 있다.

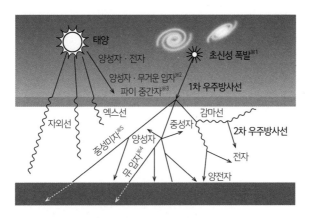

※1 초신성 폭발 : 태양보다 훨씬 무거운 별이 생애 마지막 순간에 대폭발을 일으키는 현상
※2 무거운 입자 : 탄소나 산소 등의 헬륨의 원자핵보다 큰 원자핵
※3 파이 중간자 : 원자핵 속에서 양성자와 중성자를 묶는 힘을 매개하는 소립자. 붕괴되면 뮤 입자가 된다.
※4 뮤 입자 : 전자와 같은 마이너스 전하를 띠지만 전자보다 무거운 소립자. 뮤온이라고도 한다.
※ 5 중성미자 : 전하를 띠지 않는 매우 작은 소립자. 가령 양성자의 크기가 지구라면 중성미자의 크기는 쌀알 정도
밖에 안 된다.

① 은하 우주방사선　태양계 밖에서 날아오며, 그 기원은 초신성 폭발로 생각되고 있다. 고속으로 비행하는 양성자 또는 헬륨보다 무거운 원자핵으로 구성되어 있다.

② 태양 우주방사선　태양에서 날아오는, 양성자 등의 전하를 지닌 입자의 흐름이다. 태양은 항상 같은 강도로 빛을 내고 있는 것이 아니며, 표면에서 폭발이 일어나면 방사선량이 늘어난다.

③ 밴앨런대[1]의 방사선　전하를 띤 입자가 지구의 자기장에 붙잡혀서 지구 주위를 머무르며 날고 있다. 그 방사선이 지구로 내려오고 있는데, 그 양은 계속 변동된다.

　이들 방사선이 지구의 자기장을 돌파해 대기로 날아온 것을 1차 우주방사선이라고 한다. 1차 우주방사선은 약 90퍼센트가 양성자이고 나머지는 헬륨 또는 그보다 더 무거운 원자의 원자핵으로 구성되어 있으며, 지표면으로도 내려오는 까닭에 우리는 이것을 쐬면서 살고 있다.

　1차 우주방사선은 대기(질소나 산소 등)의 원자핵에 충돌해 중성자나 양성자를 튀겨낸다. 그리고 이것이 다른 원자핵에 부딪히면서 전자, 양전자, 감마선, 중성자, 양성자, 중성미자 등 다양한 입자가 생겨

1　지구 주위를 돌고 있는 도넛 형태의 방사선 영역을 밴앨런대라고 한다.

나 일제히 지표면으로 내려온다. 이것을 2차 우주방사선이라고 하는데, 우리는 이것도 쐬면서 살고 있다.

또한 우주방사선이 대기 속의 원자에 충돌할 때 방사성 물질도 대량으로 만들어진다. 그중에서 가장 많은 것은 대기의 80퍼센트를 차지하는 질소에 충돌해서 생겨나는 탄소-14라는 방사성 물질이다.

표고·위도가 높을수록 우주방사선을 쐬는 양이 많아진다

우주방사선은 표고가 높아질수록 강해져서, 표고가 1,500미터 높아질 때마다 약 2배가 된다. 또한 위도가 높아질수록 강해지기도 해서, 가령 북극은 적도보다 우주방사선의 양이 30퍼센트 정도 많다. 우주방사선에 따른 1년 동안의 피폭량은 해수면 기준으로 일본이 0.27밀리시버트(mSv)이고 세계평균이 0.39밀리시버트인데, 고지대에 사는 사람은 이보다 많은 우주

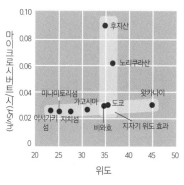

출처 : 시모 미치쿠니 외, 《RADIOISOTOPES》,
No.706, pp.23-32(2013)의 그림을 일부 수정

고도·위도에 따른 우주방사선량의 변화

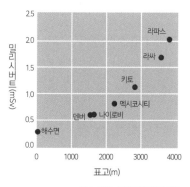

출처 : 다테노 유키오 『방사선과 건강』
이와나미서점(2001)을 바탕으로 작성

도시의 표고와 우주방사선량

방사선을 쐬면서 살고 있다.

앞 페이지 왼쪽 그림을 보면 도쿄도 → 노리쿠라산 → 후지산으로 표고가 높아짐에 따라 우주방사선이 급격하게 강해짐을 알 수 있다. 또한 최남단에 가까운 이시가키섬에서 최북단인 왓카나이로 올라감에 따라 우주방사선이 강해지는 것도 알 수 있다.

앞 페이지 오른쪽 그림은 표고가 높은 도시의 우주방사선 피폭량을 나타낸 것이다. 표고가 3,900미터나 되는 볼리비아의 라파스에서는 1년 동안 2.02밀리시버트의 우주방사선을 쐬게 되는데, 이것은 해수면의 약 7배에 이르는 양이다.

비행기가 나는 고도의 우주방사선은 지상의 100배나 된다

비행기가 나는 고도인 1만 미터 상공의 우주방사선은 지상(해수면)의 약 100배. 그래서 일본과 유럽을 1회 왕복하면 0.1~0.2밀리시버트[2] 정도 피폭되며, 이 때문에 비행기 승무원을 보호하기 위한 방사선 피폭량 기준이 마련되었다.

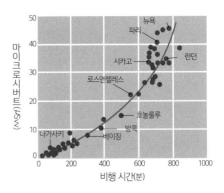

출처 : 시모 미치쿠니 외, 《RADIOISOTOPES》, No.706, pp.23-32(2013)의 그림을 일부 수정

나리타 공항을 이용하는 항공기의 피폭 선량

2 1밀리시버트(mSv) = 1,000마이크로시버트(μSv). 이 그래프에서는 나리타-파리를 왕복할 경우 약 80마이크로시버트이므로, 밀리시버트로 환산하면 0.08이 된다.

태양 표면에서 폭발이 일어나면 태양 우주방사선이 급격히 증가한다. 그럴 때는 북극 부근을 비행하는 것이 위험하기 때문에 항로가 조금 남쪽으로 변경된다. 지금까지 1회 비행에서 관측된 최댓값은 유럽-미국 항로의 4.5밀리시버트였다.

국제선 비행기를 탔을 때 우주방사선에 얼마나 피폭되는지 계산할 수 있는 사이트가 있다. 인천-톈진 항로를 계산해 본 결과는 다음과 같았다.

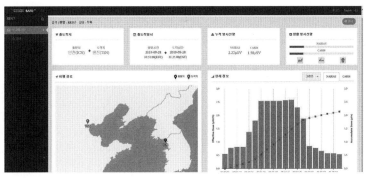

http://kswcpub.rra.go.kr:8081/safe/flightradiation/main

03

지면에서도 방사선이 날아오고 있다

대지나 건물, 도로 속에 들어 있는 방사성 물질에서도 방사선이 나오며, 이것을 대지방사선이라고 한다. 대지방사선의 세기는 지질의 차이를 반영하는 까닭에 지역에 따라 상당히 차이가 난다.

대지나 건물에서 나오는 방사선

우리는 매일 대지나 건물 등에서 날아오는 방사선(대지방사선)을 쐬면서 살고 있다. 대지방사선의 근원은 지구의 내부에 분포하고 있는 우라늄, 토륨, 칼륨-40 등의 방사성 핵종이다.[1] 이러한 핵종은 알파선, 베타선, 감마선을 방출하는데, 이 가운데 우리의 몸까지 도달하는 것은 감마선뿐이다. 요컨대 그 감마선이 대지방사선이며, 우리가 쐬고 있는 것은

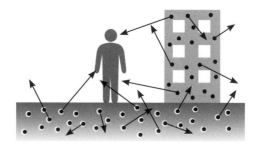

---

1   우라늄, 토륨, 칼륨-40은 반감기가 매우 긴 까닭에 지구가 탄생한 지 46억 년이 지난 오늘날에도 많이 남아 있다. 붕괴될 때 나오는 열은 지구 내부의 열원으로서 온천 등을 만들어냈을 뿐만 아니라 지구 자체의 진화에도 결정적인 역할을 담당해 왔다. 이들 방사성 핵종 덕분에 지구가 현재도 활동적인 행성일 수 있는 것이다.

깊이 30센티미터 정도까지의 흙에서 나오는 감마선이다.

우라늄이나 토륨, 칼륨-40은 건물 자재에도 들어 있기 때문에 건물의 벽이나 포장된 도로에서도 방사선이 나온다. 특히 우라늄과 토륨, 칼륨-40의 함유량이 많은 화강암을 외벽이나 포석으로 사용한 곳은 방사선량이 많은데, 메이지 신궁의 본당 앞 광장이나 긴자 거리의 인도가 대표적인 예다.

대지 방사선량은 장소에 따라 다르다

오른쪽 그림은 일본 열도의 자연 방사선 수준을 나타낸 것이다. 지면으로부터 1미터 높이에서 측정한 것으로, 대지방사선과 우주방사선을 합친 값이다. 우주방사선의 양에는 큰 차이가 없기 때문에 대지방사선 양의 차이가 반영되어 있다.[2]

일본 열도의 경우, 중부 지방

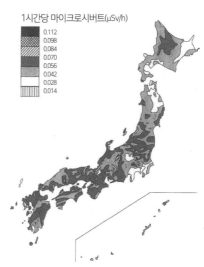

1시간당 마이크로시버트(μSv/h)

	0.112
	0.098
	0.084
	0.070
	0.056
	0.042
	0.028
	0.014

출처 : 후루카와 마사히데, 〈지학잡지〉, Vol.102, No.7, pp.868-877(1993)의 그림을 일부 수정

일본 열도의 자연 방사선 수준

---

2 자연 방사선의 수준이 특히 높은 지역으로는 비와호 주변에서 와카사만, 중부 지방의 산악 지역, 간토 지방의 북쪽 가장자리, 니가타 평야 주변이 있다. 한편 이즈·보소 반도에서 동해에 걸친 쐐기 형태의 지역, 도호쿠 지방 북부, 홋카이도의 중앙부 이외 지역은 자연 방사선의 수준이 특히 낮은 지역이다.

보다 서쪽은 자연 방사선량이 많고 간토 지방에서 동쪽은 자연 방사선량이 적은 경향이 있다. 일본 열도 전체의 평균적인 자연 방사선량은 1시간당 0.056마이크로시버트(μSv/h)다. 또한 행정 구역별로 산출한 평균값은 최고가 1시간당 0.103마이크로시버트, 최저가 1시간당 0.019마이크로시버트였다.

이와 같은 자연 방사선량의 차이는 지질의 차이를 반영한 것으로, 자연 방사선량이 많은 곳과 화강암의 분포가 일치하는 경향을 보인다. 화강암은 마그마가 지하 깊은 곳에서 식어서 만들어지는데, 이때 방사성 핵종인 우라늄과 토륨, 칼륨-40이 농축된다. 그렇기 때문에 일본 열도에서 자연 방사선이 특히 많은 곳을 살펴보면 대부분 화강암이 분포하고 있는 것이다.

한편 자연 방사선이 적은 지역 중에는 안도솔[3]에 덮여 있는 곳이 있다. 안도솔은 간토 지방에서 종종 볼 수 있는, 화산재에서 유래한 검은 빛깔의 흙이다. 안도솔이 분포하고 있는 지역을 보면 자연 방사선이 많은 곳이 거의 없다.

세계에는 대지방사선이 특히 많은 곳이 있다

전 세계적으로 사람이 1년 동안 쐬는 대지방사선 양은 평균 0.50밀리시버트(mSv)로 생각되고 있는데, 그중에는 그 20배가 넘는 지역도 있다.

---

3 안도솔은 유기물이 많이 들어 있어 검은빛을 띤다. 간토 롬층도 이 흙이다. 후지산의 화산재가 기원인 흙 중에는 검은색이 뚜렷한 안도솔과 그다지 검지 않은 안도솔이 있다. 안도솔은 방사성 핵종의 함유량이 적고 토양화되어 있는 까닭에 그 아래에 있는 암반에서 나오는 방사선을 차단한다.

람사르(이란)의 경우, 온천이 만든 석회질 침전물(석회화)에 우라늄과 토륨이 쌓여 있다. 케랄라주(인도)의 해안에는 토륨이 들어 있는 검은 모래가 쌓여 있다.[4] 그리고 양장시(중국)에서는 우라늄과 토륨이 많이 들어 있는 점토가 기와로 사용되고 있다. 이런 이유에서 대지방사선이 많아진 것이다.

지하철을 타면 방사선량의 변화를 알 수 있다

방사선 측정기를 들고 지하철을 타면 방사선의 양이 변화하는 것을 실감할 수

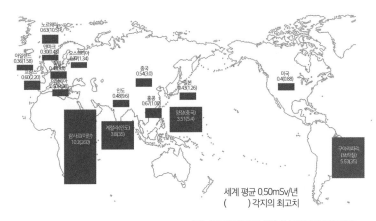

출처 : 유엔 과학 위원회의 1993년 보고서 등을 바탕으로 작성

대지에서 받는 연간 자연 방사선량

----

4 케랄라주의 주민들은 모래사장에 앉아 어업 도구를 손질하고 야자수 잎으로 벽을 두른 집에서 모래 위에 모포를 깔고 자는 생활을 하고 있기 때문에 모래로부터 직접 방사선을 쐬고 있다. 이에 케랄라주의 주민 7만 명을 대상으로 피폭선량과 암 발생의 관계에 대한 조사가 실시되었는데, 태어난 이래 축적된 선량과 암 발생 사이에는 관계가 없으며 조사된 범위의 피폭선량으로는 암 발생에 영향을 끼치지 않는다는 결론이 나왔다.

있다. 다음 그림은 도쿄 도내의 지하철에서 측정한 결과로, 지하철이 지상 주행 구간(•—•)으로 나오자 방사선량이 낮아졌다. 지상 주행 구간과 지하 주행 구간을 비교하면 지하의 값이 40퍼센트 정도 높다. 세로선을 그은 부분은 지하철이 강을 건너고 있을 때다. 이때 방사선의 양이 줄어드는 이유는 대지방사선이 강물에 차단되었기 때문이다. 이것은 바다 위에서도 볼 수 있는 현상으로, 바닷물이 대지방사선을 차단해 방사선량이 줄어든다.

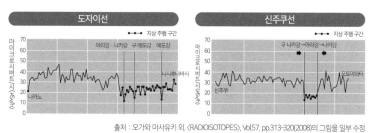

출처 : 오가와 마사유키 외, 〈RADIOISOTOPES〉, Vol.57, pp.313-320(2008)의 그림을 일부 수정

도쿄 도내 지하철의 자연 방사선량

04

우리가 먹는 음식 속에도
방사성 물질이 들어 있다?

칼륨(포타슘)은 우리가 살아가는 데 꼭 필요한 성분이기 때문에 방사성인 칼륨-40도 일정량이 우리의 몸속에 존재한다. 일본인은 어패류를 많이 먹는 까닭에 폴로늄-210의 피폭량이 많다.

몸속에 들어 있는 천연 방사성 물질

우리의 몸속에 있는 수많은 원소 가운데 10종류는 우리가 살아가기 위해 꼭 필요하며 매우 많은 양이 존재하는 까닭에 주요 필수 원소[1]라고 불린다. 필수 원소의 양은 정교하게 조절되어서, 필요한 양만 흡수되고 그 이상은 배설된다.

칼륨은 그런 주요 필수 원소 중 하나로, 인간 체중의 약 0.2퍼센트를 차지한다. 가령 몸무게가 60킬로그램(kg)인 사람의 몸속에 있는 칼륨의 양은 약 120그램(g)인 것이다. 몸속에 있는 칼륨의 98퍼센트는 세포 속에, 나머지 2퍼센트는 세포 밖에 있으며, 온몸의 칼륨 중 80퍼센트는 근육에 들어 있다.

칼륨 가운데 0.0117퍼센트는 천연 방사성 핵종인 칼륨-40으로[2], 몸무게가

---

1 주요 필수 원소는 수소, 탄소, 질소, 산소, 인, 황, 염소, 나트륨(소듐), 칼륨(포타슘), 칼슘의 10종류다. 한편 몸속에 있는 양은 주요 필수 원소보다 적지만 살아가는 데 필요한 원소는 미량 필수 원소라고 한다.

2 천연 칼륨에는 칼륨-39, 칼륨-40, 칼륨-41이 포함된다. 존재비는 칼륨-39가 93.2581퍼센트, 칼륨-40이 0.0117퍼센트, 칼륨-41이 6.7302퍼센트이며, 이 가운데 방사성은 칼륨-40뿐이다.

60킬로그램인 사람의 몸속에는 0.014그램의 칼륨-40이 존재하며 그 방사능은 약 4,000베크렐(Bq)이다. 앞에서 이야기했듯이 우리의 몸은 칼륨의 양을 정교

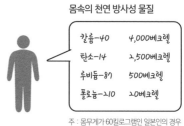

몸속의 천연 방사성 물질

칼륨-40	4,000베크렐
탄소-14	2,500베크렐
루비듐-87	500베크렐
폴로늄-210	20베크렐

주 : 몸무게가 60킬로그램인 일본인의 경우

하게 조절하는 까닭에 칼륨-40의 양도 일정하게 유지된다.

우리의 몸속에는 칼륨-40 외에도 탄소-14나 루비듐-87 등 음식물에서 유래하는 천연 방사성 물질이 존재하며, 전부 합치면 그 방사능은 약 7,000베크렐이 된다.

음식물에서 유래한 방사성 물질에 따른 피폭량은 1년에 약 1밀리시버트

일본인이 음식물에서 유래한 방사성 물질로부터 받고 있는 방사선의 양은 1년에 0.99밀리시버트(mSv)다.[3] 이것은 세계 평균인 0.29밀리시버트를 크게 웃도는

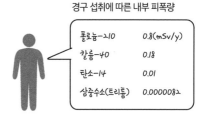

경구 섭취에 따른 내부 피폭량

폴로늄-210	0.8(mSv/y)
칼륨-40	0.18
탄소-14	0.01
삼중수소(트리튬)	0.0000082

주 : mSv/y = 1년당 밀리시버트

양인데, 그 이유는 폴로늄-210[4]에 따른 피폭량이 많기 때문이다.

몸속에 있는 폴로늄-210의 방사능은 칼륨-40의 20분의 1에 불과

---

3 몸속에 존재하는 방사성 핵종의 피폭량에 대해서는 유엔 과학 위원회에서 보고한 데이터가 있는데, 루비듐-87의 경우는 1993년 이후 기술이 없었다. 그래서 루비듐-87에 따른 피폭량은 여기에 포함시키지 않았다.

4 폴로늄-210은 바닷물 속에 있는 우라늄-238의 붕괴로 만들어져 어패류에 축적된다. 폴로늄-210에 따른 피폭량 가운데 약 70퍼센트는 어패류, 약 20퍼센트는 채소, 버섯, 해조류에서 유래한 것이다.

하지만, 폴로늄-210에 따른 피폭량은 칼륨의 약 4배나 된다.[5] 이런 차이는 칼륨-40이 베타선과 감마선을 방출하는 데 비해 폴로늄-201은 몸속에 끼치는 영향이 큰 알파선을 방출하는 데서 기인한다.

우리는 음식물을 통해서 매일 칼륨을 섭취한다. 그 양은 하루 평균 약 2.7그램이며, 여기에 들어 있는 칼륨-40의 방사능은 81.5베크렐이다. 칼륨-40에 따른 피폭량은 음식물에서 유래하는 천연 방사성 물질에 따른 피폭량의 약 5분의 1을 차지한다.

탄소-14는 우주방사선이 원인이 되어서 만들어지는데, 1960년대에 대기권 내 핵실험이 실시되었을 때 만들어진 것이 아직 남아 있다. 약 20퍼센트는 핵실험에서 유래한 것이다.

몸속에 있는 칼륨-40의 양은 환경이나 식습관의 영향을 거의 받지 않는다

칼륨-40은 몸속에 있는 천연 방사성 물질 가운데 방사능이 가장 크며, 오른쪽 표와 같이 다양한 식품에 들어 있다. 말린 다시마채나 말린 표고버섯, 말린 오징어에 많이

음식물 속에 들어 있는 칼륨-40의 양

식품	Bq/kg	식품	Bq/kg
가다랑어(생)	123	닭 날개	36
정어리(생)	102	시금치(생)	222
꽁치(생)	42	당근(생)	120
새끼 다랑어(생)	147	마른 표고버섯	630
말린 오징어	330	우유	45
말린 다시마채	2,130	청주	1
쇠고기(저민 고기)	84	맥주	11
돼지고기(저민 고기)	93	위스키	0

출처 : 안자이 이쿠로 『방사능 그것이 알고 싶다』, 가모가와출판(1988)

---

5 방사능의 단위는 베크렐, 피폭량의 단위는 시버트다.

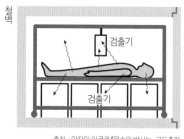

출처 : 안자이 이쿠로 「몸속의 방사능」 고도출판

홀 보디 카운터

들어 있는데, 이것은 건조시켰기 때문이다.[6] 다만 다시마 또는 표고버섯을 물에 불려서 요리해 먹더라도 섭취량은 한정적이므로 걱정할 필요는 없다.

칼륨-40은 감마선을 방출하는 까닭에 홀 보디 카운터 (전신 방사선 측정기)라는 검출기를 사용하면 몸속의 존재량을 측정할 수 있다. 측정해 보면 **칼륨-40의 양이 개인의 환경이나 식습관과는 거의 상관관계가 없음을 알 수 있다. 필수 원소인 칼륨은 환경이나 식습관과 무관하게 성별이나 연령 등에 따라 몸속에서의 필요량이 정해져 있기 때문이다.**[7]

폴로늄-210의 섭취량은 지역이나 식습관에 따라 차이가 난다

한편 폴로늄은 필수 원소가 아니기 때문에 몸속의 존재량이 조절되지 않는다. 다음의 첫 번째 그림은 식품을 통한 폴로늄-210의 섭취량과 피폭량을 조사한 결과다.

두 번째 그림을 보면 폴로늄-201의 섭취량에서 어패류가 큰 부분을 차지하고 있음을 알 수 있다. 앞에서 일본인의 폴로늄-210 피폭량이 세

---

6 건조시키면 수분이 빠지기 때문에 1킬로그램당 칼륨-40의 양이 많아진다.
7 탄소-14와 삼중수소도 몸속의 존재량은 정해져 있으며, 환경이나 식습관의 영향을 거의 받지 않는다.

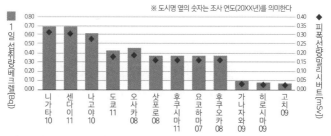

출처 : 스기야마 히데오 『식품 유래 방사성 핵종의 폭로 평가 연구』(후생노동과학연구보조금 2011년도 분담 연구 보고서)를 바탕으로 작성

식품을 통한 폴로늄-210의 섭취량 · 피폭량

계 평균보다 많다고 말했는데, 이것은 일본인이 어패류를 많이 먹기 때문이다.[8] 밝혀진 바에 따르면, 어패류의 폴로늄-210은 간 등의 내장에 많이 들어 있다. 그래서 생선의 살 부분만 먹은 경우와 생선 전체를 먹은 경우는 섭취량이 다르다.

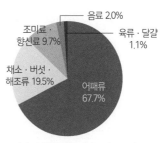

출처 : 스기야마 히데오 외, 〈Toxicol.Sci.〉, Vol.34, No.4, pp.417-425(2009)를 바탕으로 작성

식품을 통한 폴로늄-210 섭취량

---

8 그렇다고 해서 폴로늄-210이 두려워 생선을 먹지 않거나 먹는 양을 줄일 필요는 없다.

밀폐성이 좋은 집은 방사성 물질이 많다?

바위나 흙에서 방사성 가스인 라돈이 스며 나오고 있다. 위도가 높은 나라의 주택은 방한 대책 때문에 밀폐성이 높아서 실내의 라돈 농도가 높아지며, 지하실이 있으면 농도가 한층 높아진다.

자연 방사선에 따른 피폭 중 절반은 라돈

공기 속에는 라돈이라는 천연 방사성 가스가 떠돌고 있다. 라돈은 바위나 흙 속에 미량 존재하는 라듐에서 만들어져 공기 속으로 스며 나온다. 라돈을 흡입·섭취함에 따른 피폭량은 자연 방사선에 따른 피폭량의 절반을 차지한다.[1] 라돈에 따른 피폭량의 세

자연 방사선 피폭량의 세계 평균

계 평균은 1년 동안 1.26밀리시버트(mSv)인데, 일본의 경우 0.48밀리시버트로 절반 이하다. 왜 이렇게 차이가 나는 것일까?

라돈이 바위나 흙에서 스며 나오는 양은 장소에 따라 상당한 차이가 있으며, 통풍이 좋은 곳에서는 스며 나온 라돈이 공기에 옅어진다. 실내의 경우 밀폐성이 좋으면 상당히 높은 농도가 되지만, 일본의 가옥은 환기가 잘

---

1 흡입 섭취를 통한 피폭량의 대부분은 라돈의 흡입에 따른 것이다. 라돈에 비하면 훨씬 소량이지만, 흡연을 통한 납-210, 폴로늄-201의 섭취나 우라늄 등의 섭취도 있다.

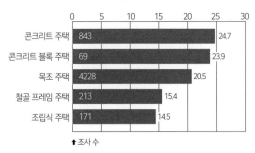

라돈 농도(베크렐(Bq)/m³)

	조사 수	
콘크리트 주택	843	24.7
콘크리트 블록 주택	69	23.9
목조 주택	4228	20.5
철골 프레임 주택	213	15.4
조립식 주택	171	14.5

↑ 조사 수

출처 : 후지모토 겐조 외, 《보건물리》, Vol.32, No.1, pp.41-51(1997)을 바탕으로 작성

구조재별 실내 라돈 농도의 평균값

되는 까닭에 라돈의 농도가 그다지 높아지지 않는다. 그래서 라돈에 따른 피폭량이 적은 것이다.

무엇으로 집을 만들었느냐에 따라 라돈 농도가 달라진다

지면에서 공기 속으로 스며 나오는 라돈은 가옥의 바닥을 통해 집안으로 들어온다. 콘크리트 등의 건축 자재도 라돈을 방출하기 때문에 환기가 잘 되느냐의 여부는 물론이고 집을 만든 재료에 따라서도 실내의 라돈 농도가 달라진다.

위도가 높은 나라는 실내 라돈 농도가 높다

위도가 높은 지역일수록 방한 효과를 높이기 위해 주택의 밀폐성이 높아진다. 따라서 실내의 라돈 농도가 높아지는 경향이 있다. 다음 페이지의 그림은 국가별 실내 라돈 농도와 위도의 관계를 나타낸 것이다.[2] 위도가 높을수록 실내의 라돈 농

도가 높음을 알 수 있다.[3]

천연 방사성 핵종이 많이 들어 있는 암석을 자재로 사용하면 실내의 라돈 농도는 더욱 높아진다.[4]

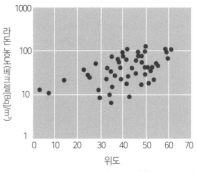

출처 : 유엔 과학 위원회 2000년 보고서

광산 노동자의 기이한 폐병은 라돈이 원인이었다

국가별 실내 라돈 농도(평균)와 위도의 관계

라돈이 주목받은 때는 1980년대이지만, 그보다 약 500년 전에도 라돈에 따른 방사선 장해가 발생했다.

16세기에 체코 국경 근처의 숲속에서 은이 발견되면서 요아힘스탈이라는 광산이 만들어지고 마을이 형성되었다. 그런데 이곳에서 일하는 광산 노동자들이 차례차례 기이한 폐병을 앓다가 죽어 갔다. 누구도 그 기이한 폐병의 원인을 알지 못했는데, 사실 그 원인은 광산에서 발견되어 피치블렌드라고 명명된 새로운 광석이었다.

그 기이한 병의 정체가 폐암이라는 것은 20세기에 들어와서야 밝혀졌다. 환기가 충분히 되지 않은 탓에 대량으로 갱도를 떠돌고 있던

---

2   세로축은 로그 눈금이어서 눈금이 1 커질 때마다 10배가 된다.

3   북아메리카의 주택 중에는 지하실이 있는 곳이 많은데, 지하실은 흙에 둘러싸여 있고 콘크리트에 균열이 생기는 경우가 많아서 그곳으로 라돈이 침입한다. 그런 까닭에 라돈 농도가 1세제곱미터당 1,000베크렐(Bq/m3)이 넘는 집도 있다.

4   라돈 함유량이 높은 암석이 들어 있는 경량 콘크리트를 외벽으로 사용한 스웨덴의 주택이나 우라늄이 들어 있는 석탄재를 사용한 구체코슬로바키아의 주택이 그 대표적인 예다.

라돈이 폐암을 일으켰던 것이다. 보고에 따르면 1930년대가 되어서도 요아힘스탈 광산 노동자의 사망 원인 중 40퍼센트가 폐암이었다고 한다. 1944년에는 이곳으로부터 산을 사이에 두고 반대쪽에 있는 광산의 갱도에서 공기 속에 있는 라돈의 농도가 측정되었는데, 평균적으로 1세제곱미터당 10만 베크렐(Bq/m³)이라는 비정상적으로 높은 수치가 나왔다. 그리고 1970년부터 1980년에 걸쳐 다른 광산에서도 조사가 실시된 결과, 갱도 내부의 라돈 농도와 광산 노동자의 폐암 사이에는 강한 상관관계가 있음이 거의 확실하다는 결론에 이르렀다.

그렇다면 실내의 라돈 농도가 높을 경우는 어떨까? 주택 내부의 라돈 농도와 폐암의 관계를 조사하기 위해 다양한 연구가 실시되었지만, 폐암이 증가했다는 증거는 나오지 않았다.[5]

비가 내리면 공기 속의 방사선량이 증가한다

비가 내리면 공기 속의 방사선량이 급격히 증가한다. 다음 페이지 그림은 강우량과 방사선량의 관계를 나타낸 것으로, 막대그래프 하나가 10분당 강우량이다. 막대가 6개이면 1시간이므로 시간의 추이를 알 수 있을 것이다.

비가 내리기 시작하면 방사선량이 상승하고, 비가 그치면 단시간에 원래의 방사선량으로 돌아가는 것이 보인다. 이것은 공기 속을 떠도

---

5 미국의 환경 보호청은 "라돈 농도가 148Bq/m³를 초과했다면 농도를 낮추기 위해 환기 등을 실시하십시오"라는 가이드라인을 발표했다.

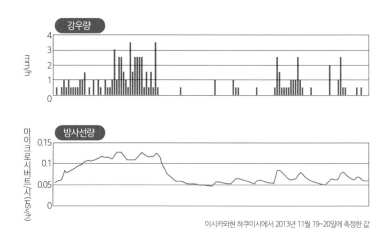

이시카와현 하쿠이시에서 2013년 11월 19~20일에 측정한 값

강우량과 공기 속 방사선량의 관계

는 라돈이 붕괴해서 생긴 납-214와 비스무트-214[6]라는 방사성 핵종이 빗물과 함께 지면 근처로 내려온 결과 이것들이 방출하는 감마선에 방사선량이 증가했기 때문이다.

납-214와 비스무트-214는 반감기가 각각 26.8분과 19.9분으로 짧은 까닭에 상공에서의 공급이 끊기면 빠르게 붕괴해 없어진다. 그래서 비가 그치면 방사선량은 단시간에 하락한다. 이 현상은 먼 옛날부터 비가 내릴 때마다 반복되어 왔다.

----

6 기체인 라돈은 빗물에 잘 녹지 않지만, 고체인 납-214와 비스무트-214는 먼지 등에 붙잡힌 채로 공기 속을 떠돌고 있기 때문에 비가 내리면 먼지 등과 함께 빗물에 섞여서 지상으로 내려온다.

06

근육이 많을수록
방사능이 강하다? '칼륨-40'

우리의 몸속에 있는 칼륨-40에서는 1시간에 약 160만 개의 감마선이 방출되고 있다. 칼륨-40의 방사능은 여성보다 남성이 더 강한데, 이것은 칼륨이 주로 근육에 들어 있기 때문이다.

생물은 안정적인 칼륨과 방사성 칼륨을 구별하지 못한다

칼륨은 생물이 살아가기 위해 꼭 필요한 원소(필수 원소)로, 세포 안팎의 수분 운송, 생명 유지를 위한 신호 전달, 근육의 수축 등 다양한 역할을 담당한다. 인체에서는 근육의 1.6퍼센트, 적혈구의 0.4퍼센트를 칼륨이 차지하고 있다. 전신을 기준으로는 몸무게의 0.2퍼센트가 칼륨으로, 몸무게가 60킬로그램(kg)인 사람의 경우 몸속에 120그램(g)의 칼륨이 있으며 음식물로부터 하루에 2~7그램을 섭취한다.

칼륨에는 세 종류의 동위 원소[1]가 있는데, 이 가운데 0.0117퍼센트

동위 원소	존재비(%)	양성자 수	중성자 수	반감기
칼륨-39	93.2581	19	20	안정
칼륨-40	0.0117	19	21	12억 7,700만 년
칼륨-41	6.7302	19	22	안정

---

1 같은 원소이지만 중성자의 수가 다른 것을 동위 원소라고 한다. 그리고 동위 원소 중에서도 불안정해서 방사선을 방출해 다른 원소로 바뀌는 성질을 지닌 것을 방사성 동위 원소라고 한다.

는 방사성 동위 원소인 칼륨-40이다(앞 페이지 표). 칼륨-40 원자 중 89퍼센트는 베타 마이너스 붕괴를 통해 칼슘-40으로 변화하고, 나머지 11퍼센트는 전자 포획을 통해 아르곤-40으로 변화하면서 감마선을 방출한다(상단 그림).[2]

세 동위 원소의 화학적인 성질은 같다. 그래서 생물은 방사성 칼륨과 안정적인 칼륨을 구별하지 못한다. 음식물에 들어 있는 칼륨 중 0.0117퍼센트는 반드시 칼륨-40이기에 몸속에도 그 비율로 방사성 칼륨-40이 존재한다.

몸속에서 칼륨-40의 방사선이 방출되고 있다

칼륨-40에서 나오는 감마선은 몸을 뚫고 밖으로 나가기 때문에 몸 밖에서 측정이 가능하다(오른쪽 페이지 그림).

오른쪽을 보면 칼륨-40의 큰 산(피크)이 보인다. 여러분의 몸을 대상으로 측정해도 이런 칼륨-40의 산을 볼 수 있다. 한편 중간쯤을 보면 세슘-137의 작은 산이 있는데, 이 그림은 1970년경에 측정된 것이므로 대기권 내 핵실험으로 방출된 세슘-137이 몸속에 남아 있었

---

2 베타 마이너스 붕괴의 경우 전자가 원자핵에서 튀어나오며(베타선), 그 결과로 원자 번호가 1 큰 원자가 된다. 전자 포획은 원자핵 주위를 돌고 있는 전자 중 하나가 원자핵으로 떨어지며, 이때 감마선을 방출하고 원자 번호가 1 작은 원자가 된다. 특정 칼륨-40 원자가 어떤 붕괴를 할지는 사전에 알 수 없다.

던 것으로 보인다. 그
러므로 여러분의 몸을
대상으로 측정하면 세
슘-137의 산은 보이지
않을 것이다.

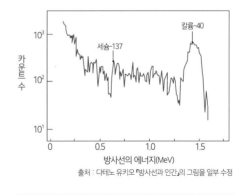

출처 : 다테노 유키오 『방사선과 인간』의 그림을 일부 수정

인체에서 나오는 방사선

　몸속에서는 1초에 약
4,000개의 칼륨-40이 붕
괴된다. 그중에서 감마
선을 방출하고 아르곤-40으로 변화하는 것은 약 450개로, 1시간 동
안 약 160만 개의 감마선이 몸에서 나온다.

　나머지 약 3,600개는 베타선을 방출한다. 베타선은 짧은 거리밖에
날지 못하기 때문에 몸 밖으로 나오지 못하지만, 그 대신 내부 피폭
을 일으킨다. 그 양은 1년에 약 0.2밀리시버트(mSv)로, 칼륨-40은 내
부 피폭의 가장 큰 원인이다.

칼륨-40의 방사능은 여성보다 남성이 더 강하다

성인의 경우, 같은 연령층을 비교했을 때 몸무게 1킬로그램당 칼륨의
양은 여성보다 남성이 더 많으며 따라서 칼륨-40의 방사능도 남성
이 더 강한 것으로 알려져 있다(다음 페이지 왼쪽 그림).

　몸속의 칼륨-40에 남녀 차이가 존재하는 이유는 근육의 양이 다르기 때문이
다. 칼륨은 주로 근육에 들어 있고 지방 조직에는 들어 있지 않은 까닭에 근육
이 더 많은 남성에게 칼륨-40이 많은 것이다.

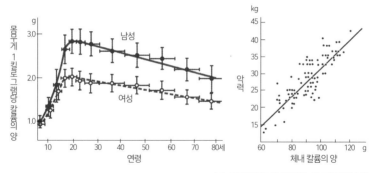

출처 : 안자이 이쿠로 『몸속의 방사능』의 그림을 일부 수정

체중별 칼륨의 양   칼륨의 양과 악력의 관계

　　나이를 먹으면서 칼륨-40의 양이 줄어드는 것도 근육이 감소하기 때문이다. 그림의 오른쪽은 온몸에 있는 칼륨의 양(가로축)과 악력(세로축)의 관계를 나타낸 것이다. 칼륨-40이 많을수록 악력이 강함을 알 수 있다.

먼 옛날에는 자연 방사선량이 훨씬 많았다

칼륨-40의 반감기는 12억 7,700만 년으로, 지구가 탄생한 46억 년 전에는 현재의 약 12배나 되는 칼륨-40이 있었다. 여기에 우라늄이나 토륨도 많았기 때문에 먼 옛날에는 자연 방사선량이 지금보다 훨씬 많았다. 생물은 이런 자연 방사선 속에서 진화를 거듭해 왔다.[3]

3　이런 자연 방사선이나 자외선 등은 먼 옛날부터 세포의 DNA를 손상시켜 왔다. 그런 환경 속에서 살아온 지구상의 생물은 DNA의 손상을 효율적으로 복구하는 기능을 진화시켰다.

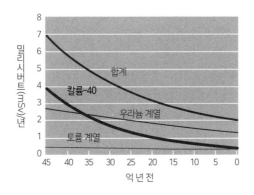

자연 방사선량의 변화

지각에는 2.1퍼센트 정도의 칼륨이 존재하며, 그 속에 있는 칼륨-40이 붕괴하면서 계속 열[4]을 방출하고 있다. 일본 열도의 면적을 기준으로 지하 16킬로미터까지의 칼륨-40의 발열량을 계산하면 150만 킬로와트(kW) 정도가 된다.[5] 칼륨-40은 지각에 들어 있는 우라늄이나 토륨 등과 함께 지구를 따뜻하게 데워 왔다.

---

4 방사선 핵종이 붕괴될 때는 열이 발생하며, 이것을 붕괴열이라고 한다.
5 전기 출력 50만 킬로와트인 원자력 발전소가 150만 킬로와트의 열을 발생시킨다.

07

방사능을 측정하면
연대를 알 수 있다? '탄소-14'

반감기가 짧은 탄소-14가 지금도 존재하는 이유는 우주방사선이 계속 만들기 때문이다. 생물로 만든 물건에 들어 있는 탄소-14의 방사능을 측정하면 그 물건이 만들어진 연대를 알 수 있다.

대기 속에서 탄소-14가 계속 만들어지고 있다

우리가 먹는 음식은 대부분이 탄소 화합물[1]로, 우리는 하루에 약 300그램의 탄소를 섭취하고 있다. 탄소는 물을 제외한 체중의 약 3분의 2를 차지하는데, 가령 몸무게 60킬로그램(kg)인 사람이라면 약 14킬로그램이 탄소다.

탄소에는 3개의 동위 원소가 있고, 그중에서 탄소-14는 방사성 핵종이다. 몸속에는 약 2,500베크렐(Bq)의 탄소-14가 있어서 1년에 약 0.01밀리시버트(mSv)를 피폭당한다.

동위 원소	존재비(%)	양성자 수	중성자 수	반감기
탄소-12	98.90	6	6	안정
탄소-13	1.10	6	7	안정
탄소-14	미량	6	8	5,730년

---

1 탄수화물, 지질, 단백질 등이 있다.

탄소-14의 반감기는 5,730년으로, 지구의 역사(46억 년)에 비하면 상당히 짧다. 지구가 탄생했을 무렵에 있었던 탄소는 먼 옛날에 사라졌을 터인데[2] 왜 지금도 탄소-14가 존재하는 것일까? 그 이유는 **탄소-14가 계속 만들어지고 있기 때문이다.**

질소-14에 중성자가 충돌하면 탄소-14가 생긴다

탄소-14의 원료는 공기 속에 많이 있는 질소-14다. 공기의 78.1퍼센트[3]는 질소이고 그중 99.63퍼센트가 질소-14인데, 여기에 중성자가 충돌하면 탄소-14가 생기는 것이다.[4] 그렇다면 이 중성자는 어디에서 공급될까? 그 답은 지구로 날아오는 우주방사선이다.

탄소-14는 베타선을 방출하고 다시 질소-14로 돌아간다.

탄소-14를 이용하면 연대를 알 수 있다

중성자가 충돌해서 생겨난 탄소-14는 상공에서 이산화탄소가 되며, 안정 상태

---

2   지구 탄생했을 때 탄소-14가 '1' 있었다고 가정하면, 지구가 나이를 먹음에 따라 점점 감소해서 현재는 소수점 이하로 0이 24개 이상 나열되는 매우 작은 수만 존재해야 한다.

3   공기 속에서 질소는 부피 기준으로 78.1퍼센트, 중량 기준으로 75.5를 차지하고 있다. 다음으로 많은 산소는 부피 기준으로 21.0퍼센트, 질량 기준으로 23.0퍼센트를 차지하고 있다.

4   질소-14에 중성자가 충돌하면 원자핵에서 양성자 1개가 튀어나와 탄소-14가 된다. 이때 원자 번호가 1 감소하며, 질량수는 변하지 않는다.

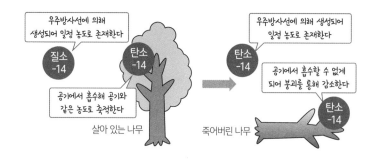

우주방사선에 의해
생성되어 일정 농도로 존재한다

질소
-14

탄소
-14

공기에서 흡수해 공기와
같은 농도로 축적한다

살아 있는 나무

우주방사선에 의해 생성되어
일정 농도로 존재한다

탄소
-14

공기에서 흡수할 수 없게
되어 붕괴를 통해 감소한다

탄소
-14

죽어버린 나무

의 탄소로 구성된 이산화탄소와 섞여 공기 속으로 퍼진다. 그리고 광합성 생물은 공기에서 이산화탄소를 흡수해 탄소 화합물로서 몸속에 축적한다. 방사성이든 안정 상태이든 탄소의 화학적인 성질은 동일하므로 생물은 이 둘을 구별하지 않고 축적해 나간다.

생물이 살아 있을 때는 몸속과 공기 속의 탄소-14가 같은 농도를 유지한다. 그런데 생물이 죽으면 탄소를 흡수할 수 없게 되며, 그 시점에 몸속에 있었던 탄소-14가 5,730년의 반감기로 감소하기 시작한다. 다시 말해 5,730년 전에 죽은 생물의 경우 탄소-14가 2분의 1로, 1만 1,460년 전에 죽은 생물의 경우 4분의 1로 줄어든다.

이 감소량을 측정하면 그 생물이 몇 년 전까지 살아 있었는지를 추측할 수 있다.[5] 생물의 몸에는 반드시 탄소가 들어 있기 때문에 이 방법은 사용할 수 있는 범위가 매우 넓다.

---

5 이것을 '방사성 탄소 연대 측정법'이라고 한다. 약 5만 년 전(반감기의 약 10배)까지는 이 방법으로 연대를 조사할 수 있다.

면(麵)의 역사는 유럽보다 중국이 더 오래되었다

탄소-14를 이용한 연대 측정을 통해서 알게 된 사실을 두 가지 소개하겠다.

첫째는 중국과 이탈리아 사이에서 계속되었던 면(麵)의 기원 논쟁[6]이다. 이 논쟁을 끝낸 것은 중국의 신석기 시대 후기 유적의 우물 바닥에서 발견된 라면처럼 생긴 화석이었다. 탄소-14를 이용해 연대 측정을 실시한 결과, 이 면의 재료가 된 식물은 약 4,000년 전에 수확되었던 것임이 밝혀졌다. 4,000년 전은 유럽에 남아 있는 가장 오래된 파스타의 증거보다 1,000년 이상 오래된 시기다.[7]

둘째는 '토리노의 수의'다. 피가 묻어 있는 이 천은 십자가형을 당한 예수 그리스도의 유해를 감싸는 데 사용되었다고 전해져 내려왔다. 다만 14세기에 발견되었을 당시부터 진품인지 가짜인지를 놓고 논쟁이 계속되어 왔는데, 연대 측정을 실시한 결과 천을 짜는 데 사용된 섬유가 13~14세기에 자란 식물임이 밝혀졌다.

탄소-14를 통해 태양의 활동과 지구의 기후 변화도 알 수 있다

탄소-14는 우주방사선의 중성자가 질소-14에 충돌해서 만들어지는데, 우주방사선의 양은 태양의 활동과 관계가 있는 것으로 알려

---

6 "중국의 면이 실크로드를 통해서 유럽으로 전래되었다"라는 중국인의 주장과 "이탈리아의 면이 실크로드를 통해서 중국으로 전래되었다"라는 이탈리아인의 주장이 팽팽하게 맞서면서 논쟁이 계속되어 왔다.

7 다만 이탈리아인들은 이 결과를 인정하지 않는다고 한다.

져 있다. 즉, 태양의 활동이 활발할수록 우주방사선이 감소하는 것이다.[8] 우주방사선이 감소하면 탄소-14도 감소하기 때문에, 수목의 나이테에 존재하는 탄소-14의 방사능을 연대별로 조사하면 태양 활동의 변화도 알 수 있다.

1,500년 정도 전까지의 나이테에 존재하는 탄소-14를 조사한 결과, 100년에서 300년에 한 번씩 태양 활동이 극단적으로 저하된다는 사실이 밝혀졌다. 태양 활동의 저하는 지구의 환경에도 큰 영향을 끼쳐서, 기후를 한랭하

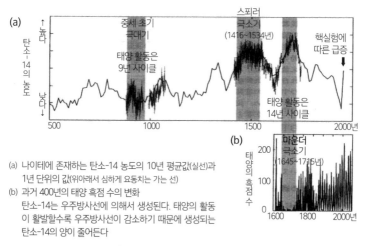

(a) 나이테에 존재하는 탄소-14 농도의 10년 평균값(실선)과 1년 단위의 값(위아래로 심하게 요동치는 가는 선)

(b) 과거 400년의 태양 흑점 수의 변화
탄소-14는 우주방사선에 의해서 생성된다. 태양의 활동이 활발할수록 우주방사선이 감소하기 때문에 생성되는 탄소-14의 양이 줄어든다

출처 : 미야하라 히로코, 〈지학잡지〉, Vol.119, No.3, pp.510-518(2010)의 그림을 일부 수정

수목의 나이테 속 탄소-14의 농도와 태양 활동의 관계

---

8 태양에서 날아오는 방사선(태양 방사선)은 우주방사선을 차단하기 때문에 태양의 활동이 활발해질 때는 태양 방사선의 양이 많아지고 지구로 내려오는 우주방사선의 양이 줄어든다. 태양의 활동이 활발할 때는 태양의 표면에 나타나는 흑점의 수도 많아진다.

게 만든다.[9] 태양 활동은 11년 주기로 변동되는데, 활동이 저하되면 주기가 14년 정도로 길어지고 활동이 활발해지면 9년 정도로 짧아진다는 사실도 알게 되었다.

---

9 17세기에 발생한 마운더 극소기에는 여름이 되었음에도 더워지지 않았으며, 지금은 겨울에도 얼지 않는 템스강(영국)이 얼어붙었다는 기록도 남아 있다.

08

눈물 한 방울 속에
수천 개가 들어 있다? '삼중수소'

삼중수소는 우주방사선이 만든 중성자가 공기 속 질소나 산소의 원자핵에 충돌해서 만들어진다.
핵실험은 엄청난 양의 삼중수소를 만들어 지구에 뿌렸으며, 이것이 지하수 등에 남아 있다.

삼중수소가 방출하는 베타선의 에너지는 매우 작다

수소는 우주에서 가장 많은 원소로, 지구에서는 대부분이 바닷물의
형태로 존재한다. 태양은 수소 덩어리이며, 수소의 핵융합 반응[1]으로
발생하는 에너지가 태양의 빛이나 열의 근원이 되고 있다.

수소에는 세 가지 동위 원소가 있는데, 이 가운데 삼중수소가 방
사성이다. 질량수 2인 동위 원소(중수소)에는 듀테륨(D), 삼중수소에
는 트리튬(T)이라는 이름이 붙어 있다. 이것은 다른 원소보다 동위
원소의 차이에 따른 성질의 차이[2]가 크기 때문이다.

몸무게 60킬로그램(kg)인 사람의 몸속에는 약 360억 개나 되는 삼중수소
가 있으며, 1초에 60개 정도가 베타 붕괴를 일으킨다. 그 베타선은 에너지가
매우 작기 때문에 몸속에서 약 0.001밀리미터밖에 날지 못한다. 1년
동안의 피폭량은 0.0000082밀리시버트(mSv)다.

---

1 원자핵끼리 반응해서 반응 전보다 무거운 원자핵이 만들어지는 것. 태양이나 항성이 방출
   하는 막대한 에너지는 핵융합 반응을 통해서 만들어진다. 수소의 핵융합 반응으로 헬륨이
   만들어진다.
2 이 차이를 동위 원소 효과라고 한다. 원자 번호가 커질수록 동위 원소 효과는 작아진다.

동위 원소	존재비(%)	양성자 수	중성자 수	반감기
수소(H)	99.985	1	0	안정
중수소(D)	0.015	1	1	안정
삼중수소(T)	미량	1	2	12.33년

천연 삼중수소는 우주방사선이 만든다

삼중수소의 반감기는 12년밖에 안 된다. 그럼에도 지구상에 존재하는 이유는 탄소-14와 마찬가지로 계속 새로 만들어지고 있기 때문이다. 주로 우주방사선에서 생겨난 중성자가 대기 속의 질소나 산소의 원자핵에 충돌해서 반응을 일으킨 결과로 삼중수소가 만들어진다.[3]

우주방사선이 만든 삼중수소의 양은 지구 전체를 합쳐서 3킬로그램이며, 만들어지는 양과 붕괴되는 양이 균형을 이룬다(평형 존재량이라고 한다). 삼중수소 3킬로그램의 방사능은 1,000페타베크렐(PBq)[4]이다. 이 삼중수소가 물이 되며[5], 한 컵 분량의 물에는 약 1조 개, 눈물 한 방울에는 수천 개 정도가 들어 있다.

핵무기가 대량의 삼중수소를 만들어 냈다

한편 핵무기(특히 수소폭탄)는 우주방사선과는 비교도 안 될 만큼 많은 삼중수

---

3 그 밖에 우주방사선에 있는 양성자가 공기 속의 원자핵에 충돌해 부서지면서 생긴 것이나 태양 등에서 직접 날아오는 것도 있다.
4 페타는 숫자의 크기를 나타내는 단위로, 1,000,000,000,000,000(10의 15제곱)이다.
5 삼중수소수라고 한다.

소를 만들어 낸다. TNT 화약을 환산했을 때[6] 1메가톤의 핵폭발이 500페타베크렐 정도의 삼중수소를 만들어 내는 것으로 추정되고 있다.

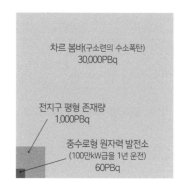

삼중수소(트리튬) 발생량의 비교

부분적 핵실험 금지 조약 발효 직전인 1961년부터 1962년에는 '막바지 실험'이라고 불리는 대기권 내 핵실험이 잇달아 실시되었다. 그 결과 1961년에는 약 120메가톤, 1962년에는 약 220메가톤의 핵무기가 폭발했다. 그중에서도 최대 규모는 구소련의 차르 봄바[7]로, 50메가톤의 폭발을 일으켜 3만 페타베크렐의 삼중수소를 만들어 낸 것으로 추정된다. 핵무기 한 발의 폭발로 우주방사선이 만든 전지구 평형 존재량의 30배나 되는 삼중수소가 만들어진 것이다.

한편 삼중수소는 원자력 발전소에서도 만들어져서, 캐나다와 한국 등지에서 사용되고 있는 중수로[8]의 경우 100만 킬로와트급을 1년 운전할 때 60페타베크렐(PBq)이 발생한다.

---

6 1메가톤은 100만 톤이다. 히로시마에 투하된 원자폭탄의 위력은 TNT로 환산했을 때 15킬로톤(1만 5,000톤)으로 추정된다.

7 차르 봄바는 '핵무기의 황제'라는 의미다. 폭발 당시 충격파가 지구를 세 바퀴 돌았다.

8 원자력 발전소에서 효율적으로 핵분열 반응을 일으키기 위해서는 중성자의 속도를 낮출(감속할) 필요가 있는데, 중수로는 감속재로 중수(중수소와 산소가 결합)를 사용한다. 중수소의 원자핵에 중성자가 흡수되면 삼중수소가 된다.

핵실험으로 대기 속의 삼중수소 농도가 1,000배 증가했다

1945년부터 1980년 사이에 실시된 대기권 대 핵실험으로 지구상에 퍼진 삼중수소의 총량은 18만 6,000페타베크렐로 추정되고 있다. 1950년경만 해도 대기 속의 삼중수소 농도(HT)[9]는 1세제곱미터당 0.0001베크렐(Bq/m³) 이하였다. 그런데 대기권 내 핵실험이 시작되면서 HT 농도가 급상승해, 1960년대 초반부터 1970년대 초반에 걸쳐서는 1세제곱미터당 0.1베크렐을 초과하기에 이르렀다.[10]

지하수 속에 남아 있었던 핵실험의 영향

핵실험의 영향은 지하수에도 남아 있었다. 다음 그림은 가나자와시

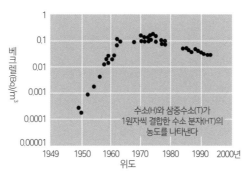

출처 : 우다 다쓰히코 · 다나카 마사히로, 〈핵융합연구〉, Vol.85, No.7, pp.423-425(2009)의 그림을 일부 수정

대기 속 삼중수소(트리튬) 농도의 변천

---

9 수소와 삼중수소가 1원자씩 결합해서 생긴 수소 분자
10 핵실험에서 유래한 삼중수소는 1990년경에도 6만 페타베크렐 정도가 남아 있었다.

에서 1984~1985년에 우물물의 삼중수소 농도를 측정한 것인데, 그 결과는 다음과 같았다. ① 심층수(지하 150미터)에서는 삼중수소가 검출되지 않았다. ② 중층수(지하 70~90미터)는 삼중수소의 농도가 높았다. ③ 산에서 흘러 내려오는 강물의 삼중수소 농도는 중층수보다 낮았다. ④ 천층수(지하 10미터)의 삼중수소 농도는 하천수보다 더 낮았다.

이 결과를 통해 알 수 있는 점은, 심층수에서는 삼중수소가 붕괴해 거의 남아 있지 않고, 중층수에는 핵실험의 영향으로 빗물 속의 삼중수소 농도가 높았던 시절의 물이 상당히 남아 있으며, 얕은 층의 지하수는 최근에 내린 빗물로 구성되었다는 것이다. 20년 이상이 지난 뒤에도 대기권 내 핵실험의 흔적이 지하수에 분명하게 남아 있었던 것이다.

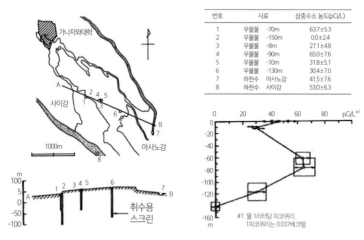

번호	시료		삼중수소 농도(pCi/L)
1	우물물	-70m	63.7±5.3
2	우물물	-150m	0.0±2.4
3	우물물	-8m	27.1±4.8
4	우물물	-90m	65.0±7.6
5	우물물	-10m	31.8±5.1
6	우물물	-130m	30.4±7.0
7	하천수	아사노강	41.5±7.6
8	하천수	사이강	53.0±6.3

#1: 물 1리터당 피코퀴리.
1피코퀴리는 0.037베크렐

출처 : 사카노우에 마사노부, 《핵융합연구》, Vol.54, No.5, pp.498-511(1985)

가나자와시에서 채취한 우물물의 삼중수소(트리튬) 농도[1984, 1985년]

09 20억 년 전에 천연 원자로가 가동되고 있었다? '우라늄'

원자폭탄과 원자력 발전소는 모두 핵분열 연쇄 반응으로 방출되는 핵에너지를 쓰지만, 반응의 진행 방식이 다르다. 오클로 광산에서는 먼 옛날 천연 원자로 흔적이 담긴 화석이 발견되었다.

도자기나 유리의 착색에 사용되었던 우라늄

1789년, 피치블렌드[1]를 연구하던 베를린(독일)의 약제사 마르틴 하인리히 클라프로트(Martin Heinrich Klaproth, 1743~1817)는 이 돌에서 새로운 원소를 발견했다. 이 새로운 원소는 당시 화제를 모았던 신행성 천왕성(우라노스)의 이름을 따 우라늄으로 명명되었다. 그런데 우라늄의 위험성을 몰랐던 당시 사람들은 도자기나 유리의 착색 등에 우라늄을 사용했다. 유리에 산화 우라늄을 첨가하면 선명한 황록색

동위 원소	존재비(%)	양성자 수	중성자 수	반감기
우라늄-234	0.005	92	142	24만 5,700년
우라늄-235	0.720	92	143	7억 380만 년
우라늄-238	99.275	92	146	44억 6,800만 년

---

1 우라늄을 함유한 광석. 처음에 발견되었을 때는 아연이나 철을 함유했을 것으로 생각되었지만 둘 다 들어 있지 않기 때문에 '쓸모없는 것'을 의미하는 '피치'에 빛을 내는 광석이라는 뜻의 '블렌드'를 붙인 피치블렌드로 명명되었다.

형광을 발했기 때문이다. 우라늄이 방사능을 지녔다는 사실을 프랑스의 베크렐이 발견한 때는 1896년으로, 우라늄이 발견된 지 100년 이상이 지난 뒤였다.[2]

천연 우라늄에는 세 가지 동위 원소가 있는데, 세 동위 원소 모두 방사성이다. 세 동위 원소는 모두 알파선을 방출해 토륨의 동위 원소가 되며, 그 후에도 붕괴를 계속한다.[3]

우라늄의 금속 독성은 비소와 같은 수준

사람 몸속에는 약 60마이크로그램의 우라늄이 존재하며, 뼈에 66퍼센트, 간에 16퍼센트, 신장에 8퍼센트가 분포한다. 또한 깊이 30센티미터까지의 흙 속에는 1제곱킬로미터당 1.4톤의 우라늄이 존재하며, 지구 전체 지각 표면 부근(20킬로미터 이내)의 존재량은 약 100조 톤으로 추정된다.

물에 잘 녹는 우라늄 화합물은 신장의 장해 등을 일으키는데, 그 화학 독성은 비소[4]와 같은 수준으로 알려져 있다. 한편 물에 녹지 않는 우라늄 화합

---

2 "1-7 방사선은 누가 발견했을까?"를 참조하기 바란다.

3 "1-6 방사선을 방출해도 안정 상태가 되지 못하는 원자가 있다?"를 참조하기 바란다.

4 물질 자체의 독성은 화학 독성이라고 부르며, 방사성을 방출함에 따른 독성(방사성 독성)과 구별한다. 탄소와 결합하지 않은 비소(무기비소)는 화학 독성이 특히 강해서, 중세에 암살을 위한 독약으로 종종 사용되었다.

물은 호흡을 통해 폐 속으로 들어간 뒤 우라늄과 딸 핵종[5]이 알파선을 계속 방출해 암의 원인이 된다.

우라늄-235는 핵무기의 원료 또는 원자력 발전의 연료로 사용된다

우라늄의 놀라운 성질이 밝혀진 때는 제2차 세계대전이 시작된 1939년이었다. 독일의 오토 한(Otto Hahn, 1879~1968)과 프리츠 슈트라스만(Fritz Strassmann, 1902~1980)이 **우라늄에 중성자를 충돌시킨 결과 원자핵이 둘로 갈라지면서 엄청난 에너지가 방출되었던 것이다.** 그리고 6년 뒤, 원자폭탄이 히로시마와 나가사키에 투하되었다.

천연 우라늄 가운데 99퍼센트 이상을 차지하는 우라늄-238은 핵분열을 잘 일으키지 않는 데 비해 우라늄-235는 쉽게 핵분열 연쇄

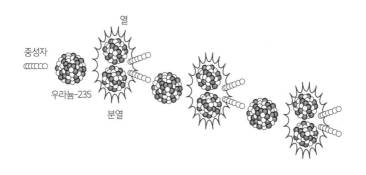

우라늄-235의 핵분열 연쇄 반응

---

5 방사성 붕괴를 일으킨 뒤에도 방사능을 지니고 있는 핵종을 딸 핵종이라고 한다.

반응[6]을 일으킨다.

원자폭탄과 원자력 발전(원자로)은 모두 핵분열 연쇄 반응으로 방출되는 핵에너지를 사용하지만, 반응이 진행되는 방식이 서로 다르다. 원자폭탄의 경우, 최대한 단시간에 빠른 중성자를 통해 기하급수적으로 핵분열 반응이 일어나도록 만든다. 한편 원자력 발전(원자로)의 경우는 핵분열로 나오는 중성자의 일부를 억제봉이 흡수하도록 만듦으로써 기하급수적으로 핵분열이 증가하지 않게 한다. 중성자를 물 등으로 감속시켜 핵분열이 중단되지 않도록 조절하면서 핵반응을 천천히 지속시킨다.

핵분열 연쇄 반응을 일으키는 우라늄-235의 함유율을 천연 우라늄보다 높이는 것을 농축이라고 한다. 원자력 발전소의 우라늄 연료는 3퍼센트 정도로 농축하며, 이것을 저농축 우라늄이라고 한다. 한편 핵무기의 우라늄-235는 90퍼센트 이상으로 농축하며, 이것을 고농축 우라늄이라고 한다.[7]

---

6 우라늄-235가 핵분열을 일으키면 중성자가 2~3개 튀어나와 다음 핵분열의 도화선이 된다. 이것이 연쇄적으로 일어나 핵분열이 계속적으로 진행되는 것을 핵분열 연쇄 반응이라고 한다.

7 우라늄-235의 함유율은 우라늄에 들어 있는 우라늄-235의 비율을 의미한다. 우라늄-235

생물이 있었기에 천연 원자로가 생겨났다

우라늄-235의 반감기는 우라
늄-238의 6분의 1이다. 그래서
연대를 거슬러 올라가면 우라
늄-235의 함유량이 높아지며,
약 20년 전에는 원자력 발전소
의 연료와 같은 3퍼센트가 된
다. 이에 지구화학자인 구로다 가즈

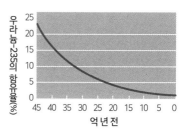

우라늄-235 함유율의 추이

오(黑田和夫, 1917~2001)는 그 시대에 핵분열 연쇄 반응을 지속할 수 있는 조건이
갖춰져 있었다면 천연 원자로가 존재했을 것이라고 주장했다.[8]

그리고 16년 뒤, 그의 주장대로 오클로 광산[9]에서 천연 원자로의
화석이 발견되었다.[10] 그 우라늄 광상(鑛床)은 암석 속에 들어 있었던
미량의 우라늄이 물에 녹아서 운반되어 침전된 것이었다. 우라늄에

물에 녹으려면 산소가 필요
한데, 그 산소는 광합성을 하
는 생물이 만든 것이었다. 생
물이 있었기에 천연 원자로가
탄생했던 것이다.

를 농축한 뒤의 폐기재는 천연 우라늄보다 농축도가 낮아서 열화 우라늄이라고 불린다.

8 구로다 가즈오는 1956년에 천연 원자로의 존재에 관한 논문을 발표했다.

9 오클로 광산은 중앙아프리카 가봉 공화국에 있다.

10 우라늄-235의 함유량이 적은 기묘한 우라늄 광석이 발견된 것이 계기였다. 천연 원자로에
   서 우라늄-235를 소비한 탓에 우라늄-235의 함유량이 낮았던 것이다.

오클로에 우라늄 광상이 형성되었을 무렵, 주변에 많은 양의 물이 존재하는 등 필요한 조건이 갖춰짐에 따라 천연 원자로가 가동되었다. 이 원자로는 약 30분 동안 가동된 뒤 물이 증발해 수 시간 동안 정지되고, 지하수가 모이면 다시 가동되는 사이클을 60만 년 정도 지속했던 것으로 생각된다. 밤이 되면 원자로에서 희푸른 빛[11]이 보였을 것이다.

---

11 체렌코프 효과라고 하며, 구소련의 물리학자 파벨 체렌코프(Pavel Cherenkov, 1904~1990)가 1934년에 발견했다.

10

핵실험으로 만들어져
몸속에 축적되었다? '세슘-137'

핵실험이 실시되기 전까지만 해도 지구상에 거의 존재하지 않았던 세슘-137. 핵분열이 일어날 때 대량으로 만들어지며 반감기가 긴 탓에 매우 골치 아픈 방사능 핵종이다.

지금까지 소개한 칼륨-40, 탄소-14, 삼중수소, 우라늄은 전부 인간이 탄생하기 훨씬 이전부터 지구에 존재했던 방사성 핵종이다. 그러나 **세슘-137은 핵실험이 실시되기 전까지만 해도 지구에 거의 존재하지 않았던 방사성 핵종이다.**[1] 원자로에서 생성되는 세슘-134도 원자로가 가동되기 이전에는 존재하지 않았다. 그래서 이런 것들을 인공 방사성 핵종이라고 부른다.

세슘[2]은 칼륨과 화학적인 성질이 비슷해서, 먹이 사슬 속에 들어가면 칼륨과

동위 원소	존재비(%)	양성자 수	중성자 수	반감기
세슘-133	100.0	55	78	안정
세슘-134	-	55	79	2.065년
세슘-137	-	55	82	30.04년

1　우라늄-238은 자발 핵분열(원자핵에 중성자를 충돌시키거나 하지 않아도 자연히 일어나는 핵분열)을 일으킬 때가 있으며, 이때 생성된 세슘-137이 극미량이지만 존재하고 있었다.

2　세슘은 시간을 정확하게 측정하는 원자시계나 DNA를 이용한 연구에서 원심 분리를 할 때 등에 사용된다.

똑같이 움직인다. 우리는 음식물에서 하루에 약 0.03밀리그램(mg)의 세슘을 섭취하며, 온몸에는 약 6밀리그램의 세슘이 존재한다. 천연 세슘은 100퍼센트가 안정 상태인 세슘-133이고 방사성 세슘은 전부 인간이 만들어 낸 것인데, 그중에서도 세슘-137은 매우 골치 아픈 성질을 지니고 있다.

대량으로 만들어지며 반감기가 긴 세슘-137

세슘-137이 골치 아픈 존재인 이유 중 하나는 핵분열이 일어날 때 대량으로 만들어진다는 것이다. 오른쪽 그림은 핵분열이 일어날 때 어떤 핵종이 얼마나 만들어지는지를 나타낸 것인데[3], 우라늄-235가 100개 분열하면 세슘-137이 약 6개 생성된다.

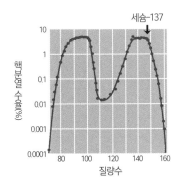

우라늄-235의 핵분열과 생성 핵종

또 한 가지 이유는 30년이라는 반감기다. 핵실험으로 만들어진 방사성 핵종은 성층권으로 밀려 올라간 뒤 그곳을 빙글빙글 맴돌고 있다. 반감기가 짧은 핵종의 경우 성층권을 맴돌다 사라지는데, **세슘-137처럼**

---

3   가로축은 핵분열이 일어날 때 만들어지는 핵종의 질량수, 세로축은 우라늄-235가 100개 핵분열을 일으켰을 때 생성되는 원자 수(핵분열 수율)다. 세로축은 로그 눈금이어서 눈금이 1개 늘어날 때마다 수율은 10배가 된다. 분포 형태가 토끼의 귀를 연상시킨다.

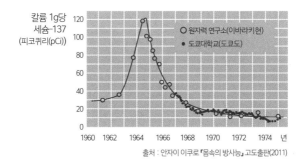

칼륨 1g당
세슘-137
(피코퀴리(pCi))

○ 원자력 연구소(이바라키현)
● 도쿄대학교(도쿄도)

출처 : 안자이 이쿠로 『몸속의 방사능』 고도출판(2011)

일본인의 체내 세슘-137의 양

반감기가 긴 핵종은 계속 남아 있다가 조금씩 대류권으로 내려온다.[4] 그렇게 내려온 세슘-137은 식물에 흡수되고, 그것을 동물이 먹으며, 최종적으로 그 동물의 젖이나 고기를 먹은 인간의 몸속에 축적된다.

세슘-134와 세슘-137은 생성 과정이 다르다

세슘-134와 세슘-137은 같은 방사성 핵종이지만 생성 과정이 전혀 다르다. 세

---

4 지상으로부터 높이 10~16킬로미터까지는 대류권으로 불리며, 구름이나 비 등의 기상 현상은 이곳에서 일어난다. 대류권보다 위는 성층권이라고 불리며, 대류가 잘 일어나지 않는다.

슘-137은 핵분열을 통해서 만들어지기에 원자로와 핵무기 양쪽에서 생성된다. 한편 세슘-134는 핵분열을 통해서 만들어진 세슘-133[5]의 원자핵에 중성자 1개가 추가되어 생겨난다. 이를 위해서는 원자로처럼 핵반응이 계속되어 중성자가 계속 날아다니는 환경이 필요하다. 따라서 일순간에 핵반응이 끝나 버리는 핵무기에서는 세슘-134가 만들어지지 못한다.

방사성 세슘에 세슘-134가 들어 있는지 들어 있지 않은지를 보면 그것이 원자로에서 유래한 것인지 핵무기에서 유래한 것인지를 알 수 있다. 후쿠시마 제1원자력 발전소 사고 이후 사고의 영향이 거의 미치지 않은 지역에서 방사성 세슘이 들어 있는 버섯이 발견되었는데, 그 버섯에는 **세슘-137밖에 없었기 때문에 대기권 핵실험의 영향이었음을 알수 있었다.**

세슘-134와 세슘-137의 비율을 통해 원자로의 운전 상황도 알 수 있다. 후쿠시마 제1원자력 발전소 사고는 세슘-134와 세슘-137이 거의 1대 1이었지만, 체르노빌 원자력 발전소 사고에서는 1대 2였다. 후쿠시마 제1원자력 발전소가 원자로의 운전 시간이 더 길었던 탓에 세슘-134의 생성량이 더 많았던 것이다.

사고 후, 방사성 세슘은 약 3년 후에 절반으로 줄었다

후쿠시마 제1원자력 발전소 사고가 일어난 뒤, "방사성 세슘의 반감

---

5 좀 더 자세히 적으면, 우라늄-235의 핵분열로 방사성인 제논-133이 생겨나고 그 제논-133이 베타 마이너스 붕괴를 일으켜서 세슘-133이 만들어진다.

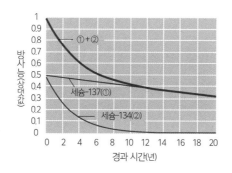

후쿠시마 제1 원자력 발전소 사고 이후 시간 경과에 따른 방사성 세슘의 방사능 변화

기는 30년이니까 30년이 지나야 절반으로 줄어든다"라는 이야기가
있었던 모양이다. 세슘-137의 반감기가 30년이기 때문에 이런 이야
기가 나왔던 것으로 생각되는데, 사실 방사성 세슘의 절반은 반감기
가 2년인 세슘-134였다. 그래서 방사성 세슘의 방사능은 약 6년 후
에 절반으로 줄어들었다(상단의 그림에서 ①+②로 표시된 굵은 선).

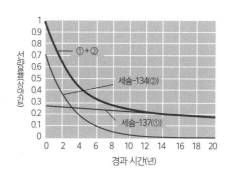

후쿠시마 제1 원자력 발전소 사고 이후 시간 경과에 따른 방사성 세슘의 선량률 변화

또한 세슘-134의 방사선 에너지가 더 강하기 때문에 사고 직후 세슘-134와 세슘-137의 방사선량 비율은 73대 27이었다. 이 점도 염두에 두면, 방사선량은 3년 후에 반으로 줄어들고, 6년 후에 3분의 1, 10년 후에는 4분의 1로 감소한다(앞 페이지 그림에서 ①+②로 표시된 굵은 선). 비나 눈 등도 방사선량을 줄이는 효과가 있기에 실제로는 더 빠르게 방사선량이 감소했음이 밝혀졌다.

뼈에 쌓여서 좀처럼
감소하지 않는다? '스트론튬-90'

스트론튬-90은 핵반응을 통해서 대량 생성되며, 반감기도 길다. 게다가 몸속에 들어가면 뼈에 축적되어 배출되지 않으면서 방사선을 계속 방출해 암 등을 발생시키는 원인이 된다.

스트론튬은 우리의 몸속에서 아무런 역할도 하지 않지만, 식사를 통해서 하루에 약 2밀리그램(mg)이 섭취되며[1] 온몸에 약 300밀리그램이 존재한다. 필수 원소가 아님에도 이 정도의 양이 몸속에 존재하는 이유는 필수 원소인 칼슘과 화학적 성질이 매우 유사하기 때문으로, 함께 몸속으로 들

동위 원소	존재비(%)	양성자 수	중성자 수	반감기
스트론튬-84	0.56	38	46	안정
스트론튬-86	9.86	38	48	안정
스트론튬-87	7.00	38	49	안정
스트론튬-88	82.58	38	50	안정
스트론튬-89	-	38	51	50.53일
스트론튬-90	-	38	52	28.74년

---

1 스트론튬이 많이 들어 있는 식품으로는 양배추(건조 중량비로 45ppm, 이하 동일), 양파 (59ppm), 양상추(75ppm) 등이 있다.

어간 뒤 뼈에 축적된다.[2]

천연 스트론튬의 동위 원소는 전부 안정 상태다. 한편 매우 위험하고 골치 아픈 방사성 핵종으로 알려져 있는 스트론튬-90은 핵실험이 실시되기 전까지만 해도 지구에 거의 존재하지 않았다.[3]

베타선만을 방출하는 까닭에 측정하기가 매우 어렵다

스트론튬-90은 베타선을 방출해 이트륨-90으로 변화하며, 이트륨-90도 베타선을 방출해 지르코늄-90으로 변화하면서 비로소 안정 상태의 동위 원소가 된다.

방사성 세슘은 감마선을 방출하기에 그다지 숙련도가 높지 않아도 토양이나 식품 등에 들어 있는 양을 쉽게 측정할 수 있다.[4] 그러나 **스트론튬-90은 베타선만을 방출하는 까닭에** 측정을 하려면 약 1개월에 걸쳐

---

2 인체에 존재하는 스트론튬의 농도를 살펴보면, 혈액이 30ppb(ppb는 10억분의 1), 조직 속이 120~350ppb인 데 비해 뼈는 35~140ppm(ppm은 100만분의 1. 즉 1ppm=1,000ppb)으로 매우 높다.
3 우라늄-238의 자발 핵분열로 생성된 스트론튬-90이 극미량 존재한다.
4 환경 시료의 방사능 분석에는 나름의 경험이 필요하다. 그중에서도 스트론튬처럼 감마선을 방출하지 않는 핵종의 경우는 수많은 시료를 분석해 온 숙련자의 분석 데이터가 아니고서는 신뢰하기 어렵다.

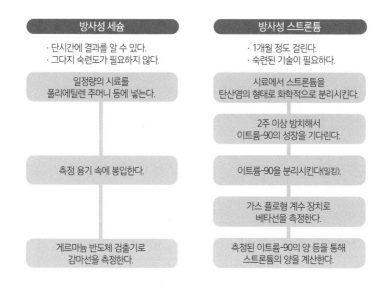

방사성 세슘	방사성 스트론튬
· 단시간에 결과를 알 수 있다. · 그다지 숙련도가 필요하지 않다.	· 1개월 정도 걸린다. · 숙련된 기술이 필요하다.
일정량의 시료를 폴리에틸렌 주머니 등에 넣는다.	시료에서 스트론튬을 탄산염의 형태로 화학적으로 분리시킨다.
	2주 이상 방치해서 이트륨-90의 성장을 기다린다.
측정 용기 속에 봉입한다.	이트륨-90을 분리시킨다(밀킹).
	가스 플로형 계수 장치로 베타선을 측정한다.
게르마늄 반도체 검출기로 감마선을 측정한다.	측정된 이트륨-90의 양 등을 통해 스트론튬의 양을 계산한다.

그림과 같은 작업을 해야 하며, 고도의 기술도 요구된다.[5] 이것도 스트론튬-90
이 골치 아픈 방사성 핵종인 이유 중 하나다.

원자로에 쌓인 양은 같아도 사고로 누출되는 방식은 전혀 다르다

스트론튬-90은 우라늄-235가 100개 핵분열을 일으킬 때 약 6개
생성된다. 이것은 세슘-137과 비슷한 수다. 사실 세슘-137과 스트론
튬-90은 핵분열 수율[6]과 반감기가 거의 같은 까닭에 원자로 내부에 항상 거의
같은 양이 쌓여 있다. 대량으로 생성되는데다가 반감기가 약 30년으로

---

5 베타 붕괴로 나온 전자(베타선)는 하나하나의 에너지가 다르기 때문에 에너지를 측정해도
   핵종을 알 수 없다. 그래서 핵종의 종류와 양을 알려면 베타선을 방출하는 핵종을 화학적으
   로 분리시킬 필요가 있다.
6 우라늄-235가 100개 분열되었을 때 생성되는 원자의 수를 핵분열 수율이라고 한다.

1족(알칼리 금속)			2족(알칼리 토금속)		
원자 번호	원소명	끓는점(℃)	원자 번호	원소명	끓는점(℃)
11	나트륨(소듐)	882.9	12	마그네슘	1,090
19	칼륨(포타슘)	774	14	칼슘	1,480
37	루비듐	688	38	스트론튬	1,384
55	세슘	678.4	56	바륨	1,640

긴 것도 골치 아픈 방사성 핵종인 이유다.

다만 원자로에 쌓여 있는 양은 같아도 원자력 발전소 사고가 일어났을 때의 상황은 다르다. 세슘은 스트론튬보다 끓는점이 낮아서 잘 휘

	체르노빌	후쿠시마
세슘-134	약 47	18
세슘-137	약 85	15
스트론튬-90	약 10	0.14

※P(페타)는 10의 15제곱. 즉 1PBq는 1,000,000,000,000,000Bq(베크렐)이다.
출처 : 노구치 구니카즈 외 『방사선 피폭의 과학·사회』 가모가와출판(2014)의 표를 일부 수정

대기 방출량의 비교(단위는 PBq)

발되기 때문에[7], 사고로 원자로의 온도가 상승하면 금방 밖으로 누출된다.

체르노빌 원자력 발전소 사고 때는 원자로에서 흑연 화재가 발생해 열흘이나 계속 불탔기 때문에 잘 휘발되지 않는 스트론튬까지도 대량으로 누출되었다. 한편 후쿠시마 제1원자력 발전소 사고의 경우

---

7 우라늄의 끓는점은 섭씨 3,745도, 플루토늄의 끓는점은 섭씨 3,232도인 까닭에 끓는점이 섭씨 1,384도인 스트론튬보다 더 휘발되지 않는다. 한편 요오드의 끓는점은 섭씨 184도로, 세슘(섭씨 678도)보다 더 잘 휘발된다.

그런 상황에는 이르지 않았던 까닭에 다행히도 스트론튬의 방출량
이 적었다.

스트론튬은 뼈에 쌓이면 배출되지 않는다

몸속에 들어간 방사성 핵종은 붕괴로 감소할 뿐만 아니라 생물의 배
설 작용을 통해서도 감소한다. 배설을 통해 절반으로 줄어드는 시간을 생
물학적 반감기(T_b)라고 하며, 방사성인가 아닌가에 따른 차이는 없다. 이것과
구별하기 위해 붕괴에 따른 반감기를 물리적 반감기(T_p)라고 부르기
도 한다. 붕괴와 배설을 합친 반감기가 유효 반감기(T_{eff})이며, 다음 식
으로 계산할 수 있다.

핵종	문제가 되는 장기 · 조직	물리적 반감기(T_p)	생물학적 반감기(T_b)	유효 반감기(T_{eff})
코발트-60	전신	5.27년	9.5일	9.5일
스트론튬-89	뼈	50.53일	49년	50.4일
스트론튬-90	뼈	28.74년	49년	18.2년
요오드-131	갑상선	8.021일	138일	7.6일
세슘-137	전신	30.04년	70일	70일
라듐-226	뼈	1,600년	45년	43.7년
우라늄-238	신장	44억 6,800만 년	15일	15일
플루토늄-239	뼈	2만 4,110년	200년	198년

$$\text{유효 반감기 } T_{eff} = \frac{T_p \times T_b}{T_p + T_b}$$

세슘-137은 물리적 반감기가 30년으로 길지만 배설이 빨라서 생물학적 반감기는 70일이며, 유효 반감기도 70일로 짧다. 한편 스트론튬은 뼈에 축적되는 까닭에 생물학적 반감기가 49년으로 길며, 이 때문에 유효 반감기도 18.2년으로 세슘-137보다 훨씬 길다.[8] 일단 뼈에 축적되면 그곳에 계속 머물면서 방사선을 방출하기 때문에 암 등의 원인이 되는 위험한 존재다.

----

8 이렇게 뼈에 축적되는 것을 향골성 핵종이라고 한다. 스트론튬 외에 라듐과 플루토늄도 향골성 핵종이다.

제 3 장

방사선을 쐬면

어떻게 될까?

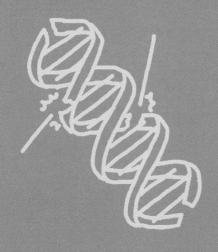

01

우라늄 광산에서
기이한 폐병이 잇달아 발생했다?

우라늄 광산의 바위 속 라듐에서 라돈이 나와 공기 속에 스며든다. 갱도에서는 라돈 농도가 높아지기 때문에 그것을 계속 들이마신 많은 노동자가 폐암에 걸려 젊은 나이에 목숨을 잃었다.

유럽 중앙부에 있는 요아힘스탈 광산

인류의 역사에 기록된 가장 오래된 방사선 장해는 중세 유럽의 어느 광산에서 일어난 기이한 폐병이다. 그 광산은 체코의 보헤미아 지방 북동부의 독일 국경과 가까운 지역에 위치하고 있었으며, 요아힘스탈로 불렸다.[1]

1512년에 은맥이 발견되면서 번성하기 시작한 요아힘스탈 광산은 1535년에는 광산 노동자의 수가 4,113명이나 되는, 프라하에 버금가는 인구의 마을로 성장했다. 시간이 지나 은이 고갈되고 30년 전쟁[2]

---

1 요아힘스탈이라는 독일어 명칭이 붙은 이유는 중세 유럽에 광대한 토지를 보유하고 있었던 신성 로마 제국에 속했기 때문이다. 체코어로는 야히모프 광산이라고 불린다.
2 보헤미아에서 일어난 프로테스탄트의 반란을 계기로 1618~1648년에 신성 독일 제국에서 벌어진 전쟁

도 일어난 탓에 17세기에는 쇠퇴하고 말았지만, 이후 도자기의 안료가 되는 코발트를 비롯해 다양한 금속이 발견되면서 또다시 번성해 갔다.

우라늄 발견을 계기로 광산의 이름이 널리 알려지다

요아힘스탈의 이름이 널리 알려지게 된 것은 18세기 말에 우라늄 광석인 피치블렌드가 발견된 뒤였다. 우라늄에 방사능이 있다는 사실을 몰랐던 당시 사람들은 황록색의 아름다운 형광을 발하는 우라늄을 보헤미아 유리 제품이나 도자기의 유약[3]으로 사용했다.

1871년에는 광석에서 우라늄을 추출하는 공장이 조업을 시작했는데, **우라늄을 추출한 뒤의 폐기물은 공장 밖에 방치했다.** 퀴리 부부는 바로 이 폐기물에서 새로운 원소인 폴로늄과 라듐을 발견했다.[4] 지금이라면 문제가 될 방사성 폐기물이지만, 이것을 관리하고 있었던 오스트리아 정부 등은 피에르 퀴리의 요청을 받

출처 : Wikipedia

우라늄 유리

---

3 도자기를 구울 때 표면에 바르는, 점토 등을 물에 섞어서 분산시킨 액체. 구우면 표면에 유리질의 얇은 층이 생겨서 물의 침투를 막아 주며, 광택도 생긴다.

4 라듐이 발견된 뒤, 요아힘스탈 광산에서는 라듐의 생산이 시작되었다. 갱도 내의 물에 있는 고농도의 방사능을 '요양'에 사용하기 위한 욕장도 건설되었다.

아들여 1898년부터 수년 동안 몇 톤이나 되는 폐기물을 마차에 실어 파리 시내의 학교로 보냈다.

퀴리 부부는 4년 이상에 걸친 힘든 노력 끝에 그 폐기물에서 라듐을 발견했다. 그러나 마리 퀴리는 방사선을 지속적으로 쐰 탓에 훗날 재생 불량성 빈혈[5]로 세상을 떠났다. 그리고 어머니의 연구를 이어받은 딸 이렌 졸리오퀴리(Irène Joliot-Curie, 1897~1956)도 백혈병으로 삶을 마감했다.

광산에서는 기이한 폐병이 발생하고 있었다

퀴리 모녀의 생명을 앗아간 방사선 장해는 400년 전 요아힘스탈에서도 일어나고 있었다. 광산에서 일하는 노동자가 폐병에 걸려 젊은 나이에 세상을 떠나는 일이 속출했던 것이다. 그러나 원인을 알 수가 없었기 때문에 사람들은 '광산병' 등으로 부르며 두려워했다.

이 기이한 폐병은 산을 사이에 두고 요아힘스탈과 반대편

출처 : Wikipedia

16세기의 요아힘스탈 광산

에 위치한 슈니베르크 광산에서도 발견되었다. 슈니베르크 광산에서

---

5 혈액을 만드는 원천인 조혈모세포가 감소한 탓에 혈액 속의 백혈구, 적혈구, 혈소판이 전부 감소하는 병

슈니베르크 광산의 폐암 사망률

연도	광산 노동자 수(명)	폐암 사망자 수(명)	폐암 사망률(%)
1879	595	16	2.69
1880	663	8	1.21
1881	641	9	1.40
1882	634	9	1.42
1883	621	8	1.29
1884	633	12	1.90
1885	641	10	1.56
합계	4,428	72	1.63

출처 : 노구치 구니카즈 「방사능 이야기」 신일본출판사(2011)

는 19세기 말에도 많은 노동자가 폐암으로 사망했다.[6]

기이한 폐병의 정체는 고농도의 라돈이 원인인 직업병이었다

광산 노동자에게서 다발하고 있는 폐병의 정체가 직업성 폐암이라는 사실이 밝혀진 때는 1911년이었다. 1920년경에는 슈니베르크 광산의 갱도에서 방사성 가스인 라돈의 공기 속 농도가 측정되었는데, 1세제곱미터당 2만~60만 베크렐(Bq/m³), 평균 10만 Bq/m³이라는 충격적인 결과가 나왔다.[7] 그리고 1924년에는 '광산병'인 폐암이 라돈과

---

6 암의 사망률은 성별과 연령, 의료 수준 등에 따라 차이가 있으므로 단순 비교는 불가능하지만, 후생노동성의 '2017년도 인구 동태 통계'에 따르면 일본인 남성의 폐암 사망률은 0.0874퍼센트, 여성의 폐암 사망률은 0.0330퍼센트라고 한다.

7 현재의 우라늄 광산 갱도에 비해 수십 배에서 백 수십 배나 높은 수치다. 참고로, 일본의 실

그 자손 핵종[8]을 지속적으로 흡입한 데서 비롯된 병임이 명백해졌다.

라돈은 우라늄 광산의 바위 속에 있는 라듐에서 생성된 것으로, 바위에서 스며나와 공기 속에 퍼진다. 환기가 잘되는 곳에서는 공기에 희석되어 옅어지지만, 갱도에서는 라돈이 다른 곳으로 빠져나가지 못하고 계속 머무르기 때문에 농도가 짙어진다. 라돈은 화학적으로 불활성이어서 다른 물질과 반응하지 않으며, 전하를 띠고 있지 않아 무엇인가에 달라붙지도 않는다. 그러나 자손 핵종들은 전하를 띠고 있어서 공기 속을 떠도는 작은 먼지 등에 달라붙는다. 그 먼지는 숨을 들이마실 때 폐로 들어가 달라붙으며, 그곳에서 알파선을 지속적으로 방출한다.

1970년대 후반에는 미국의 콜로라도 고원, 체코의 보헤미아 지방, 캐나다의 온타리오주 등의 우라늄 광산에서 조사가 실시되어, 라돈의 누적 피폭량이 0.3~0.6시버트(Sv) 이상이 되면 폐암이 증가함을 알게 되었다. 또한 캐나다의 형석 광산이나 스웨덴의 금속 광산 등에서 라돈의 흡입이 원인이 된 폐암으로 사망하는 일이 다발했음이 알려지면서 우라늄 이외의 광산에서도 갱도는 라돈 농도가 높다는 사실이 밝혀졌다.

내 라돈 농도는 평균적으로 15~25Bq/m³ 정도다(자세한 내용은 "2-5 밀폐성이 좋은 집은 방사성 물질이 많다?"를 참조하기 바란다).

8　라돈-222가 붕괴해서 생겨나는 폴로늄-218이나 폴로늄-214, 라돈-220이 붕괴해서 생겨나는 납-212나 폴로늄-212 등의 핵종

02

엑스선을 발견한 직후부터
장해도 다발했다?

엑스선의 발견에 큰 관심을 보인 의학 관계자들은 엑스선을 병의 진단 등에 사용하기 시작했다.
그러나 한편으로 엑스선 장해도 확대되었고, 이 때문에 많은 사람이 목숨을 잃었다.

엑스선은 곧 의학에 응용되기 시작했다

1895년에 엑스선을 발견한 뢴트겐은 첫 논문에서 자신의 손에 엑스
선을 조사(照射)한 결과에 대해 "손을 방전 장치와 스크린 사이에 놓
는다면 손의 희미하게 어두운 그림자 속에 있는 손뼈의 더 어두운 그
림자를 볼 수 있다"[1]라고 썼다.

엑스선의 발견은 물리학자들의 큰 관심을 불러 모았는데, 그 이상으로 관심
을 보인 사람들이 있었다. 바로 의학 관계자들이었다. 독일에서는 논문이 발
표된 지 불과 9일 후인 1896년 1월 6일에 내과 학회가 엑스선 사진
의 의학적 응용 방법을 논의했고, 영국에서도 같은 해 1월 13일에 인
체의 엑스선 검사가 실시되었다. 미국과 캐나다에서도 같은 해 2월까
지 40개가 넘는 연구팀이 엑스선의 의학적 이용에 관한 실험을 개시
했다.

의사들이 이렇게 엑스선에 큰 관심을 보인 이유는 엑스선을 사용하면 병자의

---

1   뢴트겐 『새로운 종류의 광선에 관해』(제1보) 기무라 유타카 번역. 이 논문은 1895년 12월
    28일에 발표되었다.

몸속에서 일어나고 있을 변화를 살아 있을 때, 그것도 고통을 주지 않고 알 수 있으리라고 생각했기 때문이었다.

엑스선에서 비롯된 장해도 즉시 나타났다

한편 엑스선에서 비롯된 장해도 즉시 나타나기 시작했다. 미국의 에밀 그루브(Émil Grubbé, 1875~1960)는 뢴트겐이 엑스선 발견 논문을 발표하기 전부터 크룩스관을 사용해 실험을 하고 있었는데[2], 1895년 11월경부터 이듬해 1월에 걸쳐 피부에 홍반[3]과 물집이 생기고 비정상적인 충혈과 지각 과민도 나타나고 있음을 깨달았다. 또한 이후 탈모와 궤양[4]도 진단되는 등 증상은 악화되어 갔다. 1월 27일에 치료를 받은 그루베는 엑스선에 파괴적인 작용이 있음을 인식하게 되었다.

그로부터 이틀 후인 1월 29일에 그루브가 만든 크룩스관으로 유방암의 엑스선 치료가 시도되었는데, 그는 엑스선을 조사할 부분만 남기고 다른 곳은 납으로 차폐했다. 엑스선을 발견한 지 불과 1개월 만에 이런 방사선 방호 조치가 실시된 것이다.

이용이 확대됨에 따라 엑스선 장해도 확대되어 갔다

1896년 3월에는 발명왕으로 유명한 토머스 에디슨(Thomas Edison,

---

2 그루브는 일리노이주 시카고에서 크룩스관을 제조하고 있었다. 크룩스관은 영국인인 윌리엄 크룩스(William Crookes, 1832~1919)가 발명한 진공 방전관이다. 구조는 69페이지를 참조하기 바란다.

3 모세 혈관이 확장되어서 나타나는 붉은색 무늬

4 피부 등의 표면을 뒤덮는 상피 조직이 어떤 원인으로 파여 버린 상태

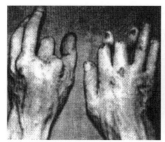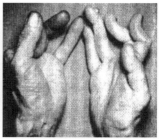

뢴트겐 박사 조수의 엑스선 장해

1847~1931)이 엑스선을 이용한 투시 실험을 실시했다. 그의 조수인 클라렌스 댈리(Clarence Dally, 1865~1904)는 그 준비 과정에서 때때로 엑스선을 쐬었는데, 이 때문에 탈모와 궤양에 시달렸다. 에디슨은 그 방사선 장해를 보고 놀라서 실험 장치의 제작을 중단했지만, 댈리의 피부 장해는 이미 심각한 상태였으며 암도 발생해 양팔을 절단해야 했다. 결국 치료한 보람도 없이 1904년에 전이암으로 세상을 떠났다.

수많은 엑스선관을 만들었던 뢴트겐의 조수도 상단의 사진처럼 심한 방사선 장해에 시달렸다. 엑스선에 노출되는 작업에 종사한 많은 사람이 이런 고통스러운 운명에 직면했던 것이다.

엑스선 검사를 받은 사람의 급성 방사선 피부염

엑스선을 이용한 검사를 받은 사람의 급성 방사선 피부염과 검사를 실시한 사람의 만성 방사선 장해도 커다란 문제가 되었다.

단기간에 대량의 엑스선을 쏘이면 피부에 화상과 유사한 증상이 나타난다.[5] 일본에도 1919년 5월에 담석증 진단을 위해 2주 동안 15회 정도 엑스선 검사를 받은 25세의 여성에게서 허리에 지름 10센티미터 정도의 궤양이 나타났으며 인두로 지지는 것 같은 격렬한 통증을 호소했다는 기록이 남아 있다. 또한 미국에서는 21세(1898년)에 신장 결석으로 엑스선 투시 검사를 받은 여성에게서 49년 후 우상복부에 피부암이 발생한 사례가 있었다.

방사선 장해 사망자의 국제 비교

	영국	독일	미국	프랑스	일본	전 세계
1900~10	3	2	8	3	—	16
1911~20	5	4	10	8	—	34
1921~30	10	10	5	25	4	84
1931~40	10	18	22	18	7	105
1941~50	8	11	6	4	10	58
1951~60	6	14	4	4	13	55
1961~					9	

출처 : 다테노 유키오 『방사선과 인간』 이와나미서점(1974)

---

5 1~4도로 분류된다. 1도는 조사 후 3주 안에 탈모를 유발하지만, 1~3주 사이에 거의 흔적을 남기지 않고 회복된다. 2도는 조사 후 2주 안에 충혈, 발적, 부종을 일으키지만, 3~4주 사이에 색소 침착을 남긴 채 회복된다. 3도는 조사 후 1주 안에 진한 발적을 일으키고 수포도 형성되며, 3개월 정도 이 증상이 계속된 뒤 강한 색소 침착이나 피부의 위축, 모세 혈관 확장을 남긴다. 4도는 조사 후 2~3일 후에 발적과 종창이 시작되며, 얼마 후 격렬한 통증을 동반하는 궤양이 발생하고 몇 년 동안 낫지 않는다.

직업병으로서의 만성 방사선 장해로 많은 사람이 목숨을 잃었다

의사나 방사선사의 경우, 1회에 쐬는 양은 검사를 받는 사람보다 적지만 긴 세월에 걸쳐 막대한 양의 엑스선을 쐬어야 했다. 이들은 서서히 진행되는 만성 방사선 피부염에 시달렸고, 종종 치명적인 피부암에 걸리기도 했다. 방사선 피부염과 피부암의 발생

출처 : 기타바타케 다카시 『방사선 장해의 인정』 가네하라출판(1971)

방사선 장해 사망자를 기리는 기념비(함부르크)

사이에 인과관계가 있음이 인정된 때는 1902년이며, 1911년에는 동물 실험을 통해서도 그 인과관계가 인정되었다.

　방사선 장해로 사망한 의료 관계자를 기리기 위해 독일의 함부르크에 기념비가 설립되었고, 그 사람들의 약력 등이 기재된 일종의 표창장이 발행되었다. 이 기념비는 희생이 반복되지 않도록 노력하자는 메시지를 우리에게 보내고 있다.

03

야광 시계를 만들던
여성 노동자들이 사망했다?

과거에는 라듐이 시계의 문자판에 야광 도료로 사용되었다. 도료를 묻힌 붓을 가다듬기 위해 입에 물면서 일했던 야광 시계 공장의 여성 노동자들은 골종양 등의 방사선 장해로 세상을 떠났다.

라듐 야광 시계 공장에서 발생한 방사선 장해

제1차 세계대전이 진행되던
무렵, 야광 시계[1]의 문자판에
사용된 라듐이 공장에서 일
하는 여성들에게 심각한 방사
선 장해를 유발했다. 구리를
조금 첨가한 황화아연 등
에 라듐의 방사선을 조사

출처 : Wikipedia

라듐 야광 시계의 문자판

하면 황화아연이 그 에너지를 흡수한 뒤 가시광선을 방출한다. 라듐
과 황화아연을 섞어 놓으면 라듐에서 방사선이 나오는 한은 계속 빛
을 내는 것이다.

----

1 야광 시계는 시계의 문자판에 야광 도료를 칠한 것으로, 야광 도료에는 축광성과 자발광성
   의 두 종류가 있다. 축광성 야광 도료는 태양이나 전등 등의 빛 에너지를 흡수해 축적해 놓
   았다가 어두운 곳에서 짧은 시간 동안 빛을 낸다. 한편 자발광성 야광 도료는 도료 속에 방
   사성 물질이 들어 있어서, 방사선의 에너지로 도료가 빛을 낸다. 후자는 황화아연 등의 발
   광 기체(基體)가 방사선에 손상되지 않는 한 지속적으로 일정한 휘도의 빛을 발한다.

라듐이 야광 도료로 이용되기 시작한 때는 1910년경인데, 라듐을 시계의 문자판에 칠하는 작업은 주로 젊은 여성이 담당했다. **라듐이 몸속으로 들어가면 뼈에 침착되어 골육종이나 백혈병 등을 발생시킬 위험성이 있기 때문에 체내 오염을 최대한 막아야 하지만, 당시는 그런 인식이 거의 없었다.**

라듐을 묻힌 붓을 입에 물어 가다듬었다

미국에서 라듐을 첨가한 야광 도료를 시계의 문자판에 칠하는 공장이 문을 연 때는 1915년경이었다. 뉴저지주 오렌지에는 800명 정도의 여성이 일하는 미국 최대 규모의 문자판 도색 회사가 있었으며[2], 미국 전역에서는 약 4,000명이 문자판 도색 작업에 종사했다.

그들은 낙타의 꼬리털로 만든 붓에 노란색 형광 도료를 묻혀서 문자판의 윤곽을 덧칠하는 작업을 했다. 그리고 붓끝이 흐트러지면 입에 물어서 가다듬었는데, 이 행동을 '티핑'이라고 불렀다. 문자판 하나를 칠할 때마다 1~5회 정도 티핑을 했고, 성과급제였던 까닭에 매일 250~300개를 칠하는 사람도 있었다고 한다. 티핑을 할 때마다 라듐이 그들의 몸속을 오염시

출처 : BuzzFeed News

야광 시계의 문자판을 칠하는 여성 노동자

---

2 그들을 라듐 다이얼 페인터라고 불렀다.

켜 갔다.

뼈에 침착된 라듐은 그곳에서 알파선을 방출하고 딸 핵종[3]으로 변화한다. 또한 그 딸 핵종도 방사선을 방출하며, 안정적인 납이 될 때까지 계속 방사선을 방출해[4] 주위에 지속적인 피해를 입힌다.

젊은 여성들이 기이한 병에 걸려 차례차례 세상을 떠났다

미국 최대의 문자판 도색 회사가 있었던 뉴저지주에서는 젊은 여성이 기이한 병에 걸려서 차례차례 세상을 떠났다. 뉴욕의 경구 외과의인 테오도르 블룸(Theodor Blum)은 오래전부터 이변을 느끼고 있었는데, 1924년에 턱이 이상하다고 호소하는 젊은 여성의 입속을 진찰하다 그녀가 문자판의 도색공이었다는 이야기를 듣고 라돈이 원인임을 직감했다. 그는 이 병을 '라듐턱(Radium jaw)'이라고 명명하고 의학 잡지에 논문을 발표했다. 그리고 이 논문을 본 오렌지의 의사 해리슨 마틀랜드(Harrison Stanford Martland, 1883~1954)는 젊은 여성의 목숨을 앗아가고 있는 기이한 병의 원인을 규명하고자 조사에 나섰다.

문자판에 야광 도료를 칠하는 작업을 하기 전까지만 해도 건강했던 여성 노동자들은 야광 시계 공장에서 일한 지 몇 년이 지나자 악성 빈혈에 시달리기 시작했고, 잇몸의 출혈 또는 구개[5]와 목의 붕괴

---

3 방사성 핵종이 붕괴해서 변화한 핵종도 방사성을 지녔을 경우, 이것을 딸 핵종이라고 한다.
4 자세한 내용은 "1-6 방사선을 방출해도 안정 상태가 되지 못하는 원자가 있다?"의 본문과 '방사성 붕괴 계열' 그림을 참조하기 바란다.
5 입속의 위쪽에 있는 벽 부분으로, 구강과 비강을 분리한다.

도 일어났다. 그들의 몸에 방사선 측정기를 가까이 대자 방사선의 존재를 알리는 소리가 났다. 날숨에서는 라돈이 검출되었고, 뼈의 방사능은 엑스선 필름을 감광시킬 정도였다.

이런 상황을 목격한 마틀랜드는 야광 시계 공장에서 일하는 여성들을 괴롭히는 병의 원인이 라돈이라고 보고하고 그 위험성을 경고했다. 그리고 이후 실시된 상세한 조사에서 구순암과 설암, 인두암을 비롯해 재생 불량성 빈혈과 골종양 등의 사례가 다수 확인됨에 따라 라듐이 들어 있는 야광 도료의 사용은 점점 감소했다. 현재는 대부분의 국가가 라듐 야광 도료의 제조와 사용을 금지하고 있다.[6]

라듐을 환자에게 투여한 뒤로 골종양이 다발했다

이처럼 라듐의 위험성이 지적되었지만, 1910년부터 1930년경까지 라듐은 다양한 병을 치료하는 매우 유용한 물질로 인식되어 많은 환자에게 투여되었다. 미국의 의사들이 라듐을 투여한 환자의 수는 수백 명에 이르렀는데, 그 환자들에게서 훗날 골종양이 다발했다.

일본에서도 메이지 시대 말엽인 1911년에 도쿄대학교 피부과가 라듐 요법을 시작했고, 다이쇼 시대(1912~1926년)가 되자 라듐이 본격적으로 임상에 이용되기 시작했다. 도쿄 긴자에는 라듐에서 나오는 방사성 물질을 마시고 라돈을 흡입할 수 있는 카페도 등장했다. 그

----

6 라듐 대신 방사선의 에너지가 약하고 피폭량이 적은 삼중수소(트리튬)나 프로메튬-147이 들어 있는 자발광성 야광 도료가 시계의 문자판에 사용되었다. 그리고 현재는 방사성 동위원소 없이 장시간 발광을 지속하는 야광 도료가 개발되어 이것으로 대체되고 있다.

[왼쪽] 에마나토어 : 불용성 라듐 화합물을 질항아리에 넣고 물을 흘려 넣어서 라돈을 녹여 마신다. [가운데] 라디오겐 주사액 : 라듐 화합물을 녹인 액체를 주사한다. [오른쪽] 에마나트리움 : 라돈 발생기를 설치한 실내에서 공기를 흡입한다.

출처 : 이나모토 가즈오, 『방사선의학물리』, Vol.18, No.2, pp.137-145(1998)

다이쇼 시대에 실시된 라듐의 임상적 이용

후 라듐을 만병통치약으로 칭하면서 라듐이 들어 있다는 청량음료를 판매하는 사람이 속출해 정부가 단속에 나서기도 했다. 그러나 라듐의 치료 효과를 과대평가하는 풍조는 쇼와 시대에도 남아 있었다.[7]

---

7 방사선 방호학자인 안자이 이쿠로(安斎育郎)는 "최근의 '스푼 구부리기' 초능력 소동을 통해 드러났듯이 '미신'을 쉽게 믿는 일본의 비과학적 풍토도 원인이었을지 모르지만, 병을 피하고 싶다는 대중의 소박한 바람에 편승해 아무런 과학적 근거도 없는 과대 선전을 늘어놓은 기업의 자세야말로 중대한 문제라고 말하지 않을 수 없다"라고 지적했다(안자이 이쿠로 『원자력 발전소와 환경』 가모가와출판(2012)).

04

조영제를 사용하고
수십 년 뒤에 암에 걸렸다?

방사성 원소인 토륨은 조영 효과가 탁월해서 엑스선 진단에 사용되었다. 그러나 몸속에 축적되어 방사선 장해를 일으켰고, 이 때문에 오랜 세월이 지난 뒤 암으로 목숨을 잃은 환자가 생겨났다.

방사성 원소인 토륨이 조영제로 사용되었다

병원에서 엑스선 촬영을 할 때 조영제[1]를 사용하는 경우가 종종 있다. 위의 투시 조영을 할 때 황산바륨 현탁액[2]을 마신 적이 있는 독자도 있을 것이다. 그런데 과거에는 **방사성 원소인 토륨이 조영제로 사용**된 적이 있었고, 이 때문에 방사선 장해로 많은 사람이 목숨을 잃었다.

그 조영제는 토로트래스트(thorotrast)로, 토륨 산화물(이산화토륨)을 수용액으로 만든 것이었다. 1928년에 개발된 이래 혈관이나 간 등의 조영에 탁월한 효과가 있어 1930~1940년대에 세계적으로 사용되었으며, 제2차 세계대전 중에는 야전 병원에서 부상자의 진단에 종종 사용되었다.

---

1 엑스선으로 촬영한 영상에 명암을 주거나 특정 장기를 강조하기 위해 투여하는 약제. 예를 들어 혈관의 모습을 촬영하고 싶으면 엑스선을 잘 흡수하는 물질을 그 혈관에 주입해 주위의 조직과 명암을 대비시킨다.
2 물에 녹지 않는 황산바륨을 물에 분산시킨 것. 바륨에는 독성이 있지만, 황산바륨으로 만들면 물에 녹지 않기 때문에 먹을 수 있게 된다.

토로트래스트는 간에 침착되어 방사선을 지속적으로 방출했다

토로트래스트가 혈관에 주입되면 대부분은 온몸의 세망내피계[3], 특히 간의 세망내피계로 들어간다. 토로트래스트에 들어 있는 토륨 동위 원소는 전부 방사성이며, 그 대부분을 차지하는 토륨-232는 물리적 반감기가 140억 년, 생물학적 반감기도 약 400년이나 된다. 그래서 일단 간 등에 축적되면 거의 배설되지 않고 장기간에 걸쳐 알파선을 방출해 주위에 타격을 입힌다.

위 투시 등의 엑스선 검사를 받은 사람의 간이나 비장에서 이상한 그림자가 발견된 것을 계기로 과거에 토로트래스트 주사를 맞았음이 밝혀진 사례가 종종 있었다.

현재 사용이 금지되었지만, 암 발생은 계속되고 있다

사실 토로트래스트의 방사선 장해를 우려하는 목소리는 사용 초기부터 있었다.[4] 그 후 1947년에 토로트래스트를 투여한 환자에게서 암 발생이 보고되어 1950년에 사용이 금지되었지만, 암 등의 장해가 발생하기까지의 잠복 기간이 너무나 긴 탓에 병례의 보고가 장기간에 걸쳐 계속되고 있다.

토륨을 조영제로 사용한 이유는 원자 번호가 매우 커서 조영 효과가 우수하기 때문이었다. 토로트래스트는 그저 편리하다는 이유만

---

3 세균이나 바이러스, 죽은 세포 등의 이물을 섭취하는 작용(식작용)을 지닌 세포 등으로 구성된 조직. 간이나 비장, 골수, 림프절 등에 있으며, 생체를 방어하는 역할을 한다.
4 그래서 미국에서는 토로트래스트의 사용을 암이나 고령 환자로 제한하고 있었다.

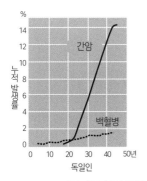

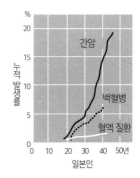

출처 : 마쓰오카 오사무 『방사성 물질의 인체 섭취 장해에 관한 기록』 일간공업신문사(1995)를 일부 수정

토로트래스트 환자의 간암과 백혈병 발생

으로 안일하게 사용하면 어떤 결과를 맞이하는지 잘 보여주는 사례

라고 할 수 있다.

05

방사선은 어떤 장해를 일으킬까?

방사선이 일으키는 장해는 방사선을 쐰 양에 따라 달라진다. 일정량 이상을 쐬면 장해가 일어나는 확정적 영향과 많이 쐬면 장해가 일어날 확률이 높아지는 확률적 영향이 있다.

방사선 장해의 핵심은 '얼마나 많이 쐬었는가?'다

엑스선이 발견된 때는 1895년인데, 그 이듬해에는 엑스선이 피부염이나 탈모 등을 유발한다는 사실이 보고되었다. 그리고 1904년에는 방사선 장해로 사람이 죽는 일이 일어났다.

생물이 방사선을 쐬면(방사선 피폭이라고 한다) 장해가 발생하는데, 방사선을 '쐬었는가, 쐬지 않았는가?'가 아니라 '얼마나 많이 쐬었는가?'에 따라 나타나는 장해가 달라진다.

방사선을 대량으로 쐬면 생물은 죽고 만다. 인간의 경우 6,000밀리시버트(mSv)(6시버트(Sv))를 쐬면 99퍼센트 이상, 3,000밀리시버트를 쐬면 절반이 사망한다. 또한 3,000밀리시버트 이상에서 탈모, 1,000밀리시버트 이상에서 구역질, 150밀리시버트 이상에서 남성의 일시적인 불임이 발생한다. 이런 장해는 피폭된 지 수 주 이내에 증상이 나타나기에 급성 장해라고 한다.

방사선 피폭으로 일어나는 장해 중에는 암이나 백내장[1]도 있다. 이런 장해는 몇 년 이상이 지나서야 나타나기 때문에 만성 장해라고 한다.

방사선 장해의 원인은 세포 손상

방사선 피폭이 몸에 장해를 일으키는 이유는 방사선이 몸을 구성하고 있는 세포를 손상시키기 때문이다.[2]

조직이나 장기[3]가 일정량 이상의 방사선을 쬐면 많은 세포가 손상을 제대로 치유하지 못하고 죽어 버리며, 이 때문에 기능이 저하되거나 아예 기능을 하지 못하게 된다. 탈모나 구역질, 불임 등의 증상이나 생물의 죽음은 이와 같은 장해이며, 확정적 영향이라고 한다(171 페이지 그림).

한편 방사선 피폭에 따른 돌연변이가 원인이 되어서 일어나는 장해는 확률적 영향이라고 한다. 확률적 영향은 정자나 알을 만드는 생식 세포에 일어나 다음 세대로 전해지는 유전적 영향, 생식 세포가 아닌 몸의 세포(체세포)에 돌연변이를 일으켜 피폭된 본인이 암에 걸리는 발암 영향의 두 종류로 나뉜다.

---

1   눈 속에 있는 수정체가 혼탁해져 눈이 잘 보이지 않게 되는 병
2   손상된 세포는 ① 손상을 치유해 원래대로 회복된다, ② 손상이 심해서 치유하지 못하고 죽는다, ③ 손상을 잘못 치유해 돌연변이를 일으킨다 중 한 가지 운명을 겪게 된다. 이 가운데 ②와 ③이 방사선 장해의 원인이 된다.
3   생물의 몸속에서 같은 형태나 기능을 지닌 세포가 모여 있는 구조를 조직이라고 한다. 근육이나 신경이 그 좋은 예다. 복수의 조직이 모여서 만들어지는 구조를 기관이라고 하며, 동물의 기관은 장기라고 한다.

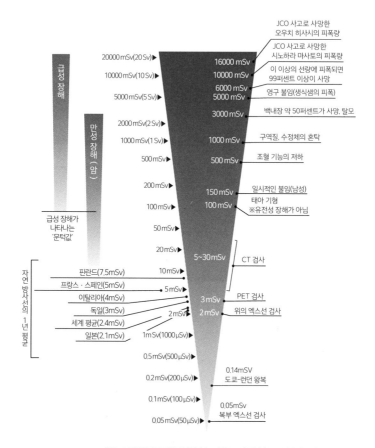

급성 장해

만성 장해 (암)

급성 장해가
나타나는
'문턱값'

자
연
방
사
선
의
1
년
평
균

20000 mSv(20 Sv)▶	16000 mSv
10000 mSv(10 Sv)▶	10000 mSv
	6000 mSv
5000 mSv(5 Sv)▶	5000 mSv
	3000 mSv
2000 mSv(2 Sv)▶	
1000 mSv(1 Sv)▶	1000 mSv
500 mSv▶	500 mSv
200 mSv▶	150 mSv
100 mSv▶	100 mSv
50 mSv▶	
20 mSv▶	5~30mSv
핀란드(7.5mSv) 10 mSv▶	
프랑스 · 스페인(5mSv) 5 mSv▶	3 mSv
이탈리아(4mSv)	2 mSv
독일(3mSv) 2 mSv▶	
세계 평균(2.4mSv)	
일본(2.1mSv) 1mSv(1000μSv)▶	
0.5mSv(500μSv)▶	
0.2mSv(200μSv)▶	0.14mSV
0.1mSv(100μSv)▶	0.05mSv
0.05mSv(50μSv)▶	

JCO 사고로 사망한
오우치 히사시의 피폭량

JCO 사고로 사망한
시노하라 마사토의 피폭량

이 이상의 선량에 피폭되면
99퍼센트 이상이 사망

영구 불임(생식샘의 피폭)

백내장 약 50퍼센트가 사망, 탈모

구역질, 수정체의 혼탁

조혈 기능의 저하

일시적인 불임(남성)
태아 기형
※유전성 장해가 아님

CT 검사

PET 검사
위의 엑스선 검사

도쿄-런던 왕복

복부 엑스선 검사

출처 : 노구치 구니카즈 『원자력 발전소 · 방사능 도해 데이터』 오쓰키서점(2011)의 그림을 일부 수정

방사선에 따른 장해와 피폭 선량

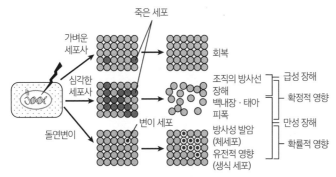

출처 : 고마쓰 겐시 『현대인을 위한 방사선 생물학』 교토대학교 학술출판회(2017)

확정적 영향과 확률적 영향

확정적 영향과 확률적 영향은 어떻게 다른가?

확정적 영향의 경우, 피폭으로 소수의 세포가 죽더라도 남은 다수의 세포가 죽은 세포의 몫까지 일해 주기에 장해는 발생하지 않는다. 그러나 피폭 선량이 많아서 다수의 세포가 죽으면 살아남은 세포가 죽은 세포의 수만큼 증식하거나 죽은 세포의 몫까지 일할 수가 없기 때문에 방사선 장해를 일으키고 만다. 그래서 확정적 영향은 일정 선량 이상이 되었을 때 나타나기 시작하며, 그보다 선량이 증가함에 따라 장해가 심각해진다(다음 페이지 그림의 왼쪽). 선량이 낮을 때는 장해가 나타나지 않다가 문턱 선량[4]을 넘어서면 장해가 나타나기 시작하며, 일정 선량을 넘어서면 확실하게 장해가 발생하고 피폭 선량이 많을수록 증상이 심각해진다. 문턱 선량

----

4 피폭된 사람 중 1퍼센트에게서 장해가 나타나는(99퍼센트에게서 장해가 나타나지 않는) 선량을 문턱 선량이라고 한다.

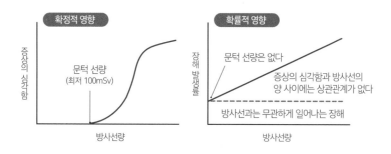

은 조직에 따라 차이가 있다.[5]

　돌연변이를 일으킨 세포가 증식해서 일어나는 암이나 유전적 영향의 경우, 세포 하나에서만 이상이 나타났더라도 방사선 장해로 이어질 때가 있다. 그리고 반대로 많은 세포가 돌연변이를 일으켰지만 장해는 발생하지 않을 때도 있다. 그래서 장해가 발생하느냐 발생하지 않느냐는 확률적, 다시 말해 운에 달려 있다고 말하는 것이다(상단 그림의 오른쪽). 또한 확률적 영향은 피폭 선량이 증가한다고 해서 증상이 심각해지지 않으며, 이 점에서도 확정적 영향과는 전혀 다르다.

5　가장 낮은 문턱 선량은 정소(精巢)에서 일시적 불임이 일어나는 100밀리시버트로, 인간의 경우 피폭 선량이 이보다 낮으면 확정적 영향은 일어나지 않는다. 피부의 경우 3,000밀리시버트에서 발적·홍반이 일어나며, 5,000밀리시버트를 넘어서면 방사선 화상을 입는다.

06

방사선을 쐬면 설사를 한다?

소장의 표면에서는 세포 분열이 활발하게 일어나서, 3~5일마다 세포가 교체된다. 그런데 대량의 방사선을 쐬면 분열이 정지되어 표면이 벗겨져 떨어지기 때문에 심한 설사를 하게 된다.

방사선 숙취 증상으로 대략적인 피폭량을 측정할 수 있다

우리가 1~2시버트(Sv)[1]라는 대량의 방사선을 단시간에 쐬면 두통이나 어지럼증, 구역질, 식욕 부진, 설사 등의 증상이 나타난다. 이것은 급성 방사선 증후군[2] 중 하나로, 방사선 숙취라고 불리며 전신 피폭 후 24시간 이내에 나타난다. 그 이름에서 상상할 수 있듯이 술에 심하게 취한 상태에 가깝다.

선량이 증가하면 1.0시버트에서 식욕 부진, 1.4시버트에서 구역질, 2.3시버트에서 설사의 순서로 증상이 나타나기 때문에 증상의 종류를 보면 피폭량을 어느 정도 추측할 수 있다. 예를 들어 이런 증상들이 나타나지 않았다면 피폭 선량은 1시버트 이하, 만약 설사 없이 구역질만 나다 24시간 이내에 진정되었다면 2시버트 이하, 설사 증상이 있고 1주일 뒤에도 계속되었다면 2시버트 이상일 가능성이 있다는 식이다. 인간의 지각(시

---

1 1시버트(Sv)=1,000밀리시버트(mSv).
2 3-5에서 소개한 급성 장해의 전신형(全身型)이라고도 할 수 있는 것으로, 히로시마·나가사키의 원자폭탄 피해자에게서도 급성 방사선 증후군이 다수 나타났다.

각이나 미각 등의 오감)으로는 방사선을 인식할 수 없지만, 어떤 방사선 숙취 증상이 나타났는지를 보면 피폭된 양을 대략적으로 알 수 있는 것이다.

조직이나 장기에 따라 방사선의 영향을 받는 정도가 다르다

설사를 하는 이유는 소장의 세포가 방사선의 영향을 매우 크게 받기 때문이다. 확정적 영향에는 문턱값(증상이 나타나기 시작하는 방사선량)이 있는데, 오른쪽 페이지의 표를 보면 알 수 있듯이 이 문턱값은 조직에 따라 다르다. 문턱값이 낮을수록 적은 양의 방사선을 쐬었을 때부터 영향이 나타난다, 즉 방사선의 영향을 쉽게 받는다[3]고 할 수 있다.

방사선의 영향을 쉽게 받느냐 그렇지 않느냐를 방사선 감수성이라고 한다. 방사선 감수성은 조직에 따라 차이가 있으며, 그 차이는 조직이나 장기를 구성하는 세포의 성질에 달려 있다.

세포 분열이 활발하게 진행되고 있는 조직은 방사선 감수성이 높다. 이런 조직을 세포 재생계라고 하며, 세포 분열을 통해서 끊임없이 새로운 세포가 만들어지는[4] 동시에 오래된 세포가 사멸한다. 한편 일단 만들

---

[3] 정소와 난소의 불임 문턱값이 다른 이유는 다음과 같다. 정자의 경우는 그 근원이 되는 생식 세포에서 쉼 없이 세포 분열이 실시되어서, 하루에 약 1억 개가 형성된다. 한편 난자의 경우는 근원이 되는 생식 세포가 분열한 뒤에 일단 정지 상태가 되며, 배란 전에 소수의 세포만이 성숙된다. 이처럼 정소와 난소 사이에 세포 분열의 빈도가 다른 까닭에 양자의 방사선 감수성이 다르고 문턱값도 다른 것이다.

[4] 세포의 분열로 새로운 세포를 만들어낼 때 바탕이 되는 세포를 줄기세포라고 한다. 줄기세포가 분열되어 2개가 될 때, 1개는 줄기세포인 채로 남는다. 혈액 세포에는 조혈 줄기세포(조혈모세포), 소장 표면의 상피 세포에는 소장 줄기세포가 있는 등 다양한 줄기 세포가 존재한다.

방사선 장해의 문턱 선량

조직	장해	방사선량(Sv)	발현 시기
정소	일시적 불임	0.1	3~9주
	영구 불임	6.0	3주
난소	불임	3.0	1주 이내
수정체	백내장(시력 장애)	0.5	수 년
골수	조혈 기능 저하	0.5	3~7일
피부	홍반	3~5	1~4주
	방사선 화상	5~10	2~3주
	일시적 탈모	4.0	2~3주
태아	기형·정신 지체	0.1	(수정 후 9일~15주)

출처 : 고마쓰 겐시 『현대인을 위한 방사선 생물학』 교토대학교 학술출판회(2017)의 표를 일부 수정

어지고 나면 세포 분열이 거의 진행되지 않는 조직도 있는데, 이런 조직을 세포 비재생계라고 한다. 세포 비재생계는 방사선 감수성이 낮다.

방사선 감수성이 높고 낮음을 결정하는 요인으로는 세포의 분화도 있다. 수정란이 세포 분열을 반복하면서 근육이나 신경 같은 세포가 되듯이 세포가 특수화되는 것을 분화[5]라고 한다. **분화가 진행되지 않은(미분화) 세포일수록 방사선 감수성이 높으며, 분화가 진행된 세포일수록 방사선 감수성이 낮아진다.**

1904년, 베르고니(Jean-Alban Bergonié, 1857~1925)와 트리본도우

----

5 정자의 경우는 정원세포(줄기세포)→정모세포→정자 세포→성숙 정자의 순서로 분화된다.

방사선 감수성	증식, 분화	조직
고감수성 (세포 재생계)	분열이 왕성, 미분화 세포	조혈 줄기세포(조혈모세포), 소장 줄기세포, 정원세포(정자 형성), 표피 줄기세포, (림프구)
	분열한다, 분화 세포	구강 상피 세포, 식도 상피 세포, 모낭 상피 세포, 수정체 상피 세포
저감수성 (세포 비재생계)	보통은 분열하지 않는다, 분화 세포	신장, 췌장, 간, 갑상선
	분열하지 않는다, 분화 세포	신경 세포, 근섬유(심근), 과립구

출처 : 고마쓰 겐시 「현대인을 위한 방사선 생물학」 교토대학교 학술출판회(2017)의 표를 일부 수정

(Louis Tribondeau, 1872~1918)는 방사선 감수성에 관해 다음과 같은 법칙[6]을 발견했다.

① 세포 분열의 빈도가 높은 세포일수록 방사선 감수성이 높다.
② 미래에 일어날 예정인 세포 분열의 횟수가 많은 세포일수록 방사선 감수성이 높다.
③ 형태와 기능이 미분화된 세포일수록 방사선 감수성이 높다.

참고로, 인체의 조직에는 세포 재생계 이외에 정지 세포계와 비재생계가 있다. 간이나 췌장은 정지 세포계로서 줄기세포가 없이 다양한 기능을 담당하는 세포가 매우 천천히 세포 분열을 한다. 간을 절

---

6 발견자의 이름을 따서 베르고니-트리본도우의 법칙이라고 부른다.

제하면 모든 세포가 분열을 개시한다. 신경이나 근육은 비재생계로, 세포가 분화된 뒤에는 세포 분열을 하지 않는다.

온몸에 수 시버트를 피폭당하면 골수사를 초래한다

혈액에는 다양한 세포가 들어 있으며, 다음 그림과 같이 골수 등에서 조혈모세포로부터 분화함으로써 만들어진다. **조혈모세포는 방사선 감수성이 가장 높은 세포 중 하나로, 온몸에 수 시버트의 방사선을 쐬면 혈액 세포가 감소하며 심할 경우 사망에 이른다. 이것을 골수사(骨髓死)라고 한다.**

혈액 세포에는 외부에서 상처를 입었을 때 방어하는 역할이 있어, 혈소판이 혈액을 응고시켜 출혈을 멈추게 한다. 그래서 혈소판이 감소하면 출혈이 발생하기 쉬워지거나 출혈이 멈추지 않게 되는데, 방사선을 대량으로 쐬면 조혈모세포 등이 타격을 받아서 혈소판의 신생과 공급이 중단된다. 가령 5시버트 이상을 피폭당하면 10일 후에는 혈소판이 고갈되고 만다. 또한 백혈구의 일종인 호중구도 10일 후

혈액 세포의 분화

에는 고갈된다. 역시 백혈구의 일종인 림프구는 방사선 감수성이 더 강하기 때문에 5시버트 이하를 피폭당했더라도 24시간 이내에 약 절반으로 감소해 버린다.

혈소판이 감소하면 출혈과 빈혈, 호중구가 감소하면 감염이나 발열, 림프구가 감소하면 면역 기능 저하가 일어나 골수사로 이어진다.

5~15시버트 이상에서는 10~20일 이내에 장사가 발생한다

5~15시버트 이상을 피폭당하면 장에 방사선 장해가 일어나 인간의 경우 10~20일 이내에 사망한다. 이것을 장사(腸死)라고 한다. 1945년 8월 6일에 히로시마에 원자폭탄이 투하되었는데, 그 이튿날부터 히로시마시의 구호소에 수용된 많은 사람에게서 설사와 혈변이 발견되었다.[7]

쥐의 경우 피폭 후 3.5일 만에 죽기 때문에 '3.5일사'라고 부른다. 이렇게 생존 기간이 일정한 것은 소장의 조직 구조와 깊은 관계가 있다.

소장의 점막[8]에서는 끊임없이 세포 분열이 일어나고 있다. 융모 사이의 창자움에는 줄기세포가 있으며, 여기에서 만들어진 세포는 융모를 따라서 위로 이동해 정상부에 도달하고 5일 정도 지나면 죽어서 탈락한다. 그런데 소장이 대량의 방사선을 쐬면 세포 분열이 일어나지 않게 된다. 융모의 정상부에서 세포가 차례차례 탈락하고 있는데 공급이 끊겨 버

----

7 이질이 의심되어 임시 전염병 병원이 개설되었지만, 급성 방사선 장해의 증상이었다.
8 소장에는 영양소를 효율적으로 흡수해 혈액이나 림프에 보내기 위해 수많은 주름, 융모, 세포의 미용모가 있으며, 이것이 표면적을 넓히고 있다. 소장 점막의 표면적은 200제곱미터(테니스장 하나와 같은 넓이)에 이르는데, 이것은 장관이 단순한 원통일 경우의 약 600배나 되는 넓이다.

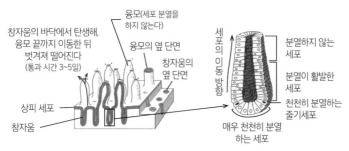

창자움의 바닥에서 탄생해, 융모 끝까지 이동한 뒤 벗겨져 떨어진다 (통과 시간 3~5일)

융모(세포 분열을 하지 않는다)

융모의 옆 단면

창자움의 옆 단면

상피 세포

창자움

세포의 이동 방향

분열하지 않는 세포

분열이 활발한 세포

천천히 분열하는 줄기세포

매우 천천히 분열 하는 세포

출처 : B. Alberts 외 『세포의 분자 생물학』 교육사(1987)의 그림을 일부 수정

소장에서의 세포 교체

리기 때문에 융모가 벗겨지며, 피폭 3~4일 후에 심한 설사와 출혈, 감염, 전해질 상실이 일어나기 시작해 직접적인 사망 원인이 된다. 수액(輸液)이나 항생 물질의 투여로 어느 정도는 연명이 가능하지만 장의 조직이 원래의 상태로 회복될 가능성은 낮으며, 그 후에 심각한 골수 장해나 다른 조직의 방사선 장해도 일어나기 때문에 살아남기는 어렵다.

후쿠시마 제1원자력 발전소 사고 이후 방사선 장해에서 기인한 코피나 설사가 발생했는가

후쿠시마 제1원자력 발전소 사고 이후 환경에 방출된 방사성 물질 때문에 코피를 흘렸다거나 설사를 했다는 이야기가 있었다. 그 이야기가 사실인지 아닌지, 지금까지 설명한 내용에 입각해서 생각해 보자.

코피의 경우, 온몸에 수 시버트의 방사선을 쐬면 혈액 세포가 감소하며 5시버트 이상을 피폭당하면 10일 후에는 혈소판이 고갈된다.

다음으로 설사의 경우, 장에 방사선 장해가 일어나는 것은 5~15시버트 이상을 피폭당했을 때다. 후쿠시마현에 사는 주민의 피폭량은 많은 경우라도 그 100분의 1 정도로[9], 피폭이 원인이 되어서 코피를 흘리거나 설사를 할 정도의 선량에는 크게 못 미쳤다. 코피나 설사는 확정적 영향이기 때문에 그 문턱값보다 100분의 1이나 낮은 피폭 선량으로는 이런 증상이 나타나지 않는다.

근거는 또 있다. 갑상선암 치료법 중에는 수십억 베크렐이나 되는 방사성 요오드를 투여하는 방법이 있다. 이것은 엄청난 양이기 때문에 여러 장기와 조직에도 영향을 끼치며, 피폭량은 후쿠시마 제1원자력 발전소 사고 이후보다도 훨씬 크다. 그러나 이 치료를 받을 때는 코피도 설사도 발생하지 않는다는 사실이 알려져 있다. 이 사실에서도 후쿠시마 제1원자력 발전소 사고 이후에 방사선 장해에서 비롯된 코피나 설사가 발생하지 않았음은 명백하다.

---

9 후쿠시마현은 현 주민으로부터 회수한 문진표의 행동 기록과 방사선 의학 종합 연구소가 개발한 평가 시스템을 이용해서 피폭 선량이 상대적으로 높았던 사고 직후 4개월 동안의 현 주민의 외부 피폭 적산 선량을 추산했다. 그 결과, 최고치는 소소 지역에 사는 주민의 25밀리시버트(0.025시버트)였다.

07

방사선을 쐬면 암에 걸린다?

방사선을 대량으로 쐬면 긴 시간이 지난 뒤에 암이 발생한다는 사실이 밝혀졌다. 그러나 낮은 선량에서도 그런지는 밝혀지지 않았다. 현재 방사선 리스크에 대해서는 LNT 가설을 사용한다.

암의 원인이 방사선인지 아닌지는 구별이 불가능하다

방사선 피폭이 암을 유발한다는 것은 과거에 일어난 복수의 집단 피폭 사례를 통해 명백하게 드러났다. 한편 방사선을 쐬어서 생겨난 암과 방사선 이외의 원인으로 생겨난 암은 증상에 아무런 차이가 없다. 이것을 방사선 발암의 비특이성이라고 하며, 잠복기가 길기도 한 탓에 개인 단위에서는 그것이 방사선에서 기인한 암인지 그렇지 않은지 확정하기가 어렵다. 그런 이유에서 방사선 발암은 집단을 대상으로 역학적 방법을 통해 연구되고 있다.

암은 어떻게 발생하는가?

방사선이 원인이 된 발암에 관해 설명하기에 앞서, 암이란 어떤 병인지에 대해 이야기하겠다.

우리의 몸속에 있는 장기는 대부분이 막(기저막)으로 덮여 있다. 암세포에는 이 막을 찢고 밖으로 나와서 증식하는 성질이 있으며, 이것을 침윤이라고 한다. 혈관도 막으로 덮여 있는데, 암 덩어리 속의 경

이상 유전자

APC   K-RAS2   Smad4   p53

정상 상피   폴립(용종) 형성   양성 종양(초기)   양성 종양(중기)   대장암

출처 : 나가타 가즈히로 외 『세포 생물학』 도쿄과학동인(2006)의 그림을 일부 수정

다단계 발암설

우는 그 구조가 취약하기 때문에 암세포가 혈관 속에 침입해 원래의 장소로부터 떨어진 곳으로 운반된다. 암세포는 멀리 떨어진 장기에 들어가 그곳에서 증식하는 능력도 지니고 있으며, 이것을 전이라고 한다. **정상적인 세포의 유전자에 변이가 발생해 침윤과 전이라는 성질을 새로 획득한 것이 바로 암세포다.**

암의 원인으로는 바이러스나 발암 물질, 자외선, 방사선 등 여러 가지가 있는데, 이것들의 공통적인 성질은 생물의 유전자에 돌연변이를 일으킨다는 것이다.

세포 속에서 유전자 변이가 하나 일어나더라도 그것만으로는 암에 걸리지 않는다. 복수의 유전자 변이가 축적되어 정상적인 세포에서 몇 가지 단계를 거쳐[1] 암이 되어 간다는 것이 대장암 연구를 통해 밝혀졌다. 그중에서 초기 단계를 이니시에이션(상단 그림의 왼쪽에서

----

1 대장암의 경우는 APC라는 암 억제 유전자(암의 발생을 억제하는 단백질을 만드는 정보가 적힌 유전자)가 변이하는 것이 최초의 도화선이 될 때가 많다. 위암의 경우는 헬리코박터 파일로리균(위나선균)의 감염에 따른 만성 위염이나 위축성 위염을 거쳐 암화가 발생하는데, 이때 위나선균이 분비하는 병원 인자가 복수의 암 억제 유전자의 활성을 억제한다.

첫 번째 ⇒), 세포 증식 등을 통해 악성화되는 과정을 프로모션(그림의 왼쪽에서 두 번째 ⇒)이라고 부르며 편의적으로 구별하고 있다. 동물을 이용한 방사선 발암 실험을 통해, 방사선은 이니시에이션을 현저하게 일으키며 프로모션에는 그다지 영향을 끼치지 않는다는 사실이 밝혀졌다.

방사선을 쐬고 긴 시간이 지난 뒤에 암이 발생한다

방사선이 원인이 된 암은 피폭되고 긴 시간이 지난 뒤에 발생한다. 이것은 방사선이 암의 발생으로 이어지는 최초의 유전자 변이를 일으킨 뒤 다른 원인으로 복수의 변이가 축적된 결과 암이 발생하기 때문이다. 다음 그림은 히로시마와 나가사키에서 피폭된 생존자에게 어떤 시기에 암이 발병했는지를 나타낸 것이다.

백혈병은 원자폭탄이 투하된 뒤 2~3년의 잠복기를 거쳐 증가했으며, 7~8년 후에 정점을 찍고 그 후 감소했다. 한편 방사선이 원인이 된

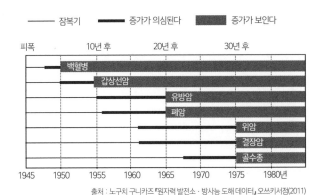

출처 : 노구치 구니카즈 『원자력 발전소 · 방사능 도해 데이터』 오쓰키서점(2011)

피폭으로부터 암이 발생하기까지

고형암[2]은 10년에서 수십 년의 잠복기를 거친 뒤에 증가했으며 현재도 발암이 이어지고 있다. 백혈병의 잠복 기간은 방사선을 쐰 양과 관계가 있으며[3], 피폭 선량이 많을수록 잠복기가 짧아지는 것으로 알려져 있다.[4]

방사선 발암의 리스크와 LNT 가설

원폭 생존자를 대상으로 한 역학 연구에서는 사망 진단서를 이용한 수명 조사를 실시했는데, 100~1,000밀리시버트(mSv)의 피폭량에서는 암에 따른 사망률이 방사선량과 거의 직선적으로 비례하며 증가했다. 한편 100밀리시버트 이하에서는 방사선 발암이 증가했다는 뚜렷한 경향이 확인되지 않았다.[5]

조사 대상의 수를 늘리면 100밀리시버트 이하에서도 방사선의 영향이 있는지 알 수 있게 될까? 그렇지는 않다. 가령 전국의 자연 발생 암 발병률을 살펴보면, 같은 일본인이라도 생활 습관이 다르기 때문에 높은 지역과 낮은 지역 사이에 20퍼센트에 가까운 편차가 나타난다. 이와 마찬가지로, 전 세계의 피폭 데이터를 모아서 집단의 규모를 키우더라도 인종이나 생활 습관의 차이에 따른 오차가 커지기 때문에 규모를 키우는 효과가 상쇄되어 버린다. 방사선 발암의 연구는 역

2　조혈기에서 발생하는 암을 혈액암(백혈병도 포함), 그 밖의 암을 고형암이라고 부른다.

3　이것을 "선량 의존성이 있다"라고 말한다.

4　히로시마·나가사키 이외에도 ① 두부 백선의 방사선 치료가 원인이 되어서 발병한 이스라엘의 갑상선암, ② 폐결핵 환자에 대한 빈번한 투시 조영이 원인이 되어서 발병한 미국과 캐나다의 유방암, ③ 강직성 척추염의 방사선 치료가 원인이 되어서 발병한 영국의 백혈병 사례 등을 통해 해석이 실시되고 있다.

5　좀 더 정확히는, "100~200밀리시버트 이상의 피폭을 당하면 암이 증가하지만, 피폭량이 그 이하일 때는 방사선에 따른 영향이 있다 해도 통계적으로 검출할 수 없을 만큼 작다"라고 말한다.

학적으로 실시되고 있지만, 역학 연구에도 한계가 있는 것이다.

이런 이유로 100밀리시버트 이하의 피폭 선량에서 영향이 있는지 어떤지는 분명히 밝혀진 것이 없지만, 방사선 리스크를 평가할 때는 "1,000밀리시버트 같은 고선량으로부터 문턱값 없이 방사선량에 직선적으로 비례하며 감소한다"라는 LNT 가설[6]을 채용하고 있다.

1,000밀리시버트를 단시간에 쐬었을 경우 백혈병을 포함한 모든 암의 리스크는 5퍼센트[7]로 평가되고 있다. 문턱값 없이 직선적으로 비례한다는 LNT 가설을 채용할 경우, 예를 들어 1,000밀리시버트의 50분의 1인 20밀리시버트의 방사선 리스크는 역시 5퍼센트의 50분의 1인 0.1퍼센트라고 계산할 수 있다.

LNT 가설의 목적은 방사선 리스크의 과소평가를 피하는 것

LNT 가설을 지지하는 데이터로는 다음과 같은 것이 있다.

① 히로시마·나가사키의 원폭 생존자들을 조사한 결과, 고선량 (1,000밀리시버트)에서 저선량(100밀리시버트)으로 갈수록 암 발생률이 거의 직선적으로 감소했다.

② 허먼 멀러(Hermann Joseph Muller, 1890~1967)의 초파리 실험에서는 정자의 돌연변이율이 방사선량에 직선적으로 비례하며 증

---

6 LNT(Linear Non-Threshold) 가설. 문턱값 없이 직선적으로 비례한다는 의미
7 초과 생애 위험도라고 한다. 방사선 피폭에 따라 발암의 리스크가 그만큼 높아짐을 나타낸다.

가했다.

③ 방사선에 따른 DNA의 손상은 방사선량에 비례하며 증가한다.

①과 관련해서는 적어도 백혈병의 경우 문턱값이 없음이 밝혀졌다. 그러나 고형암의 경우는 100밀리시버트 이하의 데이터가 부족한 상황이 지금도 이어지고 있다.

②는 수컷 초파리에게 엑스선을 조사(照射)하면 그 새끼에게서 돌연변이가 일어나고[8], 변이가 자손으로 전해짐을 보여준 역사적인 실험이다. 그러나 이 실험은 DNA에 입힌 상처(DNA 손상)를 수복하지 못하는 정자[9]를 대상으로 실시되었다. 피폭에 따른 세포사나 돌연변이 등의 영향은 주로 DNA 손상의 수복을 거쳐서 일어나기 때문에 수복이 불가능한 재료를 대상으로 한 실험은 참고가 되지 않는다.

③의 경우, 발암의 이니시에이션과 관계가 있다고 생각되는 방사선 손상이 저선량 영역에서 피폭 선량과 어떤 관계가 있는지 정확히 측정한 데이터는 현 시점에 존재하지 않는다.

그럼에도 국제 방사선 방호 위원회(ICRP)가 LNT 가설을 채용하고 있는 이유는 피폭의 과소평가를 피한다는 목적 때문이다.[10] ICRP가 이야기하듯이,

---

8　예를 들면 정상적인 파리의 눈은 동그랗고, 돌연변이를 일으킨 파리의 눈은 길쭉해진다.

9　정자는 유전자를 보내기 위해 가벼워진 세포로, DNA 수복 시스템을 가지고 있지 않다.

10　ICRP는 제언에 "LNT 모델은 생물학적 사실로서 세계적으로 받아들여지고 있는 것이 아니며, 오히려 우리가 저선량 영역의 피폭에 실제로 어느 정도의 리스크가 동반되는지를 알지 못하는 까닭에 피폭에 따른 불필요한 리스크를 피하고자 하는 목적의 공공 정책을 위한 신중한 판단이다"라고 적혀 있다.

LNT 가설은 방사선 방호를 목적으로 사용해야 하는 것이지 생물학적 사실이 아니다. 그러므로 **LNT 가설을 사용해서 "방사선을 ○○밀리시버트 쐰 사람이 ○○명 있었으니까 ○○명이 암에 걸릴 것이다" 같은 계산을 하는 것은 잘못이다.**

사람에게서 유전적 영향은 발견되지 않고 있다

방사선의 유전적 영향은 초파리를 대상으로 한 실험에서 발견되었을 뿐만 아니라 포유류인 쥐에게서도 발견되었다. 그런데 **인간에게서는 방사선의 유전적 영향이 발견되지 않고 있다.**

히로시마·나가사키에서 고선량의 방사선을 쐰 부모로부터 태어난 자녀에게서는 유전적 영향이 발견되지 않았다.[11] 또한 원자폭탄 피폭 후 1년 이상 경과한 1946~1954년 사이에 히로시마시와 나가사키시에서 태어난 7만 7,000명의 신생아를 대상으로 부모의 피폭이 출생 시의 기형에 끼친 영향을 조사한 결과, 피폭되지 않은 부모에게서 태어난 자녀에 비해 유의미한 차이는 발견되지 않았다.

히로시마와 나가사키의 피폭자에게서 유전적 영향이 발견되지 않은 이상, 피폭량이 훨씬 적은 후쿠시마현에서 유전적 영향이 나타날 가능성은 거의 없다.

쥐에게서는 관측된 유전적 영향이 인간에게서는 관측되지 않는 이유는 무엇일까? 쥐의 실험에서는 몇 종류의 유전자를 골라서 그

11 부모 2명 혹은 1명이 고선량의 방사선에 피폭된 자녀와 부모 모두 피폭을 당하지 않은 자녀를 대상으로 DNA 속의 마이크로새틀라이트라고 부르는 부분의 변이율에 차이가 있는지 어떤지를 조사한 결과다.

유전자에 유전적으로 돌연변이를 만들었는데, 때마침 그 유전자가 방사선의 영향을 크게 받는 것이었다. 쥐의 다른 대부분의 유전자는 영향을 그다지 받지 않으며, 인간에게서는 그렇게 방사선의 영향을 잘 받는 유전자가 발견되지 않았다.

08

방사선 장해는 어떻게 일어날까?

방사선이 세포에 조사되면 물 분자가 분해되어 화학 반응성이 매우 높은 라디칼이 만들어진다. 라디칼은 핵에 있는 DNA에 상처를 입히며, 며칠이 지나면 세포가 죽기 시작한다.

세포의 DNA가 손상됨에 따라 방사선 장해가 일어난다

방사선 피폭으로 몸에 장해가 일어나는 이유는 몸을 구성하고 있는 세포가 방사선에 손상되기 때문이었다. 그렇다면 방사선은 세포의 어디에 상처를 입히는 것일까?

현미경으로 세포를 들여다보면 핵과 세포질이 보인다. 배율을 높이면 세포질 속에 미토콘드리아 등의 세포 소기관도 보이기 시작한다. 방사선을 핵에 조사하면[1] 높은 빈도로 세포의 죽음이나 돌연변이가

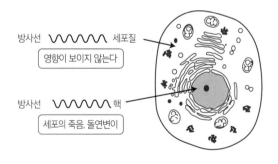

방사선 〰〰〰 세포질
영향이 보이지 않는다

방사선 〰〰〰 핵
세포의 죽음, 돌연변이

---

1   알파선의 마이크로빔을 조사한다.

발생하지만, 세포질에는 조사해도 영향이 발견되지 않는다는 사실이 밝혀졌다. 핵에는 세포의 설계도인 DNA가 수납되어 있으므로 핵이 방사선을 맞아서 DNA가 손상됨에 따라 방사선 장해가 일어나는 것이다.[2]

방사선 장해는 전리와 들뜸에서 시작된다

세포가 방사선을 맞으면 세포 속에 있는 물 또는 다른 분자가 전리·들뜸(여기)을 일으킨다. 이것이 방사선 장해의 첫 번째 방아쇠다.

전리는 원자핵의 주위를 돌고 있는 전자(궤도 전자)가 원자 밖으로 쫓겨나는 현상이며, 들뜸(여기)은 안쪽 궤도에서 바깥쪽 궤도로 이동하는 현상이다.

전리나 들뜸이 일어나면 활성 산소나 라디칼이라는 화학 반응을 일으키기 쉬운(반응성이 높은) 물질이 만들어진다. 세포의 75퍼센트는

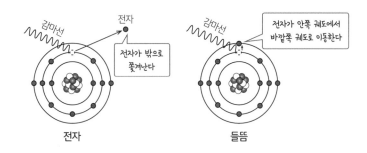

---

2 방사선은 모든 세포 내 소기관에 영향을 끼치지만, 실제로 관찰되는 방사선 장해는 핵에 끼친 영향이 방아쇠가 된다. 지금까지 방사선 감수성이 높은 세포가 인공적으로 만들어져 왔는데, 그런 세포들은 전부 DNA가 방사선에 절단된 뒤에 그것을 재결합하는 단백질의 활성을 잃은 세포였다. 이런 사실에서 방사선 장해를 결정짓는 것은 핵 속에 있는 DNA이며, 특히 DNA의 절단이라고 생각할 수 있다.

물이기 때문에 물이 방사선을 맞으면 활성 산소나 라디칼[3]이 만들어지며 이것이 DNA를 손상시키는 것이다. 이 과정은 매우 복잡하지만, 최대한 요약해서 설명하겠다.

물의 방사선 분해로 다양한 활성 산소와 라디칼이 생겨난다

물(H_2O)은 수소(H)와 산소(O)의 원자가 가장 바깥쪽의 전자 궤도에서 전자 2개씩을 서로 공유하며 결합해 안정된 분자가 되었다. 그런데 2개씩 쌍이 된 전자(전자쌍) 가운데 1개가 없어져 홑전자[4]가 되면 분자는 불안정해져서 화학 반응성이 매우 높아진다. 물의 분자가 감마선을 맞으면 홑전자를 가진 •OH(수산화 라디칼)와 •H(수소 라디칼)가 생긴다(다음 페이지 그림의 [a]).[5]

물 분자가 들뜬 H_2O^*(*는 들뜸을 의미)는 다음과 같이 반응성이 매우 높은 •OH를 만든다.

$$H_2O^* \rightarrow \bullet H + \bullet OH$$

물 분자가 전리되면 매우 불안정한 •H_2O^+가 만들어진 뒤, •OH

---

3   활성 산소는 반응성이 높은 산소의 분자종으로, DNA 또는 단백질을 절단하거나 지질을 과산화시켜서 세포에 장해를 주는 독성을 지니고 있다. 라디칼은 홑전자(원자나 분자의 가장 바깥쪽 전자 궤도에서 2개씩 쌍(전자쌍)을 이루고 있지 않은 전자)를 가지고 있어서 화학 반응성이 매우 높기 때문에 다른 안정 분자 등과 빠르게 반응한다. 물 분자가 방사선을 맞아서 발생하는 활성 산소나 자유 라디칼 가운데 ·OH(수산화 라디칼)는 특히 반응성이 강해, DNA나 단백질 등을 손상시키는 주범이다.

4   홑전자를 가진 것을 라디칼 또는 유리기라고 하며, 화학식에 점(·)을 붙여서 나타낸다.

5   방사선 분해라고 한다. 참고로 물 분자는 자연히 해리되어 수산화물 이온(OH^-)과 수소 이온(H^+)이 되는데, 양쪽 모두 홑전자를 가지고 있지 않기 때문에 반응성은 높지 않다(다음 페이지 그림의 [b]).

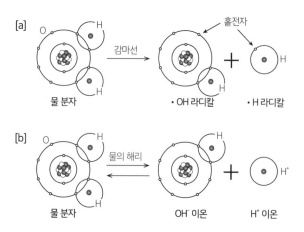

[a] 물 분자 → 감마선 → ·OH 라디칼 + ·H 라디칼 (홀전자)

[b] 물 분자 ⇄ 물의 해리 ⇄ OH⁻ 이온 + H⁺ 이온

물의 방사선 분해[a]와 해리[b]

를 생성하며, 나아가 과산화수소(H_2O_2)[6]가 된다.

$$H_2O \rightarrow \cdot H_2O^+ + e^{-}[7]$$

$$\cdot H_2O^+ \rightarrow H^+ + \cdot OH$$

$$\cdot OH + \cdot OH \rightarrow H_2O_2$$

직접 작용과 간접 작용

물 분자가 감마선을 맞아서 생성한 라디칼은 오른쪽 페이지 상단 그
림처럼 DNA를 손상시키며[8], 이것을 간접 작용이라고 한다.[9] 한편

---

6 과산화수소는 활성 산소이지만 라디칼이 아니다.

7 e^{-}는 전자. 물 분자는 음전하(−)와 양전하(+)로 분극되어 있기 때문에 e^{-}의 주위에 양전하 부분이 오도록 물 분자가 배열되어 수화 전자(e_{aq}^{-})를 생성한다.

8 과산화수소(H_2O_2)는 세포 속에 $\cdot O_2^{-}$(슈퍼옥사이드 라디칼)나 금속 이온 등이 함께 있으면 $\cdot OH$를 생성한다. 그렇기 때문에 활성 산소의 일종인 과산화수소도 DNA 손상의 원인이 된다.

9 간접 효과라고도 한다. 직접 작용 역시 직접 효과라고 부르기도 한다.

감마선이 원자에서 튕겨낸 전자가 DNA와 직접 반응해서 손상을 줄 때도 있는데, 이것을 직접 작용이라고 한다. 방사선이 일으키는 DNA 손상 가운데 직접 작용의 비율은 30~40퍼센트, 간접 작용의 비율은 60~70퍼센트로 알려져 있다.

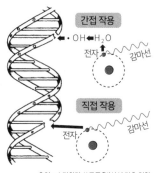

출처 : 스가하라 쓰토무 『방사선 기초 의학』
긴포도(1992)의 그림을 일부 수정

**감마선(또는 엑스선)이
DNA에 일으키는 작용**

방사선 조사로부터 10~14초 후에는 세포 속에서 전리나 들뜸이 일어나고, 1초 후에는 DNA 이중 사슬 절단이 일어난다. 그리고 빠를 경우 수 초 후에는 이 절단이 세포 속의 단백질에 인식되어 수복이 시작되며, 이것이 수 시간 동안 계속된다. 세포사가 일어나는 것은 수 일에서 수십 일 후로, 개체의 죽음 등의 급성 장해

	방사선
물리학적 변화	물·세포 내 분자의 전리·들뜸 10^{-14}초
	라디칼의 생성 10^{-12}초
화학적 변화	라디칼 중간체 10^{-6}초
	DNA 이중 사슬의 절단 1초
	DNA 이중 사슬 절단의 수복 수 초~수 시간
생물학적 변화	세포사 · 돌연변이 수 일~수십 일
	기능 장해 · 개체의 죽음 수 일~수십 일
	발암 · 유전적 영향 수 년~수십 년

출처 : 고마쓰 겐시 『현대인을 위한 방사선 생물학』
교토대학교 학술출판회(2017)의 그림을 일부 수정

시간 경과에 따른 방사선의 작용

도 이 시기에 일어난다. 세포의 암화는 수 년~수십 년이 지난 뒤에 일어난다.

09

DNA가 손상되면 반드시 암에 걸릴까?

DNA의 손상은 우리가 매일 일상적인 생명 활동을 하고 있는 동안에도 대량으로 일어나고 있다. 그러나 생물은 손상을 수복하는 시스템을 진화시켜 온 까닭에 DNA 손상 중 대부분을 수복한다.

하나의 세포에서 매일 수만 개에 이르는 DNA 손상이 일어난다

세포에 방사선이 조사되면 DNA 손상[1]이 일어나는데, DNA를 손상시키는 것은 방사선만이 아니다. 세포 속에서 일어나고 있는 효소 반응의 우발적인 실패나 산소를 사용한 호흡 반응, 열, 다양한 환경 물질도 DNA 손상을 만들어 낸다. 하나의 세포

세포 하나에서 하루 동안 발생하고
수복되는 내인성(內因性) DNA 손상

DNA 손상	1일당 수복되는 수
가수 분해[※1]	
탈퓨린 반응[※2]	18,000
탈피리미딘 반응[※3]	600
그 밖의 가수 분해	100
산화	4,500
비효소적 메틸화[※4]	7,300

※1 : 물이 개재하는 화학 반응으로 염기가 결손 또는 변화한다.
※2 : 아데닌, 구아닌이 DNA 이중 사슬에서 빠진다.
※3 : 사이토신, 티민이 DNA 이중 사슬에서 빠진다.
※4 : 아데닌이 메틸아데닌, 구아닌이 메틸구아닌으로 변화한다.

출처 : Alberts 외 『유전자의 분자 생물학』 2017년의 표를 일부 수정

에서 매일 수만 개에 이르는 DNA 손상이 일어나고 있지만, 영속적인 변이로서 남는 것은 극히 일부(0.02퍼센트도 안 된다)에 불과하며 나머지는 DNA 수복 시스

1　방사선의 조사로 만들어진 라디칼이 DNA 손상의 원인이다. 그런데 사실은 다양한 환경 화학 물질이나 자외선도 라디칼을 만들어내며, 호흡을 통해 들이마신 산소로 에너지 대사를 할 때도 라디칼이 만들어진다. 다시 말해 우리가 살아 있는 이상은 라디칼의 생성을 피할 수 없는 것이다. 게다가 생성되는 양도 결코 적지 않다.

템이 효율적으로 제거한다.

세포는 DNA 수복에 많은 힘을 들이고 있다

DNA 수복은 DNA에 손상이 없는지 둘러보고 찾아내는 즉시 치료하는 기능을 지닌 다양한 DNA 수복 효소가 담당한다. 이 DNA 수복효소들은 생물이 살아가는 데 매우 중요한 역할을 하고 있다. 세포의 설계도인 DNA가 안정적으로 유지되지 않으면 생물은 살아갈 수 없기 때문이다.

DNA 수복 효소의 유전자 한 개가 비정상적이 되기만 해도 수복능력이 저하되어 병에 걸린다. 가령 색소성 건피증[2]에 걸리면 햇빛을

DNA 수복의 이상으로 일어나는 인간의 유전성 질환

명칭	발생하는 질환
색소성 건피증	피부암, 자외선 감수성, 신경 장애
코케인 증후군	자외선 감수성, 성장 지연·발육 장애
모세혈관 확장성 운동실조증	백혈병, 림프종, 감마선 감수성
BRCA1	유방암, 난소암
BRCA2	유방암, 난소암, 전립선암
베르너 증후군	조기 노화, 복수 종류의 암
블룸 증후군	복수 종류의 암, 발육 정지
판코니 빈혈	선천적 이상, 발육 정지

출처 : Alberts 외 『유전자의 분자 생물학』 2017년의 표를 일부 수정

....

2 색소성 건피증은 일본인 2만 2,000명 중 1명 꼴로 나타나는 보기 드문 유전병이다. 20세 이하의 색소성 건피증 환자는 악성 피부암인 '멜라노마(악성 흑색종)'에 걸릴 확률이 건강한 보통 사람에 비해 2,000배 정도 높다.

단시간 쬐기만 해도 피부가 심하게 타며, 심각한 피부 병변 또는 피부암을 일으킨다. 또한 BRCA1, BRCA2 유전자에 변이가 있으면[3] 유전성 유방암이나 난소암의 원인이 된다.

DNA의 구조 자체가 수복을 용이하게 만든다

DNA는 다음 그림처럼 사슬 2개가 마주보는 나선형 구조를 띠고 있다. 그래서 DNA 이중 사슬이라고 부른다. 두 사슬(리본 부분)에는 당과 인산이 나열되어 있으며, 여기에 네 종류(아데닌(A), 구아닌(G), 사이토신(C), 티민(T))의 염기가 결합해 있다. 한쪽 사슬의 염기는 다른쪽 사슬의 염기와 수소 결합이라는 약한 결합을 만들며 마주보고 있으며, 아데닌(A)은 티민(T), 구아닌(G)은 사이토신(C)하고만 마주볼 수 있도록 되어 있다. 이처럼 마주보는 상대가 정해져 있기 때문에

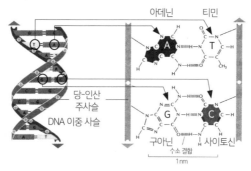

출처 : Alberts 외 『유전자의 분자 생물학』 뉴턴프레스(2017)의 그림을 일부 수정

---

3 배우인 안젤리나 졸리는 BRCA1 유전자에 변이가 있어서 유방과 난소를 예방적으로 절제했다.

한쪽 DNA의 사슬에서 염기 배열이 결정되면 다른 쪽 사슬의 염기 배열도 자동으로 결정된다.[4]

비정상적 구조를 찾아내 잘라내고 새로운 염기를 넣어서 연결시킨다

DNA가 손상된 부분에서는 다음과 같은 변화가 일어난다.

① **염기 손상**   DNA를 구성하는 정상적인 염기(A, G, C, T)가 자연에는 없는 비정상적인 염기로 바뀐다.

② **염기의 유리(遊離)**   염기가 DNA에서 떨어져 나가, 사슬에 염기가 없는 '이빨 빠진' 부위가 생긴다.

③ **DNA 사슬의 절단**   당이 절단되어 DNA 사슬이 끊어진다.

④ **DNA의 가교**   염기끼리 결합해 사슬 사이에 다리가 생긴다.

①의 경우, 사이토신(C)의 아미노기(NH_2)가 떨어져 나가면 우라실(U)이라는 물질이 된다. 정상적인 DNA에는 우라실이 들어 있지 않기 때문에 DNA를 순찰하는 수복 효소는 이상이 발생했음을 즉시 인식할 수 있다. ②, ③, ④도 마찬가지로, 정상적인 DNA에는 그런 구조가 없기 때문에 DNA 수복 효소는 이상이 발생했음을 알게 된다.

DNA 수복의 일반적인 예를 소개하겠다.

----

4 이런 구조를 상보적이라고 한다. DNA 이중 사슬은 상보적이기 때문에 만약 한쪽 사슬의 DNA가 손상되어 버리더라도 다른 쪽 DNA를 거푸집으로 삼아서 수복할 수 있다. 이와 같이 DNA의 구조 자체가 수복을 용이하게 만든다.

첫 번째는 염기 제거 수복으로, 비정상적인 염기를 찾아내 제거하는 것에서 수복이 시작된다. 다음 그림의 제일 위를 보면 위쪽 사슬에 우라실(U)이 있다. 우라실은 비정상적인 염기이기에 효소는 이를 인식하고 제거한다. 그리고 반대쪽 사슬을 보면 그 자리에 사이토신(C)을 넣어야 함을 알 수 있다. 따라서 사이토신을 삽입해 사슬을 연결시키면 수복은 완료된다(왼쪽 '염기 제거 수복' 그림).

두 번째는 손상 부분을 사슬째 잘라내는 방법이다. 위쪽의 사슬에 C와 T를 연결하는 가교가 있는 것을 인식한 수복 효소는 그 양쪽에 칼집을 내서 사슬째 제거한다. 그런 다음 반대쪽의 DNA 배열을 보고 비어 있는 부분의 염기를 상보적으로 합성해 칼집을 냈던 곳에 연

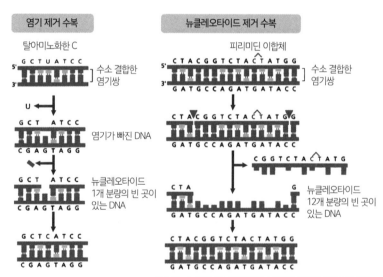

출처 : Albers 외 『유전자의 분자 생물학』 뉴턴프레스(2017)의 그림을 일부 수정

두 종류의 주요 DNA 수복 반응

결시키면 수복은 완료된다(오른쪽 '뉴클레오타이드 제거 수복'그림).

이중 사슬의 절단도 효율적으로 수복된다

DNA 손상 중에서도 가장 위험한 것은 이중 사슬의 양쪽이 동시에 파괴되어서 수복에 필요한 손상되지 않은 거푸집이 없는 경우다. 방사선 조사로 DNA 이중 사슬이 절단되는 일이 종종 발생하는데, 생물은 이 손상에 대응하는 수복 시스템도 갖추고 있다.

첫 번째 방법은 절단된 부분을 말단끼리 그대로 결합하는 방법으로, 비상동 말단 연결[5]이라고 한다. 그리고 두 번째 방법은 세포 분열

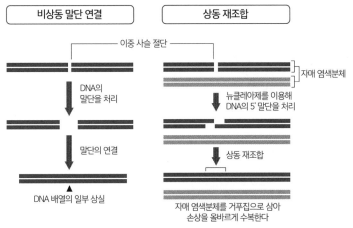

출처 : Alberts 외 『유전자의 분자 생물학』 뉴턴프레스(2017)의 그림을 일부 수정

DNA 이중 사슬의 절단을 수복하는 두 가지 방법

---

5 '날림 공사' 같은 것으로, 절단된 부분의 DNA 배열이 변화한다. 그러나 포유류의 DNA에서 생존에 꼭 필요한 부분은 극히 일부인 까닭에 이 방법도 통용된다.

이 일어날 때 복제된 DNA를 거푸집으로 사용하는 방법으로, 상동 재조합[6]이라고 한다. 정상적인 DNA의 거푸집이 있으므로 손상은 올바르게 수복된다. 대장균부터 인간에 이르기까지 거의 모든 생물이 상동 재조합 수복을 한다는 사실이 밝혀졌다.

세포 분열을 멈추고 손상을 점검하며, 수복하지 못하면 자살한다

세포 속에는 DNA 손상을 감시하는 단백질이 있어서 손상을 발견하면 세포 분열을 멈추고 그 손상이 수복되기를 기다린다. 수복이 완

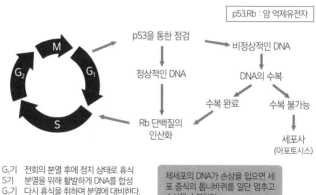

p53,Rb : 암 억제유전자

p53을 통한 점검 → 비정상적인 DNA

정상적인 DNA → DNA의 수복

수복 완료 / 수복 불가능

Rb 단백질의 인산화

세포사 (아포토시스)

G₁기 전회의 분열 후에 정지 상태로 휴식
S기 분열을 위해 활발하게 DNA를 합성
G₂기 다시 휴식을 취하며 분열에 대비한다.
M기 세포 분열을 실시한다.

체세포의 DNA가 손상을 입으면 세포 증식의 톱니바퀴를 일단 멈추고 손상을 수복한다.

세포 주기에서의 점검 시스템

---

6 세포 분열이 일어날 때는 DNA가 복제되어 2배로 늘어난다. 세포 속에는 아버지와 어머니로부터 받은 두 쌍의 DNA의 세트가 있다. 그래서 한 쌍의 DNA에서 이중 사슬 절단이 일어났더라도 다른 한 쌍의 DNA는 남아 있다. 세포 분열로 다른 한 쌍의 DNA가 복제되었을 때 그것을 거푸집으로 삼아 상동 재조합 수복을 실시한다.

료되면 세포 분열을 재개하지만, 손상이 심각해서 수복이 불가능하다고 판단하면 그 세포는 스스로 죽음을 택한다.[7] 이런 점검 시스템을 통해서도 생존에 나쁜 영향을 끼치는 DNA를 배제하는 것이다.

이런 시스템들을 뚫은 극소수의 DNA 손상이 암세포가 되는 것인데, 그 뒤에는 면역 시스템의 감시가 기다리고 있다.

----

7 아포토시스, 혹은 세포 자살이라고 한다.

10

방사선을 쐬었다면 그 영향은 어느 정도일까?

방사선을 쐰 양(피폭 선량)의 단위에는 여러 가지가 있으며, 각기 다른 의미를 지닌다. 조금 귀찮겠지만, 무엇을 측정하는지 이해하는 것이 중요하다.

방사선을 쐰 양에는 여러 가지 정의가 있다

방사선의 영향은 '방사선을 쐬었는가, 쐬지 않았는가?'가 아니라 '얼마나 많은 양의 방사선을 쐬었는가?'에 따라 달라진다. 방사선을 쐰 양을 피폭 선량이라고 하는데, 피폭 선량의 정의는 여러 가지다.

제일 먼저 고안된 피폭 선량은 흡수 선량으로, 단위는 그레이(Gy)다. 방사선을 쐰 인체를 비롯한 물질(피조사 물질)은 방사선의 에너지를 흡수한다. 이때 물질 1킬로그램당 흡수되는 방사선의 에너지가 1줄(J)이라면 흡수 선량은 1그레이[1]로 정의된다.

피조사 물질이라는 말을 사용한 것에서도 알 수 있듯이, 흡수 선량은 인체뿐만 아니라 모든 물질에 대해 피폭 선량으로 적용 가능하다. 그런 의미에서는 편리한 단위이지만, 인체에 대한 피폭 영향을 평가할 경우는 문제가 발생한다. 가령 알파선을 1그레이 피폭당했을 경

---

1 줄(J)은 에너지나 일 등의 단위로, '1뉴턴(N)의 힘이 그 힘의 방향으로 물체를 1미터(m) 움직였을 때 한 일'을 1줄로 정의한다. 예를 들어 102그램의 물체를 1미터 들어 올릴 때 한 일이 1줄에 해당된다.

우와 감마선을 1그레이 피폭당했을 경우를 비교하면 전의 영향이 훨씬 크기 때문이다.[2]

인체에 끼치는 영향을 고려하는 등가 선량

이처럼 흡수 선량은 방사선이 인체에 끼치는 영향을 평가하는 척도로서는 정확하지 않다. 그래서 고안된 것이 등가 선량(단위는 시버트, Sv)이다.

어떤 장기·조직의 등가 선량을 구할 때는 그 장기·조직의 평균 흡수 선량에 방사선의 종류나 에너지의 크기에 따라 결정되는 방사선 가중 계수라는 보정치를 곱한다.

방사선의 종류	방사선 가중 계수
감마선, 엑스선※1	1
전자, 뮤 입자※1	1
중성자※2	2.5~20
양성자※3	5
알파선, 핵분열 파편, 무거운 원자핵	20

※1 모든 에너지의 범위
※2 에너지에 따라 계수가 달라진다.
※3 에너지가 2MeV(200만 전자볼트)를 초과하는 것 전자볼트는 방사선의 에너지를 나타내는 단위

방사선 가중 계수

장기·조직의 등가 선량=장기·조직의 평균 흡수 선량×방사선 가중 계수

시버트(Sv)=그레이(Gy)×방사선 가중 계수

등가 선량을 사용함으로써 방사선의 종류나 에너지 크기의 차이에 따라 인체에 끼치는 영향의 정도가 달라지는 것에도 대응할 수 있게 되었다. 그런데 피

---

2 인체에 끼치는 영향이 다른 원인은 몸속을 통과할 때 일으키는 전리나 들뜸의 밀도(방사선이 1마이크로미터를 날아갔을 때 발생하는 전리나 들뜸의 수)가 방사선에 따라 다르기 때문이다.

폭이라고 해도 온몸이 피폭되었느냐(전신 피폭) 아니면 한정된 부분만 피폭되었느냐(국소 피폭)에 따라 인체에 끼치는 영향의 정도가 달라진다. 또한 피폭의 영향을 잘 받는(방사선 감수성이 높은) 조직을 포함해 인체 전체가 피폭되는 전신 피폭이 국소 피폭보다 영향의 정도가 크다. 뿐만 아니라 같은 1시버트의 국소 피폭이라도 장기·조직에 따라 방사선 감수성이 다르기 때문에 어디를 피폭당했는지에 따라서도 영향의 정도가 달라진다.

피폭에 따른 발암 영향을 일률적으로 평가하는 유효 선량

그래서 전신 피폭이냐 국소 피폭이냐의 차이나 피폭된 조직의 종류를 고려해 피폭이 원인이 된 발암과 유전적 영향의 정도를 일률적으로 평가하고자 유효 선량(단위는 시버트, Sv)이 고안되었다.

조직 가중 계수

장기·조직	조직 가중 계수	장기·조직	조직 가중 계수
유방	0.12	간	0.04
척수(적색)	0.12	방광	0.04
결장	0.12	골표면	0.01
폐	0.12	피부	0.01
위	0.12	뇌	0.01
생식샘	0.08	침샘	0.01
갑상선	0.04	나머지 장기·조직	0.12
식도	0.04		

유효 선량은 조직 가중 계수(각 장기·조직의 방사선 감수성을 나타낸다)라는 보정치를 장기·조직의 등가 선량에 곱한 다음 이것을 모든 조직에 대해 더한 값이다.

유효 선량=장기·조직 1의 등가 선량×장기·조직 1의 조직 가중 계수

+장기·조직 2의 등가 선량×장기·조직 2의 조직 가중 계수

+장기·조직 3의 등가 선량×장기·조직 3의 조직 가중 계수

······

+장기·조직 n의 등가 선량×장기·조직 n의 조직 가중 계수

방사선 측정기에 표시되는 단위는 선량당량의 시버트

여기까지 읽은 독자 여러분은 같은 시버트(Sv)라도 다른 의미가 있음을 알았을 것이다. 혼란스럽겠지만 시버트는 또 다른 의미도 있다.

유효선량을 구하려면 모든 장기·조직에서 등가 선량을 측정해야 하는데, 방사선 피폭량을 관리하는 현장에서 이렇게 하는 것은 어렵다. 요컨대 유효 선량은 실용적 단위라고 말하기 어렵다. 그래서 1센티미터(cm) 선량당량을 유효 선량의 실용량(대신 사용하는 양)으로 사용하는데, 이 1센티미터 선량당량의 단위도 시버트(Sv)다.

1센티미터 선량당량은 원소의 조성과 밀도가 인체와 똑같은 모형에서 깊이 1센티미터 부분의 흡수 선량을 측정한 다음 여기에 방사선 가중 계수를 곱한 값이다.

1센티미터 선량당량=깊이 1센티미터인 부분에서의 흡수 선량×방사선 가중 계수

$$시버트(Sv) = 그레이(Gy) \times 방사선\ 가중\ 계수$$

인체의 각 장기·조직(피부, 눈의 수정체는 제외)은 1센티미터보다 깊은 곳에 존재한다. 그러므로 인체의 표면으로부터 1센티미터 깊이에서 구한 1센티미터 선량당량은 유효 선량이나 장기·조직의 등가 선량보다 큰 값이 된다. 그렇다면 '피폭 선량을 1센티미터 선량당량으로 측정했을 때 그 값이 방사선 장해 방지법[3] 등에서 정한 피폭 선량의 상한치를 초과하지 않는다면 유효 선량이나 장기·조직의 등가 선량도 상한치를 초과하지는 않는다'고 생각할 수 있다. 방사선 피폭량의 관리는 이 생각에 바탕을 두고 있다.

시판되고 있는 서베이미터(휴대용 방사선 측정기)는 1센티미터 선량당량률을 표시하도록 설계되어 있다. 또한 선량당량에는 주변 선량당량(측정하고 있는 장소의 방사선 강도를 나타낸다)과 개인 선량당량(한 사람 한 사람의 피폭량을 나타낸다)이 있다.[4]

---

[3] 방사성 동위 원소 등에 따른 방사선 장해의 방지에 관한 법률
[4] 서베이미터나 원자력 발전소 주변에 설치된 실시간 선량 측정 시스템은 주변 선량당량률(단위는 1시간당 마이크로시버트[μSv/h]), 유리선량계 등의 개인 선량계는 개인 선량당량(mSv)을 측정한다. 또한 원자력 발전소 주변에 설치된 고정형 모니터링 포스트와 자동차에 실려 전국을 돌며 측정하는 가반형 모니터링 포스트는 흡수선량률을 측정하며, 단위는 1시간당 마이크로그레이(μGy/h)다.

11

방사성 물질은 몸속에 무한히 쌓여 갈까?

우리가 방사성 물질에 오염된 식품을 매일 먹더라도 방사성 물질은 축적되는 가운데 붕괴와 배설 작용을 통해 계속 감소한다. 유효 반감기의 5~6배의 시간이 지나면 평형 상태가 되며, 그 이상은 증가하지 않는다.

섭취와 배설의 균형에 따라 몸속에 얼마나 쌓이느냐가 결정된다

방사성 물질에 오염된 식품을 조금씩이라도 계속 먹는다면 몸속에 무한히 쌓여 가게 될까?

방사성 물질은 방사선을 방출해[1] 안정적이 되면 방사능이 사라지며, 이윽고 원래 양의 절반이 된다. 이렇게 절반이 되는 시간을 물리적 반감기라고 한다. 또한 몸속에 들어간 방사성 물질은 배설 작용을 통해서도 감소하며, 이 반감기를 생물학적 반감기라고 한다. 따라

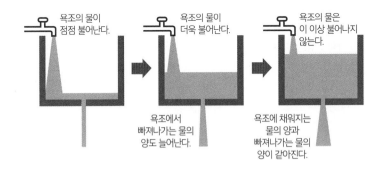

욕조의 물이 점점 불어난다.

욕조의 물이 더욱 불어난다.

욕조의 물은 이 이상 불어나지 않는다.

욕조에서 빠져나가는 물의 양도 늘어난다.

욕조에 채워지는 물의 양과 빠져나가는 물의 양이 같아진다.

---

1 방사능을 지닌 원자가 방사선을 방출하고 다른 원자로 바뀌는 것을 붕괴라고 한다.

서 방사성 물질로 오염된 식품을 계속 먹으면 몸속에 쌓이는 한편으로 붕괴와 배설을 통해 점점 감소한다. 이것은 욕조에 물을 채울 때의 상황으로 비유할 수 있다. 욕조의 마개를 뺀 채로 수도꼭지를 열어서 기세 좋게 물을 채우면 욕조에 물이 차기 시작한다. 물을 계속 채우면 욕조에서 빠져나가는 물의 양도 늘어나며, 어떤 시점에 이르면 들어오는 물의 양과 빠져나가는 물의 양이 균형을 이뤄서 욕조의 물이 더는 불어나지 않게 된다.

먹는 양이 적을수록 평형이 되었을 때의 양이 적어진다

몸속에 방사성 물질이 쌓이는 상황을 그래프로 나타내면 오른쪽과 같다. 방사성 물질의 섭취가 시작된 뒤 유효 반감기[2]의 약 5~6배의 시간이 지나면 섭취량과 배설량

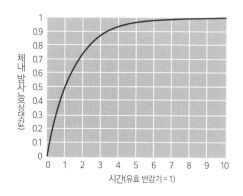

이 균형을 이뤄서 평형 상태에 도달하며, 그 이상은 축적되지 않게 된다. 어떤 수준에서 평형 상태가 되느냐는 1일당 섭취 방사능을 A(베크렐[Bq]/일), 유효 반감기를 Teff(일), 평형 상태에서의 체내 축적량을 Q(Bq)라

---

2 물리적 반감기를 T_p, 생물학적 반감기를 T_b라고 하면, 유효 반감기 T_{eff}는 $T_{eff} = T_p \times T_b / (T_p + T_b)$로 계산할 수 있다. 자세한 내용은 147페이지를 참조하기 바란다.

고 했을 때 다음의 식으로 계산할 수 있다.[3]

$$Q = 1.44 \times A \times T_{eff}$$

이 식을 보면 **식사를 통해 매일 섭취하는 방사성 물질의 양이 적을수록 평형 상태에서의 체내 방사능이 작음**을 알 수 있다. 또한 유효 반감기가 길수록 평형 상태의 체내 방사능이 커진다.

---

[3] 세슘-137(유효 반감기 70일)의 경우, 만약 하루에 100베크렐씩 섭취한다면 Q=1.44× 100(베크렐/일)×70(일)=10,080베크렐이 된다.

12

방사선의 위험성은 인공이냐 천연이냐에 따라 달라질까?

"천연 방사선은 몸이 적응했기 때문에 안전하지만, 인공 방사선은 처음 쐬는 것이므로 위험하다" 라는 식의 이야기를 들을 때가 있다. 과연 '천연인가, 인공인가?'에 따라 위험성에 차이가 있을까?

원자핵이 방사선을 방출하는 성질에 '천연'과 '인공'의 차이는 없다

원자핵이 불안정해서 자연히 방사선을 방출하는 성질을 방사능이라고 하며, 원자핵이 안정적인가 불안정한가는 양성자의 수와 중성자의 수의 균형에 따라 결정된다.[1] 중성자가 너무 많거나 너무 적은 것이 원자핵이 불안정해지는 원인이며, 그 방사성 물질이 자연 속에서 만들어진 것이냐 인간이 만든 것이냐는 전혀 상관이 없다.

예를 들어 삼중수소(트리튬)라는 방사성 핵종은 천연의 경우 우주 방사선이 공기에 충돌해서 만들어지고 인공의 경우 핵무기의 폭발이나 원자력 발전소의 운전을 통해서 만들어지는데, 둘의 성질은 완전히 똑같다.

눈앞을 날아간 방사선이 '천연인가, 인공인가?'는 구별이 불가능하다

한편 원자의 화학적 성질은 가장 바깥쪽의 원자껍질에 들어 있는 전

---

1 자세한 내용은 "1-1 '원자'는 무엇이고 '원자핵'은 무엇일까?"를 참조하기 바란다.

우주방사선이 만들어낸 것이든
핵무기나 원자력 발전소가 만들어낸 것이든
삼중수소(트리튬)의 성질은 완전히 똑같다.

• 양성자 1개와 중성자 2개의 원자핵
• 반감기는 12.33년
• 베타선을 방출한다.
  에너지가 매우 약하며, 비행 거리는 짧다.

자(가전자)의 수에 따라 결정된다.[1] 칼륨(포타슘)과 세슘은 화학적 성질이 매우 비슷한데, 이것은 가전자가 1개로 같기 때문이다. 화학적 성질이 비슷한 까닭에 음식에서 섭취한 칼륨과 세슘은 몸속에 똑같이 분포한다.

세포

칼륨-40과 세슘-137은 베타선을 방출한다. 베타선의 에너지는 같은 종류의 원자핵에서 나왔더라도 하나하나가 전부 다르다.[2] 칼륨-40과 세슘-137의 베타선은 저마다 에너지가 다르기 때문에, 둘이 섞여서 날아다니고 있는 곳에서는 하나하나의 베타선이 칼륨-40에서 나온 것인지 세슘-137에서 나온 것인지 구별하기가 불가능하다.

요컨대 방사선이나 방사성 물질은 그것이 천연이든 인공이든 성질에 차이가 없으며, 위험성도 다르지 않다는 말이다.

---

2 자세한 내용은 "1-2 방사선은 어떤 식으로 날아다닐까?"를 참조하기 바란다.

13

내부 피폭은 외부 피폭보다 위험할까?

베타선이든 감마선이든, 몸에 끼치는 영향은 전부 높은 에너지의 전자에서 비롯된다. 같은 선량의 방사선을 쐬었다면 손상의 크기는 베타선과 감마선 사이에 차이가 없다.

"베타선이 감마선보다 위험하다"라는 이야기는 사실일까?

후쿠시마 제1원자력 발전소 사고 이후 "내부 피폭이 외부 피폭보다 위험하다"라는 이야기를 들을 때가 있다. 몸속에서 방출되는 방사선이 더 위험하다는 말인데, 왠지 그럴싸하게 들린다.

알파선을 방출하는 핵종의 경우, 몸 밖에 있을 때는 알파선이 피부 표면에서 멈춰 버리므로 외부 피폭을 걱정할 필요가 없지만 몸속에 들어가 버리면 알파선이 좁은 범위에 큰 에너지를 주기 때문에 매우 위험하다. 따라서 알파선이라면 "내부 피폭이 외부 피폭보다 위험하다"라는 말은 진실이다. 그러나 세간에 화제가 되고 있는 것은 베타선과 감마선이다.

"베타선은 감마선보다 위험"하기 때문에 "내부 피폭은 외부 피폭보다 위험하다"라는 이야기가 있었다.[1] "베타선을 방출하는 방사성 핵종이 몸속에 들

1　후쿠시마 제1원자력 발전소 사고 이후 "장기·조직이 같은 선량(예를 들면 100밀리시버트)을 피폭당했을 경우라도 내부 피폭이 외부 피폭보다 위험성이 크다"라는 주장이 일부 서적 등을 통해 유포되었다. 이것은 이미 수십 년 전에 잘못된 주장으로 밝혀진 것인데, 또다시 되살아나서 재해 지역 주민들에게 불필요한 걱정을 안겼다.

어가면 세포 속의 좁은 범위에 에너지를 집중적으로 주기 때문에 넓은 범위에 약한 에너지를 주는 감마선보다 위험하다"라는 주장이다.

정말로 '베타선은 감마선보다 위험'한 것일까?

전리와 들뜸이 방사선 장해의 방아쇠가 된다

방사선에 따른 장해는 우리 몸속의 세포에 들어 있는 원자에 방사선의 에너지가 흡수되어 전리나 들뜸이 일어남으로써 유발된다. 전리나 들뜸이 일어난 원자는 DNA 등의 분자에 손상을 입히며, 손상은 세포의 대사를 통해 확대되어 장기나 조직의 장해로 이어진다.[2]

베타선이 일으키는 전리와 들뜸

베타선은 원자핵에서 방출되는 전자로, 원자핵이나 그 주위를 도는

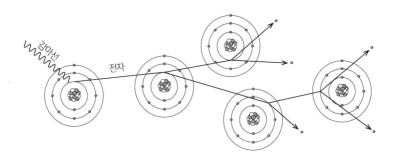

감마선이 일으키는 전리

2 자세한 내용은 "3-8 방사선 장해는 어떻게 일어날까?"를 참조하기 바란다.

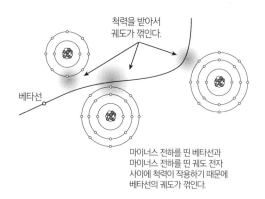

척력을 받아서
궤도가 꺾인다.

베타선

마이너스 전하를 띤 베타선과
마이너스 전하를 띤 궤도 전자
사이에 척력이 작용하기 때문에
베타선의 궤도가 꺾인다.

베타선의 비거리

전자와 베타선 사이에는 서로 쿨롱 힘이 작용한다.[3]

전자와 원자핵 사이에 쿨롱 힘이 작용하면 전자의 질량보다 원자핵의 질량이 훨씬 크기 때문에 베타선의 진로가 일방적으로 꺾인다. 한편 궤도 전자의 질량은 베타선과 같으므로, 궤도 전자와 상호 작용을 할 때마다 베타선의 진로는 척력에 따라 크게 꺾인다. 그런 까닭에 베타선은 물질 속을 갈지자로 나아가며, 진로가 꺾일 때마다 주변에 전리 또는 들뜸을 일으킨다.

감마선이 일으키는 전리와 들뜸

감마선은 불안정한 원자핵에서 방출되는 전자기파다. 감마선과 원자

---

3 마이너스(−)와 마이너스(−)처럼 같은 전하를 가진 두 입자 사이에는 서로 밀어내는 힘(척력)이, 플러스(+)와 마이너스(−)처럼 다른 전하를 가진 두 입자 사이에는 서로 끌어당기는 힘(인력)이 작용한다. 이런 힘을 쿨롱 힘이라고 한다.

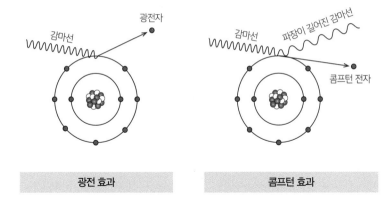

| 광전 효과 | 콤프턴 효과 |

사이에서 일어나는 상호 작용으로는 광전 효과[4]와 콤프턴 효과[5]가 있다.

광전 효과가 일어나면 감마선이 원자에 흡수되어 소멸하며, 그 에너지를 받은 궤도 전자가 밖으로 방출된다. 그리고 광전 효과로 튀어나간 전자(광전자)는 베타선과 마찬가지로 전리나 들뜸을 일으키면서 물질 속을 꿰뚫고 지나간다.

콤프턴 효과의 경우, 감마선이 궤도 전자에 충돌해 전자를 튀겨내며 자신도 에너지의 일부를 잃고 산란된다.[6] 떨어져 나간 전자를 콤프턴 전자라고 하는데, 이 전자도 2차적으로 전리나 들뜸을 일으키면서 물질 속을 꿰뚫고 지나간다.

---

4 알베르트 아인슈타인(Albert Einstein, 1879~1955)은 광전 효과를 발견한 공로로 1921년에 노벨 물리학상을 받았다.
5 아서 콤프턴(Arthur Compton, 1892~1962)은 콤프턴 효과를 발견한 공로로 1927년에 노벨 물리학상을 받았다.
6 빛이 물질과 상호 작용함에 따라 날아가는 방향이 바뀌는 것

같은 피폭량이라면 외부 피폭과 내부 피폭의 영향에는 차이가 없다

감마선은 이처럼 광전 효과나 콤프턴 효과라는 상호 작용을 매개로 간접적인 전리나 들뜸을 일으킴으로써 몸에 영향을 끼친다. 또한 감마선에서 비롯된 전리와 여기의 99.9퍼센트 이상은 2차 전자(광전자나 콤프턴 전자)가 일으킨 것이다.

즉, 베타선이든 감마선이든 높은 에너지의 전자가 몸에 영향을 끼친다는 점에서는 전혀 차이가 없다.[7] 베타선과 감마선의 작용은 기본적으로 같다는 말이다. 따라서 '베타선을 쐬었는가, 감마선을 쐬었는가?'가 아니라 '얼마나 많은 양의 방사선을 쐬었는가?'가 작용의 크기를 결정한다.

베타선이든 감마선이든 피폭 선량이 같으면 손상의 정도에는 차이가 없으므로, "양이 같더라도 외부 피폭으로 감마선을 쐬는 것보다 내부 피폭으로 베타선을 쐬는 쪽이 더 위험하다"라는 이야기는 틀렸음을 알 수 있다. 같은 피폭량이라면 외부 피폭이든 내부 피폭이든 영향의 크기에는 차이가 없는 것이다.

---

7 방사선의 종류나 에너지의 크기에 따라 정해지는 방사선 가중 계수(방사선 위험의 크기를 나타낸다)는 베타선과 감마선 모두 1로 동일하다. 한편, 알파선은 20이다. 자세한 내용은 "3-10 방사선을 쐬었다면 그 영향은 어느 정도일까?"를 참조하기 바란다.

제 **4** 장

다양하게 이용되는

· · · · · · · · · · · · · · ·

방사선과 방사성 물질

· · · · · · · · · · · · · · ·

01

어떻게 방사선으로 병을 진단하는 걸까?

엑스선의 투과성이 장기나 병에 따라 다르다는 성질을 이용해 외부에서 몸속 상태를 관찰할 수 있다. 방사성 물질을 투여해 몸속 분포를 조사하는 방법으로도 병을 진단할 수 있다.

방사선은 물질을 투과하거나 물질에 에너지를 줘서 전리 또는 들뜸[1]을 일으킨다. 또한 방사선을 생물에 조사하면 유전자에 변이가 일어나며, 대량으로 쏘면 죽을 수도 있다. 19세기 말에 뢴트겐이 엑스선을 발견한 이래 인간은 그런 성질을 파악하고 다양한 분야에서 방사선과 방사성 물질을 이용해 왔다. 이 장에서는 방사선과 방사성 물질의 이용에 관해 소개하겠다.

병을 살피기 위해 방사선을 사용하다

살아 있는 이상, 인간과 병은 떼려야 뗄 수 없는 관계다. 병에 걸리면 그것이 어떤 병인지 알기 위해 살아 있는 인간의 몸속을 외부에서 관찰할 필요가 있다. 여러분도 병원에서 타진(打診)이나 청진(聽診)을 받은 적이 있을 터인데, 이 방법으로는 몸속을 들여다볼 수 없다. 그런 상황에서 등장한 것이 엑스선이다. 엑스선을 사용하면 인간의 몸속을 들여다볼 수 있다.

---

1 자세한 설명은 "1-3 전자레인지도 방사선을 방출할까?"를 참조하기 바란다.

엑스선의 투과성 차이를 이용한다

엑스선은 과거에 국민병으로까지 불렸던 폐결핵[2]의 진단에 사용되었다. 처음에는 신선함 때문에 활발하게 사용되었지만 타진이나 청진의 진단율을 능가할 정도는 아니었는데, 그 후 촬영 기기의 발달과 사진 '해독 기술'의 진보로 폐결핵과의 싸움에서 중요한 역할을 담당하게 된다.

결핵의 유행을 근절하려면 기침이나 재채기를 통해 결핵균을 배출하고 있는 사람을 전부 찾아내서 치료해야 한다. 이를 위해서는 **대규모 집단 검진에 사용할 수 있는 엑스선 촬영법이 필요했는데, 영화에 사용되고 있었던 기술을 개량함으로써 이 과제를 해결했다.**[3]

그렇다면 어떻게 엑스선으로 병을 진단하는 것일까? 다음 페이지 그림의 왼쪽은 가슴의 엑스선 사진이다. 하얗게 비친 부분이 뼈와 심장이며, 검은 부분이 폐다. 이런 차이가 생기는 이유는 물질에 따라 엑스선을 흡수하는 양이 다르기 때문이다(오른쪽 그림). **원자 번호가 높고**[4] **밀도가 큰 조직일수록 엑스선을 잘 흡수하기 때문에 뼈나 심장을 통과하면**

---

2 결핵은 결핵균이라는 세균이 원인이 되어 발생하는 병으로, 1882년에 로베르토 코흐(Robert Koch, 1843~1910)가 결핵균을 발견했다. 과거에 결핵은 전 세계의 사망 원인 중 7분의 1을 차지할 정도였기에 인류에게 가장 중요한 감염증으로 불렸다. 일본에서도 1970년까지 사망 원인 1위가 결핵이어서 '국민병'으로 불리기까지 했다.

3 몸을 투과한 엑스선에 형광판이 빛나는 것을 카메라로 촬영한다. 간접 촬영법이라고 한다.

4 엑스선을 얼마나 흡수하느냐는 엑스선이 지나간 길에 있는 물질의 두께와 밀도, 원자 번호에 따라 달라진다. 이 가운데 원자 번호의 영향이 특히 커서, 그 4제곱만큼 잘 흡수한다(원자 번호가 2배이면 2의 4제곱인 16배를 흡수한다). 인체의 조직을 원자 번호로 환산하면(유효 원자 번호라고 한다) 지방은 6.3, 근육은 7.4, 뼈는 11.6 정도다. 여기에 원자 번호 56인 바륨을 조영제로 사용하면 명암의 대비가 커진다.

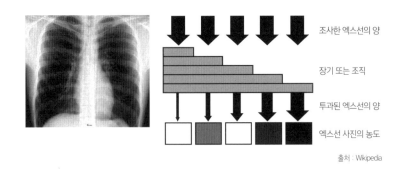

조사한 엑스선의 양

장기 또는 조직

투과된 엑스선의 양

엑스선 사진의 농도

출처 : Wikipedia

흉부의 엑스선 사진

필름에 도달하는 양이 적어져서 사진에 하얗게 표시된다. 한편 폐는 안에 공기가 차 있어서 엑스선이 잘 투과되기 때문에 사진에 검게 표시되는데, 폐렴에 걸려서 폐에 물이 차면 엑스선이 그 부분만 잘 투과되지 않게 되어 사진에 하얗게 나온다.

조영제는 잘 보이도록 그림자를 만든다

그런데 위 또는 장은 뼈나 폐 등과 달리 이런 방법으로 볼 수가 없다.

위 또는 장과 그 주위에 있는 근육 또는 체액의 엑스선의 흡수량 사이에 큰 차이가 없기 때문이다.

이럴 경우는 그림자를 만들어 주면 위나 장이 잘 보이게 된다. 그림자를 만들기 위한 약

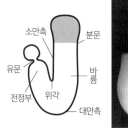

소만측
분문
유문
바륨
전정부
위각
대만측

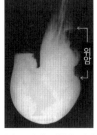

위암

출처 : 다테노 유키오 『영상 진단』 주코신서(2002)를 일부 수정

위의 구조(왼쪽)와 조영 사진(오른쪽)

220

제를 조영제라고 하며, 위를 검사할 때 사용하는 바륨은 그런 조영제 중 하나다. 바륨은 원자 번호가 커서 엑스선이 잘 투과되지 않기 때문에 위벽에 바륨이 부착되면 명암의 대비가 강해져 위의 형태나 움직임을 검사할 수 있게 되는 것이다.

CT는 몸의 단면을 볼 수 있다

엑스선 사진에서는 장기가 겹쳐서 보인다. 비유하자면 종이 여러 장이 붙어 있는 고문서를 투시하면서 읽는 것과 같아서, 읽어내기가 매우 힘들다. 가능하면 종이를 한 장한 장 떼어내서 읽고 싶을 터인데, CT[5]가 이를 가능케 했다.

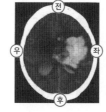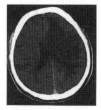

출처 : 다테노 유키오 『영상 진단』 주코신서(2002)

엑스선 CT 사진 : 뇌출혈(왼쪽), 뇌경색(오른쪽)

덕분에 장기가 겹쳐서 보이지 않게 되어 작은 병변도 발견할 수 있게 되었다.

가령 뇌출혈과 뇌경색은 치료법이 크게 다르기 때문에 최대한 이른 시기에 구별할 필요가 있지만, 뇌졸중과 한데 묶일 만큼 증상이 비슷한 까닭에 어떻게 구별하느냐가 커다란 과제였다. 그런데 CT의 등장으로 '흰색이면 출혈, 검은색이면 경색'으로 명쾌하게 구별할 수 있게 되었다.

현재의 CT는 엑스선관을 연속적으로 회전시키면서 침대를 이동시

----

5 CT는 컴퓨터 단층 촬영(Computed Tomography)의 약자다.

켜 촬영한 다음 컴퓨터로 영상 처리를 함으로써 자유자재로 단면을 선택해 영상을 볼 수 있도록 되어 있다.[6]

방사성 물질을 사용해 병을 진단한다

지금까지 엑스선을 몸에 조사해서 실시하는 검사를 소개했는데, 지금부터는 방사성 물질을 사용해 외부에서 몸속을 관찰하는 검사[7]를 소개하겠다. 이것은 병의 표지가 되는 물질이 몸속에 어떻게 분포되어 있고 어떻게 움직이는지를 영상으로 만드는 검사로, 방사성 동위 원소가 방출하는 방사선을 표식으로 삼아 물질의 움직임을 추적한다. RI 검사에는 테크네튬-99m(^{99m}Tc)이 자주 사용되는데, 다음 사진은 테크네튬-99m을 인산 화합물에 결합시킨 약제를 정맥에 주사한 뒤 뼈에 모이기를 기다려서 촬영한 결과다. 이 검사를 뼈 신티그램이라고 하며, 여기에서

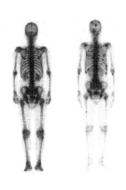

뼈 신티그램
30분 정도면 온몸을 검사할 수 있으며,
전이를 이른 시기에 발견할 수 있다.

[왼쪽] 정상
뼈 신티그램에 이상이 발견되지 않는다.

[오른쪽] 전립선암
뼈 신티그램에 다수의 비정상적인 점이 보인다.
다발성 골전이

출처 : 다테노 유키오 『영상 진단』의 그림을 일부 수정

---

6 기존에는 사진 20장을 얻기 위해 검사를 받는 사람이 20회 숨을 멈춰야 했으며, 여기에 소요되는 시간과 CT가 이동하는 시간을 합쳐서 10분 정도가 필요했다. 그러나 헬리컬 CT의 경우 20초 정도 숨을 멈추는 것만으로 사진 20장을 얻을 수 있다.
7 RI 검사 혹은 핵의학 검사라고 한다.

는 전립선암이 뼈에 전이되었는지를 조사했다.

약제가 모인 곳은 테크네튬-99m에서 방출되는 감마선 때문에 검게 찍힌다. 정상적인 뼈 부분에 약제가 모이지만, 암이 전이된 곳도 검게 찍힌다. 왼쪽은 뼈만이 검게 찍혀 있으며, 암의 전이는 보이지 않는다. 한편 오른쪽은 전립선암의 전이에 따른 검은 점이 곳곳에서 보인다.

RI 검사에 사용하는 방사성 동위 원소로는 특정 질환이나 장기에 잘 모이고 반감기가 짧아서 배설도 빠른 것이 적합하다.

뇌의 기능을 조사할 수 있게 되었다

방사성 동위 원소 중에는 양전자를 방출하는 것이 있다. 일반적인 전자는 전하가 마이너스이지만, 양전자는 전하가 플러스다. 방출된 양전자는 날아가는 사이에 에너지를 잃으며 마지막에는 **전자와 충돌해 2개의 엑스선을 방출하고 소멸되는데, PET라는 검사**[8]는 이 엑스선을 검출해 병을 진단한다.

다음 페이지 상단 그림은 양전자를 방출하는 탄소-11을 사용해 뇌 속의 콜린에스테라아제[9]라는 효소의 활성을 조사한 것이다. 알츠하이머병 환자에게서는 인지증이 진행됨에 따라 콜린에스테라아제

---

8 양전자 방출 단층 촬영(Positron Emission Tomography).

9 콜린에스테라아제는 신경 정보의 전달을 담당하는 물질인 아세틸콜린을 분해하는 작용을 한다. 신경 전달을 실행하기 위해서는 신경 세포에서 방출된 아세틸콜린을 신속하게 분해해야 한다. 사린 등의 신경가스는 콜린에스테라아제의 활성을 상실시킴(실활)으로써 독성을 낸다.

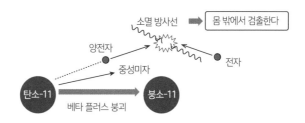

の 활성도 저하된다는 사실이 알려져 있다. 하단 그림에서는 흰 부분
에서 콜린에스테라아제가 활동하고 있는데, 알츠하이머병 환자(오른
쪽)의 경우 활성이 저하되었음[10]을 알 수 있다.

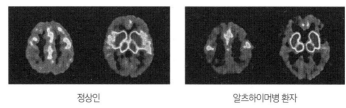

정상인   알츠하이머병 환자

출처 : 〈방사선의학종합연구소 뉴스〉 No.10(1997년 7월호), P.1을 일부 수정

알츠하이머병 환자는 정상인에 비해 명백히 콜린에스테라아제 활성(흰 부분)이 저하되었다

---

10 흰 부분의 넓이가 작아졌다.

02

어떻게 방사선으로 암을 치료하는 걸까?

방사선을 이용한 암 치료는 미분화되거나 분열이 활발한 세포일수록 방사선 감수성이 크다는 점을 이용한다. 정상 조직을 손상시키지 않고 병소에 집중적으로 조사하는 기술이 발전하고 있다.

방사선을 이용한 암 치료는 효과가 확인되지도 않은 상태에서 시작되었다

방사선은 병의 진단뿐만 아니라 치료에도 이용되고 있다. 엑스선은 뢴트겐이 발견한 이듬해(1896년)부터 암 치료에 사용되기 시작했는데, 효과가 있다는 근거는 아직 없는 상태였다. 그럼에도 엑스선 치료에 대한 관심이 너무나도 뜨거웠기 때문에 미국 의사회가 회원들에게 경고를 보낼 정도였다.[1]

첫 성공 사례는 1899년에 스웨덴의 스텐베크(Thor Stenbeck, 1864~1914)와 쇠그렌(Tage Sjögren, 1859~1939)이 72세 여성의 코에 생긴 피부암에 엑스선을 조사(照射)해서 치유한 것이었다. 당시의 엑스선관은 에너지가 약했기 때문에 몸 표면의 암(피부, 유방 등)만을 대상으로 사용했다.

---

1 1896년 2월 15일, 미국 의사회는 회보에 "엑스선 치료의 가능성은 이미 일반인의 상상의 완구가 되어버렸지만, 장래의 연구를 기다려야 한다. 아직은 그 가능성이 있는지 어떤지를 논의할 수 있는 단계가 아니다. 음극선욕, 엑스선 치료 등이 널리 홍보될 것으로 예상되지만, 정밀한 과학 연구를 통해 상황이 좀 더 명확해지기 전까지는 삼가기 바란다"라고 썼다.

암의 방사선 치료에는 ① 장기의 온존이 가능하다, ② 환자의 삶의 질(QOL)을 유지하는 효과가 탁월하다, ③ 수술이 어려운 고령자에게도 실시할 수 있다는 등의 이점이 있다. 그래서 일본에서는 최근 들어 암 환자 4명 중 1명이 방사선 치료를 받고 있다.[2]

정상 조직을 손상시키지 않으면서 암 병소를 축소시킨다

방사선의 영향을 받기 쉬운 정도(방사선 감수성)는 미분화된 세포나 분열이 활발한 세포일수록 크다는 사실이 알려져 있다. 암의 방사선 치료는 이 점을 응용한다.

다만 암 세포 덩어리(암 병소)의 주위에는 정상적인 조직이나 장기도 있으며, 이런 정상적인 조직이나 장기도 방사선을 맞으면 장해가 발생한다. 암의 방사선 치료를 실시할 때는 정상 조직에 최대한 장해를 주지 않고 암 세포만을 사멸시킬 필요가 있다.[3]

암 병소가 방사선을 맞으면 선량이 증가함에 따라 죽어 가는 암세포가 늘어나며, 그 증가세는 S자를 그린다. 정상 조직도 방사선을 맞으면 S자 형태로 장해가 나타난다. 이때 암 병소의 크기를 80~90퍼센트 축소시키는[4] 선량을 종양 치사 선량(TLD), 정상 조직에서 5퍼센트의 확률로 장해가 발생하는 선량을 정상 조직의 견딤 선량(TTD)

---

2   서양에서는 암 환자의 절반 정도가 방사선 치료를 받고 있다.
3   암의 방사선 치료를 할 때는 암과 접하고 있는 정상적인 장기의 기능을 온존할 수 있는 방사선량을 상한선으로 삼아서 방사선을 조사한다.
4   암 병소는 본래 크기의 10~20퍼센트가 된다. 암 세포를 사멸시켜 병소를 원래의 10~20퍼센트로 축소시키면 살아남은 세포도 면역 시스템의 공격을 받아 사멸한다고 한다.

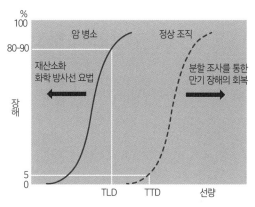

TLD : 종양 치사 선량, TTD : 정상 조직의 견딤 선량
치료 가능비 TR = TTD/TLD

출처 : 고마쓰 겐시 『현대인을 위한 방사선 생물학』 교토대학교 학술출판회(2017)

암 방사선 치료의 개념

이라고 한다. 이 둘의 비(TTD/TLD)를 치료 가능비(TR)라고 하며, 치료 가능비가 1 혹은 1 이상이라면 방사선 치료가 가능하다고 판단한다.

암세포와 정상 세포의 방사선 감수성을 변화시켜 치료 효과를 높인다

암 병소를 80~90퍼센트 축소시키는 종양 치사 선량(TLD)은 고정된 것이 아니다. 암이 커지면 S자 곡선은 오른쪽으로 이동하며, 그러면 암의 치료는 어려워진다. 한편 암의 방사선 감수성을 높이면 곡선이 왼쪽으로 이동해 치료 성적이 좋아진다. 또한 정상 조직에서 5퍼센트의 확률로 장해가 발생하는 정상 조직의 견딤 선량(TTD)도 방사선을 분할해서 조사하는 등의 방법으로 곡선으로 오른쪽으로 이동시켜 장해를 줄일 수 있다.

요컨대 암의 방사선 감수성을 높여서 TLD를 왼쪽으로 이동시키고 정상 조직의 저항성을 높여서 TTD를 오른쪽으로 이동시키면 치료 가능비(TR)가 높아진다는 말이다.

이를 위한 방법 중 하나는 산소 농도가 낮은 암세포(저산소 세포)를 줄이는 것이다. 세포 속의 산소가 결핍되면 방사선 감수성이 저하되기 때문이다.[5]

암세포에 산소를 공급하면 방사선의 효과가 높아진다

몸속에는 모세 혈관이 구석구석까지 퍼져 있는 까닭에 보통은 산소가 부족할 일이 없다. 그러나 암 병소에서는 암이 증식해 커지는데 혈관을 새로 만들 시간이 부족하기 때문에 산소의 공급이 부족하다. 혈관 근처의 암세포는 활발하게 분열하지만, 혈관에서 멀어지면 중간에 있는 암세포가 산소를 소비해 버린다. 그렇기 때문에 혈관으로부터 멀어진 세포는 죽고, 혈관에서 조금 가까운 세포는 저산소 상태로 살아간다.

암 병소에는 방사선 감수성이 높은 세포(산소 세포)와 방사선 저항성이 높은 세포(저산소 세포)가 있다. 암 병소에 1회만 방사선을 조사하면 산소 세포는 사멸하지만 저산소 세포는 살아남아서 암 재발의 원인이 된다. 그런 까닭에 **방사선 치료에서는 저산소 세포의 근절이 커다란**

---

5 방사선을 조사할 때 산소가 있는 환경이 산소가 없는 환경보다 방사선 감수성이 높으며, 이것을 산소 효과라고 한다. 공기 속의 산소 농도를 50분의 1 이하로 낮추면 세포에 똑같은 손상을 주는 데 필요한 방사선량은 2~3배가 된다. 이것은 방사선에 화학 반응이 일어나는 초기 과정("3-8 방사선 장해는 어떻게 일어날까?" 참조)에서 산소가 필요하기 때문이다.

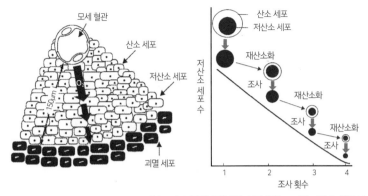

출처 : 고마쓰 겐시 『현대인을 위한 방사선 생물학』 교토대학교 학술출판회(2017)

암 병소의 구조(왼쪽)와 분할 조사에 따른 저산소 세포의 감소(오른쪽)

과제였다.

이것을 해결한 방법 중 하나가 방사선의 분할 조사다. 방사선을 조사하면 혈관 근처의 암세포가 장해를 받아 산소 소비량이 감소하며, 그 결과 혈관으로부터 떨어진 세포에도 산소가 닿게 된다. 그러면 저산소 세포는 산소 세포로 바뀌어[6] 방사선 감수성이 높아지고, 여기에 방사선을 조사하면 다시 같은 현상이 발생한다. 이런 식으로 조사를 반복하면 저산소 세포가 점점 감소하며, 마지막에는 모든 암세포를 사멸시킬 수 있다.

---

6 '재산소화'라고 한다. 재산소화의 속도는 암 병소에 따라 다른데, 빠른 경우는 몇 시간 만에 재산소화되고 느린 경우는 며칠이 걸린다. 재산소화된 암세포에 방사선을 조사하고 다음날까지 나머지 저산소 세포의 재산소화를 기다렸다가 방사선을 조사하는 방식의 분할 조사를 반복하면 산소 세포와 저산소 세포가 섞여 있는 암 병소의 방사선 감수성을 높일 수 있다.

조사 방법의 발전으로 암 병소를 효율적으로 노릴 수 있게 되었다

방사선 치료에 사용하는
엑스선은 에너지가 매우
높기 때문에 암 병소를 치
료할 때 피부도 상당히 피
폭을 당한다. 암 병소만을 노
려서 방사선을 조사하고 정상
조직은 피폭되지 않게 하는 것

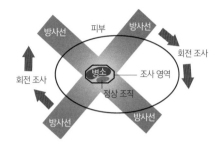

3차원 입체 조형 방사선 치료법

도 치료 가능비(TR)를 높이는 방법이다. 환자를 중심에 놓고 방사선을 3차원으로 회전시키는 3차원 입체 조형 방사선 치료법이 그런 기법 중 하나다.

양성자선과 중입자선을 사용해 깊은 곳에 있는 암 병소를 '핀 포인트'로 치료한다

엑스선이나 감마선을 몸에 조사하면 피부에 가까울수록 선량이 커진다. 한편 양성자 등의 입자선[7]은 깊은 곳으로 들어가 멈추기 직전의 장소에서 집중적으로 전리를 일으키며, 그 이상 깊은 곳에는 도달하지 않는다. 이것을 브래그 피크(bragg peak)[8]라고 하며, 필터 등을 사용해서 암 병소의 위

---

7 양성자나 중성자, 원자핵 등의 입자가 높은 에너지를 지닌 채로 날아다니는 것으로서, 방사선의 일종이다. 우주에서 지구의 대기로 날아오는 1차 우주방사선은 90퍼센트가 양성자, 나머지가 헬륨이나 그보다 무거운 원자핵으로 구성된 입자선이다("2-2 고도 1만 미터의 방사선량은 지상의 100배나 된다?" 참조).

8 브래그피크가 있는 양성자선을 사용하면 암에만 집중적으로 방사선을 조사하고 그보다 안쪽에 위치한 정상 조직에는 장해를 입히지 않는 '핀 포인트' 치료를 할 수 있다.

치나 형태에 맞춰 피크 부분을 넓게 조정할 수도 있다.[9]

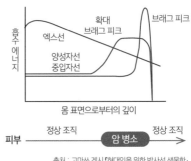

탄소 등의 원자핵을 가속시켜 사용하는 중입자선 치료[10]는 암세포의 치사 효과가 양성자선보다 강하다. 그래서 기존의 방사선 치료에서는 곤란했던 증례를 대상으로 중입자선 치료의 임상 시험이 시작되었다.

출처 : 고마쓰 겐시 『현대인을 위한 방사선 생물학』
교토대학교 학술출판회(2017)

입자선과 브래그 피크

방사선원을 암 병소에 직접 심는다

지금까지 소개한 방사선 치료법은 몸 밖에서 방사선을 조사하는 방식이기에 외부 조사라고 한다. 한편 몸속에서 암 병소에 방사선을 조사하는 치료법도 있으며, 이것은 내부 조사라고 한다.

오른쪽 그림은 방사성 핵종인 요오드-125[11]를 넣은 티탄 캡슐을 전립선암에 심은 것으로, 이

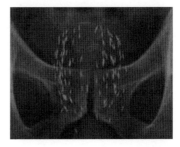

출처 : Wikipedia

전립선암에 대한 조직 내 조사

---

9 확대 브래그 피크라고 한다. 필터를 통과하면 양성자선이 산란되는 성질을 이용한다.
10 헬륨보다 원자 번호가 큰 원소의 원자핵을 중입자라고 한다.
11 요오드-125는 반감기가 59일로 짧으며, 에너지가 약한 감마선을 방출한다.

것을 조직 내 조사법이라고 한다. 전립선암을 외부 조사법으로 치료하면 근처에 있는 방광이나 직장 등의 중요한 장기도 피폭되고 만다. 그러나 방사선원을 암 병소에 직접 삽입하면 방사선을 집중적으로 조사하는 동시에 선원으로부터 떨어져 있는 정상 조직의 피폭량을 줄일 수 있다.

03

방사성 물질을 이용하면
여러 가지를 추적할 수 있다?

방사성 물질은 극미량이라 해도 검출이 가능한 까닭에 다양한 물질에 표시를 해서 움직임을 추적할 수 있다. 광합성 원리나 유전 물질이 DNA라는 것도 이 기술을 통해 밝혀졌다.

극미량의 방사선도 검출이 가능하다

방사선 검출기를 사용하면 극미량의 물질을 검출할 수 있다. 가령 저백그라운드 베타선 검출기[1]의 경우, 1분에 10카운트(cpm[2])의 방사능도 측정이 가능하다.

생물학 연구 등에 사용되는 인-32라는 방사성 핵종의 경우, 10cpm은 원자 수로 30만 개다. 물 100밀리리터에 인 10cpm을 녹이면 그 농도는 0.3ppm[3]의 1조분의 1이 된다. 한편 시판되는 음료수에 들어 있는 인의 농도는 방사선을 사용하지 않는 분석법으로 1ppm 정도를 검출할 수 있다. 인-32와 방사선 검출기를 사용해서 분석하면 방사성이 아닌 인의 분석에서는 전자가 1조 배 정도 옅은 농도도 검출이 가능하다.

----

1 백그라운드의 자연 방사선에 영향을 받지 않고 극미량의 베타선을 검출할 수 있다.
2 방사선 검출기가 1분당 검출한 방사선의 수를 cpm(counts per minute)이라고 한다. 1분당 100개의 방사선을 검출했을 경우는 100cpm이다. 1초당 검출 수는 cps(count per seconds)라고 한다.
3 ppm(parts per million)은 100만분의 1을 의미한다. 1ppm은 0.0001퍼센트에 해당된다.

안정적인 인 속에 미량의 인-32를 첨가해도 화학적으로는 아무런 영향이 없다. 그래서 **인-32를 사용하면 인에 표시(트레이서라고 한다)를 해서 움직임을 추적할 수 있다.**

이산화탄소가 광합성을 통해 무엇으로 바뀌는지 알게 되었다

식물이 빛을 받으면 물과 공기 속의 이산화탄소(CO_2)에서 당이 만들어지고 산소가 발생한다.[4] 멜빈 캘빈(Melvin Calvin, 1911~1997) 등은 방사성인 탄소-14(^{14}C)를 추적함으로써 이산화탄소에서 어떤 경로를 거쳐 당이 합성되는지를 밝혀냈다.

그들은 먼저 라벨링[5]을 하지 않은 이산화탄소를 제공해서 광합성

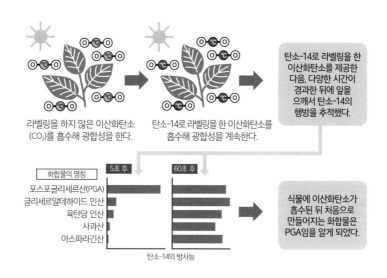

라벨링을 하지 않은 이산화탄소(CO_2)를 흡수해 광합성을 한다.

탄소-14로 라벨링을 한 이산화탄소를 흡수해 광합성을 계속한다.

탄소-14로 라벨링을 한 이산화탄소를 제공한 다음, 다양한 시간이 경과한 뒤에 잎을 으깨서 탄소-14의 행방을 추적했다.

화합물의 명칭

5초 후

60초 후

포스포글리세르산(PGA)
글리세르알데하이드 인산
육탄당 인산
사과산
아스파라긴산

탄소-14의 방사능

식물에 이산화탄소가 흡수된 뒤 처음으로 만들어지는 화합물은 PGA임을 알게 되었다.

4 광합성이라고 하며, 세포 속에 있는 엽록체라는 기관 속에서 일어난다.
5 방사성 핵종을 트레이서로서 사용할 경우는 화합물 속에 있는 안정적인 핵종을 방사성 핵종으로 치환하는데, 이것을 라벨링이라고 한다.

을 시켰다.[6] 그리고 다음에는 탄소-14로 라벨링을 한 이산화탄소를 제공하고 다양한 시간이 경과한 뒤에 탄소-14가 어떤 물질에 들어가 있는지를 조사했다. 그 결과, 반응 시간이 짧을수록 탄소-14가 포스포글리세르산(PGA)이라는 물질에 모여 있는 비율이 높았으며 시간이 흐르면 다른 물질에서도 탄소-14가 검출됨을 알게 되었다. 이산화탄소에서 당을 합성할 때 제일 먼저 포스포글리세르산이 만들어진다는 사실이 밝혀진 것이다.

유전 물질이 DNA임을 증명한 실험에서도 방사성 물질이 이용되었다

과거에 유전[7] 정보가 실려 있는 물질이 단백질인가 아니면 DNA인가를 놓고 논쟁이 벌어진 적이 있었는데, 이 논쟁에 종지부를 찍은 것은 방사성 물질을 트레이서로 사용한 실험이었다.[8]

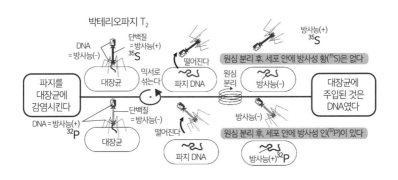

----

6   캘빈 등은 실험에 클로렐라(담수에 서식하는 단세포의 녹조류)를 사용했다.

7   머리카락이나 눈, 피부의 색 같은 성질이 부모에게서 자식에게로 전해지는 것을 유전이라고 한다.

8   실험의 재료는 세균에 기생하는 바이러스인 박테리오파지(파지)였다. 파지는 세균의 표면에 달라붙어 세균 속으로 들어가며, 그곳에서 증식한 뒤 세균에서 나온다.

이 실험에서는 먼저 파지의 DNA는 방사성 인(인-32), 파지의 껍질을 만드는 단백질은 방사성 황(황-35)으로 라벨링했다. 그런 다음 라벨링한 파지를 대장균에 감염시킨 뒤 믹서로 섞고 원심 분리를 통해 ① 파지가 감염된 대장균, ② 파지의 단백질 껍질로 분리시켰다. 그리고 이 둘을 조사한 결과, 인-32(32P)로 라벨링했을 경우는 ①에서만, 황-35(35S)로 라벨링했을 경우는 ②에서만 트레이서로 사용한 방사성 물질이 검출되었다.

또한 대장균에 파지를 감염시킨 직후에 단백질 껍질을 제거해도 대장균 속에서 파지가 계속 증식했으며, 그 파지에서는 인-32만 발견되고 황-35는 발견되지 않았다. 이렇게 해서 파지가 대장균에 주입한 것은 DNA이며, 유전 물질은 DNA임이 증명되었다.

점점 확대되고 있는 방사성 물질의 트레이서 이용

방사성 물질의 트레이서 이용은 생물학이나 화학 등의 기초과학 분야뿐만 아니라 의학과 농학, 수산학, 환경 과학, 공학 등의 응용과학 분야에서도 폭넓게 사용되고 있다.[9]

다음 그림은 벼에 방사성 카드뮴인 카드뮴-107(107Cd)을 흡수시킨 다음 그것이 어떻게 이동하는지를 조사한 결과다. 하얗게 빛나는 부분이 카드뮴이 있는 곳인데, 잎으로는 거의 이동하지 않았음을 알

---

9 "2-8 눈물 한 방울 속에 수천 개가 들어 있다? '삼중수소'"에서 소개한, 삼중수소를 통해 우물물의 움직임을 조사한 연구도 방사성 물질을 트레이서로 이용한 사례 중 하나다.

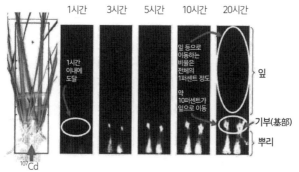

출처 : 구도 히사아키 『방사선 이용』 옴샤(2011)

어린 벼에서 나타나는 카드뮴의 흡수 · 이동

수 있다.[10]

　환경 속의 유해 오염 물질이 어떻게 이동하는지 연구하는 것은 식료의 안전성을 확보하기 위해 매우 중요한 일이다. 그중에서도 카드뮴은 이타이이타이병의 원인 물질이기에, 방사성 물질의 트레이서 이용을 통해 카드뮴이 쌀을 비롯한 농산물에 오염되는 것을 막기 위한 기술의 개발이 진행되고 있다.

---

10 뿌리에서 흡수된 카드뮴이 마디에서 도관(토양에서 흡수한 수용액이 상승하는 관)에서 사관(광합성으로 만든 당을 포함한 수용액이 이동하는 통로)으로 갈아탄 뒤 쌀에 도달한다는 사실 등이 방사성 카드뮴을 트레이서로 사용한 연구에서 밝혀졌다.

04

여주를 먹을 수 있는 것은 방사선 덕분?

방사선은 농업에서도 다양한 분야에서 이용되고 있다. 그중에서 해충의 근절과 품종 개량, 식품 보존에 이용한 사례를 소개하겠다.

과거에는 오키나와의 여주(고야)를 본토에 출하할 수 없었다

일본에서는 여름이 되면 점포에 진열된 오키나와산 여주(고야)를 흔히 볼 수 있다. 볶음 요리에 자주 사용되는 여주는 그 독특한 쓴맛으로 사랑받는 식재료인데, 사실 1993년까지는 오키나와에서 재배한 여주를 본토에 출하할 수 없었다. 여주에 오이과실파리[1]라는 작은 파리가 기생하고 있어서 식물 방역법이라는 법률에 따라 유통이 제한되었기 때문이다. 본토에 고야를 출하하려면 오키나와에서 오이과실파리를 한 마리도 남김없이 모조리 구제할 필요가 있었다.

해충을 구제하는 방법으로는 살충제 살포가 있다. 그러나 살충제를 대량으로 살포하면 환경을 오염시킬 뿐만 아니라 벌레가 감소함에 따라 효과가 저하되기 때문에 근절하기는 매우 어렵다. 그래서 방

---

1 오이과실파리의 유충(구더기)은 과실의 내부를 파먹으며, 파먹힌 과실은 아직 덜 익은 상태로 떨어져 버릴 때도 많다. 본래 오키나와에는 오이과실파리가 없었는데, 1919년에 이시가키 섬에서 발견되었다. 대만에서 온 것으로 생각되는 이 오이과실파리는 그 후 남서쪽 섬으로 북상했고, 1970년대에는 오키나와 본섬과 아마미 제도까지 확산되었다. 오이과실파리는 박과 식물뿐만 아니라 피망이나 토마토 등의 열매채소, 파파야, 망고 등 대부분의 열대 과실에 기생한다. 그래서 과거에는 오키나와의 망고도 본토에 출하할 수 없었다.

사선을 이용해 해충을 불임 상태로 만드는 방법이 사용되었다.

불임 수컷과 교미한 암컷이 낳은 알은 부화하지 않는다

불임충 방사법으로 불리는 이 방법은 다음과 같다. 먼저, 일주일 동안 수억 마리에 이르는 해충을 증식시키고 그 해충들에게 방사선을 조사함으로써 비정상적인[2] 정자를 만드는 불임 수컷을 만든다. 그런 다음 불임 수컷을 야외에 방사하면 야생의 암컷과 교미를 하는데, 정자가 비정상적이기 때문에 암컷이 낳은 알은 부화하지 못하고 죽어 버린다. 대량의 불임 수컷을 방사함으로써 야생 암컷의 대부분이 이 불임 수컷과 교미해 부화하지 못하는 알을 낳도록 만들고, 이것을 반복해 절멸시키는 방법인 것이다.

오키나와 본섬 서쪽에 있는 구메섬에서 근절 실험이 시작되어, 방

출처 : 이토 요시아키, 가키노하나 히로유키 『농약 없이 해충과 싸운다』
이와나미서점(1998)의 그림을 일부 수정

오이과실파리의 불임충 방사법

----

2 우성 치사 돌연변이라고 한다.

사성 핵종인 코발트-60으로부터 감마선을 조사하는 시설이 건설되었다. 그리고 번데기에 70시버트(Sv)의 방사선[3]을 조사했는데, 성충이 활기차게 날아다니기는 했지만 수컷은 불임 상태가 되었다. 이 불임 수컷을 구메섬에 방사한 결과 1976년 10월에는 피해를 입은 오이가 전혀 발견되지 않았으며, 이듬해 9월까지 약 15만 개를 검사했지만 오이과실파리가 단한 마리도 발견되지 않았다. 그 후 미야코 제도, 아마미 제도, 오키나와

제도에서도 오이과실파리가 점점 근절되었고, 1993년에 야에야마 제도를 마지막으로 일본에서 오이과실파리가 완전히 근절되었다.[4]

불임충 방사법은 소나 양에 기생하는 코

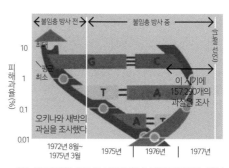

출처 : 이토 요시아키, 가키노하나 히로유키 「농약 없이 해충과 싸운다」, 이와나미서점(1998)의 그림을 일부 수정

구메섬의 오이과실파리 피해 조사

클리오미아 호미니보락스라는 파리를 미국 플로리다 반도에서 근절시킨 것을 계기로 전 세계에 확대되었다. 일본에서는 오가사와라 제도에서 귤과실파리를 근절시켰다.

---

3 인간이라면 100퍼센트가 사망하는 선량의 약 10배이지만, 파리는 불임이 될지언정 죽지는 않는다.

4 불임충 방사법의 실시 사례는 세계적으로 다수가 있으나 성공 사례는 많지 않아서, 구메 섬의 오이과실파리 근절은 세계적으로도 14년 만의 성공 사례였다. 오키나와 제도와 아마미 제도에서 오이과실파리가 근절되기까지는 21년이라는 세월과 약 170억 엔의 예산이 필요했으며, 누적 32만 명이 참가해 530억 마리의 불임충을 방사했다. 과학적인 방법과 면밀한 실시 계획, 많은 사람의 협력이 있었기에 성공할 수 있었던 것이다. 대만 등지에서의 재침입을 막기 위해 현재도 불임충 방사가 실시되고 있다.

방사선으로 식물의 품종을 개량한다

오랜 세월 동안 인류는 자연적으로 일어나는 돌연변이를 품종 개량에 이용해 왔다. 그런데 약 100년 전에 **방사선이 파리나 보리, 옥수수에 돌연변이를 일으킨다는 사실**이 발견되면서 방사선을 이용해 식물의 품종 개량을 실시하게 되었다. 지금까지 감마선이나 엑스선을 사용해서 개량한 품종은 3,000개가 넘는다.

출처 : 농업생물자원연구소(農業生物資源研究所) 홈페이지

감마 필드의 전경(왼쪽)과 감마선 조사 장치(오른쪽)

출처 : 방사선육종소(放射線育種所) 홈페이지

방사선 육종으로 만든 다양한 색의 국화

일본의 경우 이바라키현 히타치오미야시에 지름 100미터(m) 정도의 밭[5]이 있는데, 이곳의 중심에 있는 코발트-60에서 방출되는 감마선을 통해 품종 개량이 실시되고 있다. 지금까지 병에 강한 일본 배나 보리, 잘 쓰러지지 않는 벼, 다양한 색의 국화 등이 만들어졌다.

---

5 감마 필드라고 한다.

감자에 싹이 나지 않도록 해서 장기 보존이 가능하게 만든다

감자 싹에는 솔라닌과 차코닌이라는 천연 독소가 들어 있어서 먹으면 구역질이나 설사, 복통, 어지럼증 등의 증상을 일으킨다. 그런데 싹의 근원이 되는 부분은 다른 부분보다 방사선 감수성이 높기 때문에 수확한 뒤에 방사선을 조사하면 발아를 방지할 수 있다.[6]

홋카이도의 시호로 정 농협에는 감자 전용 코발트-60 조사 시설이 있어서, 8~10월에 수확한 감자를 싹이 나지 않도록 처리해 규슈산 햇감자가 출하되는 3~4월이 되기까지 단경기[7]에 출하하고 있다. 2006년산부터는 **점포에서 감자를 담아 파는 봉투**에 '발아 억제 감자' 등의 **표시를 해서 판매하고 있다.**[8]

발아를 억제하기 위한 방사선 조사 작업은 약 5톤의 감자를 담은 수확용 컨테이너를 선원으로부터 5미터의 거리에서 천천히 돌리거나 반전시키면서 실시되며, 출하하기 전까지 컨테이너에서 감자를 꺼내거나 새로 집어넣지 않은 채로 보존한다.

---

6 발아 억제라고 하며, 감자의 경우 60~170시버트의 감마선을 조사하면 어린 싹의 세포가 죽어서 싹이 나지 않게 된다. 감자의 다른 부분은 죽지 않는다.

7 농산물의 공급량이 수요량보다 훨씬 적어지는 시기_옮긴이

8 방사선 조사 식품의 안전성에 관해서는 수많은 연구가 실시되었는데, ① 동물 실험에서는 급성 독성, 만성 독성, 발암성, 최기형성 등이 발견되지 않았다, ② 식품 조사에 사용하는 방사선에 식품 속의 물질이 방사화되어 방사능을 지니게 되는 일은 없다는 결론이 나왔다.

05

우주 탐사선의 전원(電源)은 방사성 물질?

태양으로부터 멀리 떨어진 우주 공간을 탐사하는 탐사선은 방사성 물질을 이용한 전지를 에너지 원으로 사용한다. 또한 밤이 찾아온 달처럼 추위가 극심한 곳에서는 방사성 물질을 열원으로 사용하기도 한다.

목성이나 토성 등의 행성이나 그 위성 등을 탐사하려면 에너지원이 필요하다. 인공위성, 탐사선, 우주정거장 등의 대부분은 태양 전지를 사용하고 있지만, 태양으로부터 멀리 떨어진 곳에서는 태양 전지를 사용할 수가 없기 때문에 방사성 물질을 에너지원으로 사용한다.

방사성 물질에서 나오는 열을 이용하는 원자력 전지

원자력 전지는 열전반도체를 사용해 방사성 물질의 붕괴로 발생하는 열에너지를 전기로 바꾼다.[1] 원자력 전지의 열원으로는 플루토늄-238[2]의 산화물이 많이 사용되는데, 이것을 금속 용기에 가두면 표면 온도가 섭씨 약 500도에 이른다. 이 고온으로 한쪽을 데우고 다른 한쪽을 외부의 저온에 노출시키면 양쪽 사이에 온도차가 발생

---

1 전기를 잘 통과시키는 도체와 통과시키지 않는 절연체의 중간적인 전도성을 지닌 물질을 반도체라고 하며, 온도차를 이용해 전기를 만드는 반도체를 열전반도체라고 한다. 원자력 전지는 원자력 발전과 달리 제어가 필요하지 않다.

2 알파선을 방출하고, 차폐가 용이하며, 반감기가 87.74년으로 긴 까닭에 수명이 긴 소형 원자력 전지를 만들 수 있다. 인공 심장 박동기(페이스메이커)에도 사용되었다.

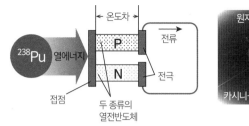

원자력 전지의 원리(왼쪽)와 토성 탐사선 카시니-하위헌스(오른쪽)

하며, 열전반도체는 이 온도차를 기전력(起電力)으로 사용한다.[3]

1997년 가을에 발사되어 2004년 여름에 토성에 도달한 탐사선 카시니-하위헌스에는 원자력 전지 3개가 탑재되었다.[4] 2004년에 화성에 착륙한 로봇 탐사기 큐리오시티도 원자력 전지를 동력으로 삼아 흙과 암석을 채취하는 등의 활동을 펼쳤다.

방사성 물질이 내는 열을 우주 탐사선의 보온에 사용한다

달의 1일은 지구의 1개월 정도로, 밤이 350시간 이상 계속된다.[5] 그리고 밤이 되면 달 표면의 온도가 섭씨 −160도 이하로 떨어지기 때문에 탐사선을 보온할 필요성이 있다. 그런데 전지를 사용해서 히터

---

3 반도체나 금속에서 공통적으로 보이는 현상으로, 제벡 효과라고 한다. 열전반도체에는 차가운 면이 양극이 되는 p형과 음극이 되는 n형이 있다.

4 1964년의 사고(원자력 전지가 소실되어 플루토늄−238이 대기에 방출되었다) 이후, 발사에 실패하더라도 소실되지 않고 지상에서 회수할 수 있도록 설계가 수정되었다.

5 달과 지구의 1일은 어떤 지점이 태양을 향한 시각부터 한 바퀴 자전해 다음에 태양을 향하기까지의 시간을 의미한다. 달의 1일은 지구의 29.5일이다.

를 틀려고 하면 무게가 가벼운 리튬이온 전지라 해도 100와트의 열을 발생시키는 데 300킬로그램 이상이 필요하다.

그래서 방사성 물질에서 나오는 붕괴열을 보온용 열원으로 사용한다. 그 시작은 구소련이 1970년에 발사한 루나 17호로, 폴로늄-210을 이용한 열원이 탑재된 월면차 루노호트는 루나 17호에 실려서 달에 착륙한 뒤 10개월에 걸쳐 정상적으로 작동했다.

미국도 플루토늄-238의 산화물을 보온용 열원으로 종종 사용했으며, 화성 표면의 탐사 등에 이용했다.

06 방사선을 사용하면 물건을 부수지 않고도 속을 들여다볼 수 있다?

물건을 뚫고 지나가는 방사선 성질을 이용하면 물건을 부수지 않고도 내부를 조사할 수 있다. 또한 방사선의 종류와 사용법을 바꿈으로써 이전에는 볼 수 없었던 것도 들여다볼 수 있게 되었다.

물질을 뚫고 지나간다는 방사선의 성질을 이용한 비파괴 검사

여러분은 수박을 똑똑 하고 두드려서 속이 잘 익었는지 알아본 적이 있는가? 이처럼 물건을 자르거나 부수지 않고 내부의 상태를 검사하는 것을 비파괴 검사라고 한다.[1] 가령 예전에는 나무통을 주먹으로 두드려서 그 속에 포도주 등의 액체가 얼마나 남아 있는지 추정했으며, 병원에서 사용되는 청진기는 여기에서 힌트를 얻어서 탄생했다. 그리고 19세기에 엑스선이 발견된 뒤로는 이런 인간의 오감에 의지하지 않고 물리적인 방법으로 내부의 상태를 조사할 수 있게 되었다.

방사선은 물질을 뚫고 지나갈 수 있으며 내부를 지나가는 동안 에너지를 잃는 성질이 있다. 비파괴 검사는 바로 이 성질을 이용하는데, 토목·건축 구조물의 손상이나 균열 검사 등 다양한 분야에서 실시된다. 비파괴 검사는 우리가 안심하고 살기 위해 꼭 필요하며, 검사하는 대상에 맞춰 엑스선이나

---

[1] 엑스선 촬영이나 CT 등의 검사도 비파괴 검사이지만, 검사 대상을 물건으로 취급하는 듯한 느낌을 주기 때문에 의료 분야에서는 비파괴 검사라는 용어를 사용하지 않는다.

감마선, 중성자선 등의 방사선을 사용한다.

구조물을 안전하게 사용할 수 있을지 조사한다

비파괴 검사의 목적은 구조물에 손상이나 결함이 있는지, 어떤 상태인지 검사함으로써 안전하게 사용할 수 있을지 판단하는 것이다. 엑스선과 감마선은 금속을 투과해 내부의 손상이나 결함을 검출하는 능력이 뛰어나기 때문에 강철로 만든 판이나 관 용접부의 안전성을 검사할 때 사용된다.

하단의 왼쪽 그림처럼 조사하고자 하는 물건(시험체) 아래에 필름을 놓고 위에서 엑스선을 조사하면 손상이나 결함이 있을 경우 투과하는 양이 변하며, 이 때문에 현상했을 때 주위와 색의 진하기가 달라진다. 용접을 했을 때 발생한 가스가 기포의 형태로 남아 있거나, 용접이 불충분했거나, 제련[2] 과정에서 생긴 광석의 찌꺼기가 남아 있

엑스선 투과법의 원리

출처 : http://technos-mihara.co.jp/work/kind/radiation/post_3.html

방사선을 사용한 선체 구조재의 비파괴 검사

---

2 광석에서 금속을 뽑아내는 것

으면 특징적인 상(像)[3]이 나타나므로 금방 알 수 있다. 오른쪽 사진은 시험체에 엑스선 발생 장치를 부착한 부분이다. 이렇게 해서 촬영한 필름의 상을 통해 구조물을 안전하게 사용할 수 있을지 판단한다.

수하물 검사에서 금속이 아닌 위험물을 찾아낸다

공항 등의 수하물 또는 화물 검사에서는 본래 가방이나 수트케이스 등에 엑스선을 조사해 금속제 위험물(날붙이, 총기, 폭약 등)이 없는지 검사했다. 그런데 최근에는 수지(樹脂) 등으로 만들어 엑스선 투과로 는 검출할 수 없는 위험물도 늘어났다(그림의 왼쪽).

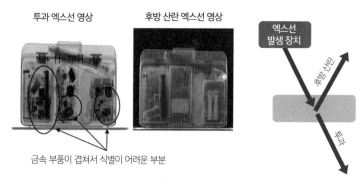

투과 엑스선 영상　　　후방 산란 엑스선 영상　　　엑스선 발생 장치

금속 부품이 겹쳐서 식별이 어려운 부분

출처(왼쪽, 가운데) : 마쓰다 아쓰시, J.Vac.Soc.Jpn., Vol.54, pp.13-20(2011)

수화물의 엑스선 검사

3 　기포가 남아 있으면 둥그스름한 검은 상, 용접할 때 용입이 부족했다면 개선(용접할 재료에 만드는 홈)의 일부가 남아 있는 검은 선 모양의 상, 광물의 찌꺼기(슬러그)가 제대로 제거되지 않았으면 삼각형 상 등, 손상이나 결함에 대응하는 특징적인 상이 생긴다.

그래서 사용되기 시작한 것이 후방 산란[4]을 이용한 검사 장치다(그림의 오른쪽). 수지 등 원자 번호가 작은 재료는 후방 산란이 많다는 특성을 이용해 수지로 만든 위험물도 검출할 수 있도록 만든 것이다(그림의 가운데).

고대 문화재의 내부를 들여다볼 때도 활약한다

오랜 세월을 거친 문화재는 부서지기 쉬운 것이 많기 때문에 내부의 상태를 조사할 때도 접촉을 삼갈 필요가 있다. 다음 사진은 헤이안 시대 (794~1185년)에 불교 경전을 넣어서 묻었던 통으로, 효고현에서 출토되었다. 부식이 진행되어 있었지만, 흔들어 보니 소리가 들렸다.

출처 : 마쓰바야시 마사히토·마스자와 후미타케, 〈RADIOISOTOPES〉, Vol.55, pp.763-775(2007)

이치조지 절의 경총(經塚)에서 출토된 경통(經筒)

엑스선을 조사했을 때는 종이나 천 등의 내용물이 보이지 않았는데(오른쪽), 중성자를 조사한 결과 바닥에 열화된 경권(經卷)[5]이 있고 그 위에 구부러진 덩어리 형태의 경권이 있음이 밝혀졌다(가운데).[6]

---

4 엑스선(감마선)을 물질에 조사하면 투과하는 방향과는 반대로 튀는 것이 있는데, 이것을 후방 산란이라고 한다. 엑스선이 원자에 충돌해 콤프턴 효과로 진행 방향이 휘어짐에 따라 발생한다(콤프턴 효과는 "3-13 내부 피폭은 외부 피폭보다 위험할까?"를 참조하기 바란다).

5 경문을 적은 두루마리

6 엑스선은 금속에 많이 흡수되지만 종이나 천을 구성하는 수소, 탄소, 산소 등에는 그다지 흡수되지 않는다. 한편 중성자는 금속에 그다지 흡수되지 않는 대신 수소, 탄소, 산소 등에 잘 흡수된다.

화산의 내부도 방사선을 사용해서 들여다볼 수 있다

지구에 날아오는 우주방사선이 대기(질소나 산소)에 충돌하면 뮤 입자(뮤온)라는 소립자가 대량으로 발생한다. 이것도 방사선의 일종으로, 수 킬로미터 두께의 암반조차 뚫고 지나가는 강력한 투과력을 지닌다. 다만 화산처럼 거대한 물체를 지나갈 경우는 뮤 입자라 해도 통과하는 수가 줄어드는데, 이 점을 이용해 병원에서 엑스선 촬영을 하듯이 화산의 내부를 조사할 수 있다.[7] 이 방법은 후쿠시마 제1원자력 발전소의 원자로 내부를 조사할 때도 사용되었다.

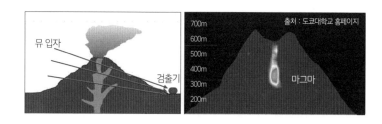

**뮤 입자를 이용한 화산 내부 투시의 원리(왼쪽)와
사쓰마이오섬의 화산 내부를 촬영한 이미지(오른쪽)**

---

7 뮤 입자로 화산의 내부 등을 조사하는 방법을 뮤오그래피라고 한다.

07

방사선으로 측정할 수 있는 것에는 또 무엇이 있을까?

방사선의 성질을 이용하면 밀폐된 탱크의 액면 높이, 강판이나 종이의 두께, 흙 등의 밀도, 코크스의 수분 함량 등을 측정할 수 있다. 이런 것을 방사선 응용 계측이라고 한다.

방사선이 물질을 투과하거나 산란되는 성질을 이용하면 용기 내부의 액면 높이나 물건의 두께, 밀도, 수분 함량 등을 측정할 수 있다. 이런 것을 방사선 응용 계측이라고 하는데, ① 측정하는 물체를 부수지 않고, ② 접촉하지 않으면서, ③ 실시간으로, ④ 온도 등의 영향을 거의 받지 않고 측정할 수 있다는 등의 이점이 있다.

밀폐된 탱크 등의 액면 높이를 측정할 수 있다

밀폐된 탱크나 고온고압의 용기 등 내부를 들여다볼 수 없는 용기에 들어 있는 액체 등[1]의 액면 높이도 외부에서 감마선을 조사해 알아낼 수 있다. 다음 페이지 그림처럼 선원과 검출기를 여러 가지 방법으로 배치해서 측정한다.

가장 단순한 방법은 (a)로, 방사선원과 검출기를 일정 높이에 배치한다. 액면이 두 장치를 연결하는 직선보다 높아지면 액체가 감마선

---

1 액체 외에 분립체의 높이도 측정할 수 있다. 분립체는 밀가루나 모래, 시멘트 등 가루나 알갱이가 모인 것을 뜻한다.

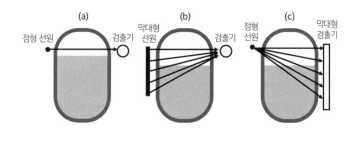

방사선식 액면계

을 가로막아 검출량이 급격히 감소하므로 일정 높이에 도달했음을 알 수 있다. 검출기에서 나오는 전기 신호를 공정 제어실에 보냄으로써 내용량을 관리할 수 있다.[2]

(b)는 선원을 위아래로 길게 만들고, (c)는 검출기를 위아래로 길게 만들었다. 탱크 안의 액면이 낮아지면 감마선이 흡수되는 비율이 점차 감소함에 따라 검출기에 도달하는 감마선량이 증가한다. 이를 통해 탱크 안의 액면 변화를 연속적으로 알 수 있다. 방사선원에서 나오는 방사선량을 최대한 낮추기 위해 (c)를 사용하는 경우가 많다.

빨갛게 달군 철판이나 종이 등의 두께를 측정한다

방사선이 물질을 투과하는 성질을 이용해서 물체의 두께를 측정할 수 있다. 이

---

2 이와 같이 액면을 측정해 그 정보를 공정 제어실에 보내고 그 데이터를 이를테면 '캔에 주스를 넣는다' 같은 조작에 반영하는 것(결과를 원인 쪽에 되돌리는 것)을 피드백이라고 한다. 다음 페이지에 나오는 제지 공업에서 종이의 평량을 베타선 후도계로 측정하고 그 데이터에 입각해 초지기를 자동 제어하는 것도 피드백이다. 방사선 측정은 데이터를 실시간으로 얻을 수 있어서 피드백에 적합하다.

것을 후도계라고 하는데, 투과력이 강한 감마선을 사용하는 것과 투과력이 약한 베타선을 사용하는 것이 있다.

감마선은 상당히 두꺼운 금속을 통과하며, 물질의 두께나 밀도가 클수록 투과되는 감마선이 감소한다. 제철소에서는 압연 공정[3]을 통해 다양한 두께의 철판

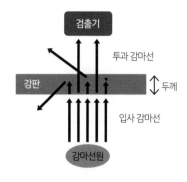

강판의 두께를 측정하는 원리

을 만들고 있는데, 컨베이어 위를 이동하는 뜨거운 강판의 두께를 측정할 때 감마선 후도계를 사용한다.[4]

한편 베타선은 종이나 얇은 플라스틱 막 등 얇은 물체의 두께를 측정하는 후도계에 사용된다. 제지 공업에서는 초지기(종이를 제조하는 기계)에서 갓 만들어진 종이의 평량[5]을 베타선 후도계로 측정하고 그 데이터에 입각해 초지기를 자동 제어한다.

감마선 후도계는 설량계로도 사용되었다. 적설량을 측정할 필요가 있는 장소 중에는 산악 지대가 많은데, 가혹한 기상 조건에서 6개월 정도 무인으로 연속 측정을 하는 데 적합했기 때문이다.

---

3 전로(轉爐)에서 녹인 강철이 거푸집에 들어가서 식어 굳으면 긴 띠가 되며, 이것을 자르면 양갱 같은 모양의 슬래브가 된다. 그리고 압연기에서 가열된 슬래브를 늘여 다양한 두께의 강판으로 만든다.

4 공정에 맞춰 두꺼운 강판에는 에너지가 큰 세슘-137의 감마선을, 얇아진 강판에는 에너지가 작은 아메리슘-241의 감마선을 사용한다.

5 단위 면적당 질량(단위는 1제곱미터당 그램)을 평량이라고 한다.

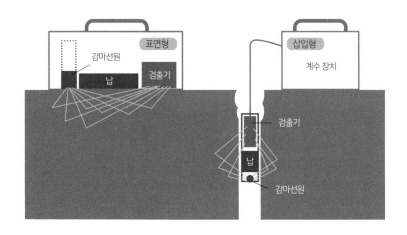

표면형 밀도계(왼쪽)와 삽입형 밀도계(오른쪽)

흙 등의 밀도를 측정한다

감마선이 물질에 의해 산란되는 성질을 이용해 토양 등의 밀도를 측정하는 장치를 밀도계라고 하며, 토목과 건축, 지하자원 탐사 등의 분야에서 사용되고 있다. 표면형은 지표면에 가까운 곳을 측정하고(왼쪽), 삽입형은 지표면으로부터 멀리 떨어진 깊은 곳을 측정한다(오른쪽).

두 유형 모두 측정할 토양 등에 의해 산란된 감마선의 강도를 측정한 다음 미리 준비해 놓은 표준 시료의 산란량과 비교하는 방법으로 밀도를 구한다.

제철소에서 코크스에 들어 있는 수분의 양을 측정한다

중성자선은 원자핵과 충돌해 점차 에너지를 잃어 가는데, 수소의 감속 능력은 다른 원자에 비해 훨씬 크다는 사실이 알려져 있다. 수분계는 바로 이 점을 이용한다.

제철소에서 용광로[6]의 상태를 안정시키려면 코크스에 들어 있는 수분의 양을 신속하고 정확하게 측정할 필요가 있다. 그래서 호퍼로부터 낙하하는 코크스의 양쪽에 중성자선원[7]과 검출기를 배치한 뒤 선원에서 나와 코크스를 투과하는 중성자를 검출함으로써 높은 정확도로 수분 함량을 측정하고 있다.

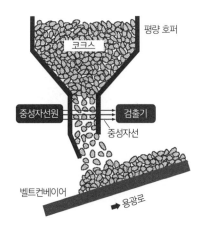

코크스용 수분계

　수분계는 고속도로나 댐 공사에서 흙의 다짐도를 계측해 관리하는 데도 사용되고 있다.

6　용광로에 철광석과 코크스를 교대로 집어넣고 아래에서 열풍을 불어 넣어 고온의 가스를 발생시킴으로써 선철을 만든다. 참고로 코크스는 석탄을 고온에 말려서 황이나 암모니아 등의 휘발 성분을 날려버린 것으로, 단위 질량당 발열량이 석탄보다 높다.

7　인공 방사성 핵종인 캘리포늄-252가 사용된다. 캘리포늄은 1950년에 캘리포니아대학교에서 발견된 원소다.

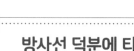

08 방사선 덕분에 타이어가 튼튼해지고 가공하기 쉬워졌다?

고분자 화합물에 방사선을 조사하면 마치 접붙이기처럼 다른 화합물이 결합하거나 다리가 놓인 결과 성질이 변화한다. 우리 주변에 있는 물건 중에는 이런 특성을 이용해 만들어진 것이 많다.

방사선을 사용해 고분자 화합물을 가공할 수 있다

플라스틱이나 고무, 나일론 등의 합성 섬유는 작은 분자가 잔뜩 나열되어 있으며, 이것을 고분자 화합물이라고 한다. 고분자 화합물은 부드럽고 강하며 다양한 형태를 만들 수 있다는 등의 성질이 있는데,

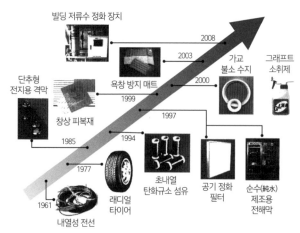

출처 : 구도 히사아키 『방사선 이용』 옴사(2011)

방사선을 이용한 고분자 가공 기술

방사선을 사용하면 고분자 화합물에 여러 가지 기능을 추가하고 더욱 사용하기

좋게 만들 수 있다. 왼쪽 페이지 하단 그림은 방사선을 사용한 고분자

가공 기술이다. 1960년대에 폴리에틸렌 등에 방사선을 조사한 내열

전선이 실용화된 것을 계기로, 래디얼 타이어를 가공하기 쉽게 만들

고 상처나 화상을 덮는 피복재를 만드는 등 다양한 분야에서 방사선

가공이 응용되고 있다.

　　방사선을 이용한 고분자 화합물 가공 방법은 세 가지로, ① 그래프트 중합, ②

가교, ③ 분해가 있다.

접붙이기를 하듯이 새로운 기능을 추가하는 그래프트 중합

그래프트는 '접붙이기' 혹은 '접가지'라는 의미다. 방사선 그래프트 중

합은 플라스틱이나 섬유 등의 고분자 재료에 방사선을 조사해서 다른 고분자 화

합물을 접붙이기하듯이 추가한다.

　　고분자 재료에 방사선을 조사하면 화학 결합이 절단되어 라디칼[1]

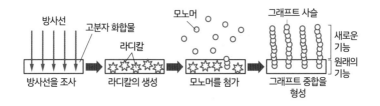

방사선을 이용한 그래프트 중합의 형성

1　라디칼에 관해서는 "3-8 방사선 장해는 어떻게 일어날까?"를 참조하기 바란다.

이 만들어지는데, 여기에 다른 고분자 화합물의 재료가 되는 모노머(단위체)[2]를 첨가하면 줄기의 고분자에서 가지가 나듯이 중합[3]이 일어나 고분자의 사슬이 뻗어 나간다. 이 방법은 약제를 스며들게 하거나 코팅을 하는 방법과 달리 기본적으로 접가지가 튼튼하게 결합하기 때문에 온도나 압력 등에 대해 안정적이다.

방사선 그래프트 중합은 반도체를 제조하는 클린룸(청정실)에서 공기 속의 미립자를 제거하는 필터, 구강 세척제의 성분을 천에 그래프트한 항균성 재료, 순수(純水)에서 극미량의 금속을 제거해 초순수(超純水)를 만드는 필터, 천에 양의 전하를 띠는 물질을 그래프트한 꽃가루 알레르기용 마스크[4] 등을 만들어냈다.

반응 개시제[5]나 자외선 등으로도 그래프트 중합이 가능하지만, 방사선을 사용하는 방법에는 ① 방사선은 물질에 대한 투과성이 높아서 기재(基材)의 내부까지 그래프트 사슬을 넣을 수 있다, ② 개시제 등이 혼입되지 않는다, ③ 어떤 형태의 기재에나 사용이 가능하다는 특징이 있다.

방사선을 조사하면 고분자 화합물에 다리가 놓인다

방사선을 고분자 화합물에 조사해 라디칼을 만든 뒤에 다른 화합물을 첨가하면 고분자의 사슬 사이에 다리가 놓인 듯한 구조가 만들어지는 경우도 있다. 이를 가교라고 하며, 3차원의 그물눈 구조가 만들어져 고분자 화합물의 성질이 크게 변화한다.

가교 반응으로 내열성이 높아지기 때문에 전선이나 케이블의 피복재, 발포 플라스틱, 래디얼 타이어 등에 폭넓게 이용되고 있다. 래디얼 타이어를 가공할 때 방사선을 조사하면 고무에 가교 반응이 일어나 강도가 증가하고, 가공이 용이해져 사용하는 고무의 양도 줄어들며, 공기 빠짐도 방지되는 등 품질이 향상된다. 폴리비닐알코올[6]을 물에 녹여서 방사선을 조사하면 가교 반응이 일어나 흡수성이 좋은 겔이 만들어진다. 이 겔은 투명하고 수분을 잘 유지하기 때문에 찰과상이나 화상을 습한 상태에서 치료하는 창상 피복재로 사용된다.

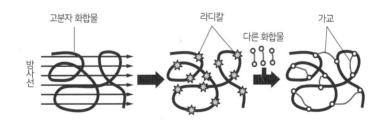

방사선을 이용한 고분자 화합물의 가교

---

6 폴리비닐알코올은 '$-CH_2CH(OH)-$'가 길게 이어진 합성수지로, 합성수지 중에서는 보기 드물게 따뜻한 물에 녹는 성질을 지니고 있다.

방사선을 사용해 고분자 화합물을 작은 파편으로 분해한다

방사선의 조사로 만들어진 라디칼에 고분자 화합물의 사슬이 끊어져서 작은 파편으로 분해되는 경우도 있다. 이 분해 반응을 통해서도 고분자 화합물의 성질이 크게 변화한다.

불소 수지 가공 프라이팬 등에 사용되는 테플론은 가열 성형이 불가능하기 때문에[7] 가공할 때 나오는 절삭 부스러기나 사용 후의 제품을 산업 폐기물로 처리해 왔다. 그런데 테플론은 방사선을 조사하면 간단히 분해되며, 작은 파편이 된 뒤에도 훌륭한 윤활성 등은 그대로 남아 있다. 그래서 현재는 이 점을 이용해 잉크, 도료 등의 윤활제나 합성수지의 마모를 크게 감소시키는 첨가제로 사용되고 있다.

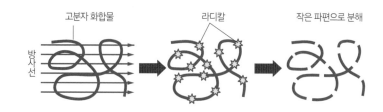

방사선을 이용한 고분자 화합물의 분해

---

7 통상적인 고분자 화합물은 온도를 높이면 유동성을 지니게 되어서 가열 성형이 가능하지만, 테플론은 그렇게 되지 않기 때문에 가열 성형이 불가능하다. 그래서 테플론 제품은 금속처럼 가열해서 굳힌 다음 깎아서 가공한다.

09

방사선으로 대기 오염 물질을 분해할 수 있다?

화력 발전소에서 나오는 황산화물과 질소 산화물은 산성비의 원인이 된다. 발전소에서 나오는 연기에 방사선을 조사해 암모니아를 첨가하면 대기 오염 물질을 비료로 바꿔 이용할 수 있다.

화력 발전소나 공장에서 나오는 연기 또는 배기가스에 방사선을 조사하면 환경오염 물질을 분해하거나 제거가 용이한 물질로 바꿀 수 있다.

화력 발전소에서 나오는 대기 오염 물질을 비료로 바꾼다

화력 발전소에서 나오는 연기(배연)에는 황산화물이나 질소 산화물이 들어 있다. 이 산화물들은 대기 속에서 햇빛을 받아 황산과 질산으로 변화하며, 비나 안개에 녹아 산성비가 되어서 지상으로 내려온다. 일본에서는 1970년대부터 산성비의 피해가 발견되기 시작되어 황산화물과 질소 산화물에 대한 대책이 필요해졌다.

화력 발전소에서 나오는 연기에 방사선[1]을 조사하면 대기 속의 산소나 물에서 라디칼 또는 활성 산소[2]가 생겨나고 이것이 황산화물과 질소 산화물을 산화시켜 황산과 질산이 만들어진다. 이런 화학 반응은 대기 속에서도 일어나

---

1   전자를 가속한 전자선을 조사한다.
2   라디칼과 활성 산소에 관해서는 "3-8 방사선 장해는 어떻게 일어날까?"를 참조하기 바란다.

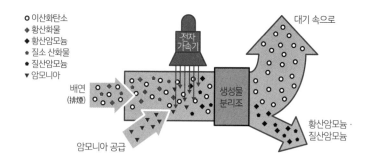

화력 발전소의 배연에서 황산화물 · 질소 산화물을 제거하는 방법

고 있는데, 방사선을 조사함으로써 반응을 효율적으로 진행시키는 것이다. 그리고 여기에 암모니아를 첨가하면 황산과 질산은 각각 황산암모늄과 질산암모늄으로 변화한다.

황산암모늄과 질산암모늄은 유용한 비료이기에 분말 형태의 황산암모늄과 질산암모늄을 분리시켜 회수하면 대기 오염 물질을 분해할 뿐만 아니라 그 부산물을 이용할 수 있게 된다. 이 기술은 이미 실용화되었으며, 중국과 폴란드 등이 배연 처리 시설을 가동하고 있다.

다이옥신이나 유해 휘발성 화합물을 분해할 수 있다

쓰레기를 소각할 때 등에 발생하는 다이옥신류는 독성이 매우 강하며 자연 환경에서는 거의 분해되지 않는다는 사실이 알려져 있다. 그런데 소각로에서 나오는 연기에 방사선을 조사하면 미량일 경우도 효율적으로 분해가 가능하며, 해로운 분해 생성물도 발생하지 않는다.

제조 공장 등의 도장 작업이나 세정 작업으로 발생하는 배출 가스는 휘발성 유기 화합물(VOC)이 들어 있어서 발암이나 신경 장애를 유발할 위험성이 있다. 그런데 휘발성 유기 화합물이 들어 있는 배출 가스에 방사선을 조사하면 무해하거나 독성이 적은 물질로 분해할 수 있다.

이러한 방법들은 유해 물질을 포집(捕集) · 제거하는 것이 아니라 분해 · 저독 성화하는 까닭에 환경 속에 존재하는 양 자체를 줄일 수 있다.

제 5 장

원자력 발전의 원리와

후쿠시마 제1원자력

발전소 사고

01

원자력 발전은 어떻게 전기를 만드는 걸까?

발전소에서는 여러 가지 에너지를 사용해 발전소의 자석을 빙글빙글 돌림으로써 전기를 만들어
내고 있다. 원자력 발전소는 핵분열의 에너지로 물을 끓여서 수증기의 기세로 발전기를 돌린다.

일본에 사는 사람들이 방사선이나 방사능이라는 말을 들었을 때 제
일 먼저 생각하는 것은 원자력 발전이 아닐까 싶다. 2011년에 후쿠시
마 제1원자력 발전소 사고로 대량의 방사성 물질이 누출되었기 때문
에 일본에 사는 사람은 방사선이나 방사능을 의식하지 않고서는 살
아가기가 어려워졌다. 또한 앞으로 원자력 발전을 어떻게 해야 할지
에 관해서도 생각할 필요가 있다.

이 장에서는 먼저 원자력 발전이 어떤 것인지 설명한다. 그리고 후
쿠시마 제1원자력 발전소에서 어떤 사고가 일어났는지, 그 사고로 어
떤 피해가 발생했으며 현재는 어떤 상황인지 등에 대해서도 이야기
할 것이다.

도선을 감은 코일 사이에서 자석을 돌리면 전기가 흐른다

그런데 전기는 어떻게 만들어지는 것일까? 페달을 저으면 불이 들어
오는 자전거의 전조등을 예로 들어서 설명하겠다.

자전거 타이어 옆에 있는 발전기 속에는 도선을 칭칭 감은 코일과

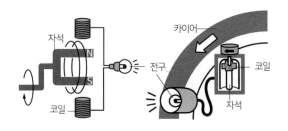

자석이 들어 있다. 타이어의 회전이 발전기에 전달되면 왼쪽 그림처럼 자석의 N극과 S극이 코일에 가까워졌다 멀어지기를 반복하는데, 이것만으로도 코일에 전류가 흐른다.[1] 자전거의 페달을 빠르게 저으면 전조등의 불빛이 밝아지는데, 이것은 자석이 가까워졌다 멀어지는 속도가 빨라져서 코일에 흐르는 전류가 강해지기 때문이다. 자석을 강한 것으로 바꾸거나 코일을 감은 횟수를 늘려도 전류가 강해진다.

발전소에서는 여러 가지 에너지를 사용해서 발전기를 돌린다

자전거의 경우는 타이어의 회전을 전달해서 발전기를 돌리지만, 발전소에서는 여러 가지 에너지를 사용해서 발전기를 돌린다. 수력 발전은 높은 곳에서 물이 떨어지는 힘[2]으로 수차(터빈)를 돌려 발전기 속의 자석을 빙글빙글 돌린다. 화력 발전은 석탄이나 석유 등을 태워서 물을 끓이고, 이를 통해서 생겨난 수증기의 기세로 터빈을 돌려 발전기 속의 자석을 회전시킨다.

---

1 전자기 유도라고 한다.
2 위치 에너지라고 한다.

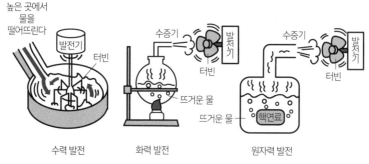

높은 곳에서
물을
떨어뜨린다

발전기

터빈

수력 발전

수증기

발전기

터빈

뜨거운 물

화력 발전

수증기

발전기

터빈

핵연료

뜨거운 물

원자력 발전

출처 : 다테노 준 「방사능에 관해 알 수 있는 책」 스킨출판(2003)

어떻게 전기를 만들어낼까?

원자력 발전은 원자핵이 붕괴될 때[3] 내는 열로 물을 끓이고, 이를 통해서 생겨난 수증기의 기세로 터빈을 돌려 발전기 속의 자석을 회전시킨다. 화력 발전과 매우 유사한데, 그도 그럴 것이 원자력 잠수함에서 사용된 원자로를 육지로 가져와 화력 발전과 합체시켜 만든 것이 바로 원자력 발전이다.

우라늄-235 1그램에서 나오는 에너지는 석탄 3톤 분량

물을 끓여서 전기를 만든다는 점은 원자력 발전도 화력 발전도 똑같다. 그러나 연료에서 나오는 에너지의 크기는 차원이 다르다. 원자력 발전은 우라늄이 핵분열을 일으킬 때 나오는 핵에너지를 이용하고 화력 발전은 석탄이나 석유에 들어 있는 탄소 등이 연소되면서 나오는 화학 에너지를 이용하는데, 1회의 반응으로 나오는 에너지를 비교하면

---

3 핵분열. 자세한 내용은 "1-4 '방사능'이란 무엇일까?"를 참조하기 바란다.

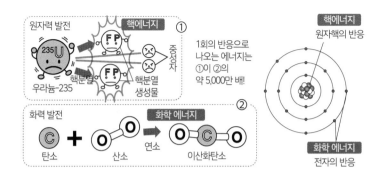

핵분열이 연소보다 수천만 배나 크다.[4]

우라늄-235 1그램을 핵분열해서 나오는 에너지는 석유 2,000리터 혹은 석탄 3톤을 연소시켰을 때 나오는 에너지와 맞먹는다. 1그램은 1엔 동전의 중량, 2,000리터는 욕조 10개 분량의 용량, 3톤은 코끼리 한 마리의 중량이다. 이렇게 생각하면 핵분열 에너지가 얼마나 큰지 이해가 될 것이다.

참고로, 우라늄-235 1그램의 핵분열 에너지는 화약 20톤을 폭발시켰을 때의 에너지와 맞먹는다. 이것이 원자폭탄으로, 핵분열 에너지를 이용한 첫 사례는 원자폭탄이었다.

핵분열이 잘 일어나는 우라늄-235를 농축한다

핵분열을 이용할 때 우라늄을 자주 사용하는 이유는 자연에 존재하

----

4 원자핵이 분열되면 핵분열 생성물과 중성자가 만들어지는데, 이것들을 합친 질량은 본래의 원자핵 질량보다 약간 작다. 감소한 질량은 에너지로 바뀌어서 핵분열이 일어날 때 방출된 것이다.

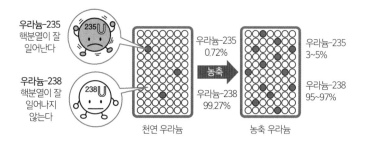

우라늄-235
핵분열이 잘
일어난다

우라늄-238
핵분열이 잘
일어나지
않는다

우라늄-235
0.72%

농축

우라늄-238
99.27%

천연 우라늄

우라늄-235
3~5%

우라늄-238
95~97%

농축 우라늄

는 원자 가운데 우라늄 질량이 가장 커서 핵분열을 일으키기가 쉽
기 때문이다. 또한 우라늄의 동위 원소 사이에도 핵분열이 잘 일어나
는 정도에 차이가 있어서, 우라늄-235는 핵분열이 잘 일어나며 우라
늄-238은 핵분열이 잘 일어나지 않는다는 사실이 알려져 있다. **천연
우라늄에는 우라늄-235가 0.72퍼센트밖에 들어 있지 않기 때문에**[5] **효율적으
로 핵분열을 일으키기 위해서는 우라늄-235의 함유량을 높일 필요가 있다.** 이
것을 농축이라고 하며, 원자력 발전소에서는 3퍼센트 정도로 농축해
서 사용한다.[6]

---

5 "2-9 20억 년 전에 천연 원자로가 가동되고 있었다? '우라늄'"을 참조하기 바란다.
6 우라늄-235의 함유량이 높아진 우라늄을 농축 우라늄, 본래의 우라늄을 천연 우라늄이라
   고 한다. 천연 우라늄을 농축할 때는 우라늄-235의 함유량이 낮아진 우라늄도 생기는데,
   이것을 열화 우라늄 또는 감손 우라늄이라고 한다.

'원자력 발전소'와 '원자폭탄'은 무엇이 다를까?

원자력 발전은 원자핵이 붕괴될 때 나오는 에너지(핵에너지)를 이용해서 전기를 만든다. 원자폭탄
또한 핵에너지를 이용한다. 이 둘은 무엇이 다를까?

원자폭탄은 핵분열의 연쇄 반응을 단숨에 진행한다

먼저 원자폭탄에 관해 설명하겠다. 우라늄-235처럼 핵분열이 잘 일
어나는 원자에 중성자를 충돌시키면 원자핵이 핵분열을 일으켜 에
너지가 방출된다. 그리고 이와 동시에 2~3개의 중성자가 튀어나와서
다른 우라늄-235의 원자핵에 충돌해 또다시 핵분열이 일어난다. 이
것이 반복적으로 일어나 에너지를 계속 방출하는 것을 연쇄 반응이라고 한다.

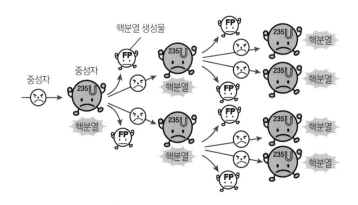

원자폭탄에서 일어나는 핵분열

처음에는 우라늄-235 2개가 핵분열을 일으켰지만 다음에는 2개, 그다음에는 4개와 같이 기하급수적으로 늘어나며, 50회째의 연쇄 반응에서는 1 뒤에 0이 15개나 나열되는 거대한 수(1,000조가 넘는다)가 된다. 이렇게 해서 **핵분열의 연쇄 반응을 단숨에 일으키면 에너지가 급격히 방출되어 대폭발이 일어난다.** 원자폭탄은 이 폭발력을 무기로 사용한다. 히로시마에 투하된 원자폭탄에서는 약 800그램의 우라늄이 일순간에 핵분열을 일으켰다.

원자력 발전은 핵분열을 천천히 일으킨다

다음은 원자력 발전인데, **원자력 발전은 원자폭탄과 달리 핵분열의 연쇄 반응을 천천히 일으킨다.** 이것이 원자력 발전과 원자폭탄의 첫 번째 차이점이다. 핵반응이 지나치게 진행되면 폭발이 일어나므로 이를 막기 위해 중성자의 수를 조정해야 하는데, 제어봉이 그 역할을 한다. 제

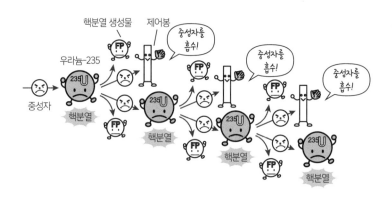

원자력 발전소에서 일어나는 핵분열

어봉은 중성자를 잘 흡수하는 물질로 만들어진다.[1] 원자력 발전소에서는 우라늄-235 1개가 핵분열을 일으켰다면 다음에도 1개가 핵분열을 일으키도록 중성자의 수를 조절한다. 이것을 임계라고 하며, 이렇게 하면 연쇄 반응이 천천히 진행된다. 표준적인 원자력 발전소에서는 1년 동안 약 1,000킬로그램(1톤)의 우라늄-235가 핵분열을 일으킨다.

원자력 발전은 저농축 우라늄, 원자폭탄은 고농축 우라늄을 사용한다

천연 우라늄에는 핵분열이 잘 일어나는 우라늄-235가 0.72퍼센트밖에 들어 있지 않다. 그래서 효율적으로 핵분열을 일으키려면 우라늄-235의 함유량을 높이는 '농축'이 필요하다.

원자력 발전과 원자폭탄의 두 번째 차이점은 농축의 정도다. 원자력 발전소에서는 우라늄-235를 3~5퍼센트로 농축(저농축 우라늄)해서 사용하지만[2], 원자폭탄은 93퍼센트 이상으로 농축(고농축 우라늄)해서 사용한다. 히로시마에 투하된 원자폭탄은 약 65킬로그램의 고농축 우라늄[3]을 둘로 나누고 그것을 화약의 폭발력으로 결합시켜 핵분열 연쇄 반응을 일으킴으로써 1억분의 1초 만에 섭씨 1,000만 도라는 고온을 만들어냈다.

---

1 붕소, 카드뮴, 하프늄 등의 원소로 만들어진다.
2 농축하지 않은 천연 우라늄을 원료로 사용하는 원자력 발전소도 있다. 일본 최초의 산업용 원자력 발전소인 도카이 원자력 발전소(콜더홀형)가 그중 하나였다. 도카이 원자력 발전소는 1998년에 가동이 종료되었으며, 현재 일본에 있는 상업용 원자력 발전소(경수로형 원자력 발전소)는 전부 저농축 우라늄을 사용한다.
3 약 65킬로그램의 우라늄-235 가운데 800그램이 핵분열 연쇄 반응을 일으켰으며, 나머지는 폭발해서 사방으로 흩어졌다.

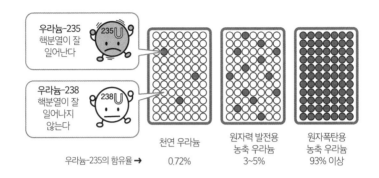

우라늄-235 핵분열이 잘 일어난다 (235)	우라늄-238 핵분열이 잘 일어나지 않는다 (238)

우라늄-235의 함유율 →

천연 우라늄	원자력 발전용 농축 우라늄	원자폭탄용 농축 우라늄
0.72%	3~5%	93% 이상

원자력 발전은 감속재를 사용해 중성자의 속도를 늦춘다

우라늄-235가 핵분열을 일으킬 때 튀어나오는 중성자의 속도는 평균적으로 초속 약 2만 킬로미터(km)에 이른다. 이것을 고속 중성자라고 하며, 원자폭탄은 이것으로 단숨에 연쇄 반응을 일으킨다. 그런데 고속 중성자는 너무 빨라서 원자핵과 제대로 충돌하지 못한다. 그래서 원자력 발전소에서는 중성자가 원자핵에 잘 충돌해 핵분열이 효율적으로 일어나도록 물이나 흑연 등을 사용해 속도를 초속 2킬로미터 정도까지 늦춘다(열중성자[4]). 이렇게 중성자의 속도를 늦추는 물질을 감속재라고 하며, 일반적인 물(경수)을 감속재로 사용하는 원자로를 경수로라고 한다. 물에는 중성자와 거의 무게가 같은 수소 원자핵이 들어 있어서 중성자를 효율적으로 감속시킨다.[5]

---

4 이 정도의 속도가 되면 주위의 물질과 열적인 평형 상태(열적으로 균형을 이루어 열의 교환이 일어나지 않는 상태)가 되기 때문에 열중성자라고 한다.

5 지금 10엔짜리 동전을 2개 가지고 있다면 두 동전을 바닥에 조금 멀리 떨어뜨려서 내려놓은 다음 하나를 손가락으로 힘껏 튕겨서 다른 하나를 맞혀 보기 바란다. 동전이 부딪히면 여러분이 손가락으로 튕긴 10엔 동전은 멈추고 멈춰 있었던 10엔 동전이 움직이기 시작할 것이다. 멈춰 있었던 10엔 동전이 물 분자의 수소이고, 손가락으로 튕긴 10엔 동전이 중성

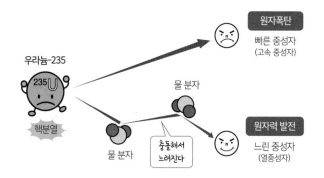

빠른 중성자(고속 중성자)와 느린 중성자(열중성자)

경수로에서 물은 감속재인 동시에 핵분열 에너지로 뜨거워진 연료를 식히는 냉각재의 역할도 한다. 연료에서 빼앗은 열로 물을 끓이고, 그 수증기로 터빈을 돌린다.

자다. 이렇게 하면 중성자의 감속을 감각적으로 파악할 수 있다.

03

원자력 발전소에는 어떤 유형이 있을까?

원자력 발전소는 핵연료, 감속재, 냉각재의 차이에 따라 여러 유형이 있다. 일본의 상업용 원자력 발전소는 전부 경수로이며, 물을 끓이는 방법에 따라 비등수형과 가압수형으로 나뉜다.

연료 · 감속재 · 냉각재의 차이에 따라 여러 유형이 있다

원자력 발전은 우라늄-235 등의 핵분열을 일으키는 물질에 천천히 연쇄 반응을 일으키고 이때 발생하는 열을 이용해 전기를 만든다. 그리고 이 과정에서 원자핵에 잘 충돌하도록 중성자의 속도를 늦추는 감속재와 연료의 열을 빼앗는 냉각재를 사용한다.

원자력 발전은 ① 핵연료로 어떤 물질을 사용하는가, ② 감속재로 무엇을 사용하는가, ③ 냉각재는 무엇인가에 따라 여러 유형으로 분류된다.[1] 가령 후쿠시마 제1원자력 발전소는 ① 핵연료로 저농축 우라늄, ② 감속재로 경수(평범한 물), ③ 냉각재도 경수를 사용하는 '경수로'다. 일본의 상업용 원자력 발전소는 전부 경수로인데, 여기에서 다시 두 유형으로 분류할 수 있다.

1　① 핵연료로는 천연 우라늄, 농축 우라늄, 리튬이 사용된다. ② 감속재로는 경수 이외에 중수, 흑연, 베릴륨(금속 원소), 산화베릴륨이 사용된다. ③ 냉각재로는 경수 이외에 중수(여기까지가 액체), 이산화탄소, 헬륨(여기까지가 기체), 나트륨(액체 금속)이 사용된다.

우라늄은 가열 후 굳혀 펠릿으로 만든다

경수로는 우라늄-235를 3~5퍼센트로 농축한 '저농축 우라늄'을 산화물로 만들어서 사용한다. 먼저 **우라늄 산화물을 분말로 만들어 원기둥 형태로 성형한 다음, 섭씨 약 1,800도로 3시간 정도 가열해 세라믹[2]으로 만든다.** 이것이 연료 펠릿이다.

핵분열 연쇄 반응이 일어나면 펠릿 중심부 온도는 섭씨 약 2,000도가 되는데, 냉각재인 물이 주위를 초속 약 3미터(m)의 속도로 흐르면서 열을 빼앗기 때문에 표면 온도는 섭씨 300도 정도가 된다.

연료 집합체와 제어봉

얇은 금속으로 만든 지름 약 1.2센티미터, 길이 약 4.5미터의 튜브(피복관)에 펠릿을 채운 뒤 양쪽 끝을 용접해서 밀폐시킨 것을 연료봉이라고 한다. 피복관은 중성자를 그다지 흡수하지 않는 지르코늄이라는 금속 합금으로 제작

우라늄의 산화물을 가열해서 지름 8~10mm, 높이 10mm의 원기둥 형태로 굳힌 것

연료 펠릿

된다. **연료봉은 다시 '8개×8열=64개' 등으로 묶여서 일체화되며, 이것을 연료 집합체라고 부른다.** 연료 집합체 사이에는 중성자를 적당히 흡수해서 **핵분열을 제어하는 제어봉을 넣는다.**

----

2 금속의 산화물을 고온으로 열처리해서 굳힌 것을 말한다. 경수로를 비롯한 원자력 발전소에서는 연료에 세라믹이 종종 사용된다.

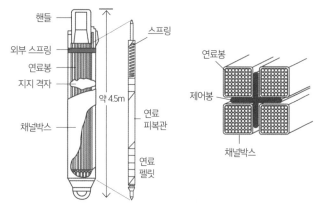

출처 : 나카지마 도쿠노스케 『Q&A 원자력 발전』 신일본출판사(1989)의 그림을 일부 수정

연료 집합체와 연료봉(비등수형 원자력 발전)

제어봉은 연료 집합체 사이를 나왔다 들어갔다 하며 핵분열을 제어한다. 처음에는 제어봉을 전부 끼워 넣고, 원자력 발전소를 운전할 때 천천히 빼면 핵분열이 일어나며, 중성자가 증가해서 연쇄 반응이 계속되게 된다. 그리고 임계[3] 상태가 계속되어 아슬아슬한 시점에 제어봉을 멈춘다.

원자로에서 직접 물을 끓이는 비등수형 원자력 발전

경수로에는 비등수형(BWR)과 가압수형(PWR)이 있다. 비등수형은 원자로에서 직접 냉각재인 물을 끓이고 그 수증기를 터빈으로 보내 전기를 만든다.[4]

---

3 핵분열이 하나 일어나면 다음에도 핵분열이 하나 일어나도록 중성자의 수가 조절된 상태
4 비등수형 원자로에는 73기압의 압력이 걸려 있기 때문에 물이 섭씨 약 285도에서 끓는다.

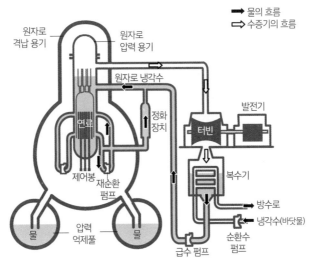

물의 흐름
수증기의 흐름

원자로
격납 용기

원자로
압력 용기

원자로 냉각수

정화
장치

발전기

터빈

연료

복수기

제어봉 재순환
펌프

방수로

냉각수(바닷물)

물

압력
억제풀

물

급수 펌프

순환수
펌프

출처 : 나카지마 도쿠노스케 『Q&A 원자력 발전』 신일본출판사(1989)의 그림을 일부 수정

비등수형 원자력 발전의 구조

터빈을 돌린 뒤의 수증기는 복수기(復水器)라는 열교환기[5]에서 냉각되어 물로 돌아가며, 펌프로 다시 원자로에 보내진다. 복수기에는 100만 킬로와트(표준적인 크기)의 원자력 발전소 기준으로 1초에 70톤이나 되는 대량의 물이 필요하다. 그래서 일본의 원자력 발전소는 전부 바닷물을 이용하고 있다.

냉각재인 물을 1차와 2차로 나누는 가압수형

가압수형은 원자로에 158기압이라는 높은 압력을 걸기 때문에 섭씨 300도에

---

5 고온의 물체와 저온의 물체(복수기는 양쪽 모두 물) 사이에서 열을 주고받음으로써 물체를 가열하거나 냉각하는 장치. 보일러(증기 발생 장치)나 자동차의 라디에이터도 열교환기다.

279

서도 물이 끓지 않는다. 고온의 물은 증기 발생기로 보내져 가느다란 관 속을 흐르면서 관 밖을 흐르는 다른 물을 끓이며, 그 수증기가 터빈으로 보내진다. 원자로를 흐르는 물을 1차 계통, 증기 발생기에서 열을 받아 끓는 물을 2차 계통이라고 한다.

가압수형은 구조가 복잡하지만, 냉각수를 1차 계통과 2차 계통으로 분리시킨 덕분에 이론적으로는 방사능을 띤 물이 터빈에 오지 않는다는 장점이 있다.[6] 수증기의 온도가 높아서 효율이 좋다는 것도 장점이다.

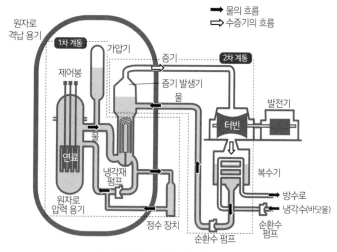

출처 : 나카지마 도쿠노스케 『Q&A 원자력 발전』 신일본출판사(1989)의 그림을 일부 수정

가압수형 원자력 발전의 구조

---

6 다만 증기 발생기의 가느다란 관(세관)에 작은 구멍(핀홀)이 생길 때가 많으며, 그럴 경우는 1차 계통의 물이 2차 계통으로 누출되어 방사능을 지닌 물이 터빈에 오게 된다.

04

왜 원자력 발전이 "위험하다"고 말하는 걸까?

원자력 발전소에는 핵분열 반응으로 대량의 방사성 물질이 축적되며, 이 물질이 그다지 위험하지 않은 수준으로 감소하려면 수만 년이 걸린다. 열의 제어도 '줄타기' 같아서 여유가 없다.

화력 발전과 원자력 발전은 양쪽 모두 물을 끓여서 생긴 수증기의 기세로 전기를 만든다. 발전의 원리는 비슷한데, 원자력 발전은 위험하다는 인식이 있는 반면에 화력 발전에는 그런 인식이 별로 없다. 이런 차이는 어디에서 오는 것일까?

원자력 발전소에서 수증기가 새어나오면 방사성 물질도 새어나온다

화력 발전소에서 배관으로부터 수증기가 새어나오면 발전의 효율은

화력 발전

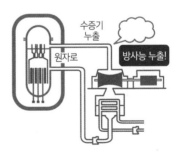

원자력 발전

낮아지지만 새어나온 수증기 자체는 문제가 되지 않는다. 그런데 원자력 발전소에서는 수증기 누출이 중대한 사고가 된다. 원자로를 지나가는 물에는 방사성 물질이 들어 있어서, 수증기가 새어나온다는 것은 방사성 물질이 새어나온다는 의미이기 때문이다.

원자력 발전이 위험하다고 하는 첫 번째 이유는 원자로 속에 대량의 방사성 물질이 있기 때문이다.

방사능이 그다지 위험하지 않은 수준이 되려면 수만 년 이상이 걸린다

원자로 속에서는 핵분열로 생긴 방사성 물질이 계속 축적되어 간다. 원자력 발전소에서 사용한 연료(사용 후 핵연료)의 방사능의 세기를 우라늄 광석과 비교하면, 2년 동안 운전한 뒤에는 1,000만 배 정도가 된다.[1]

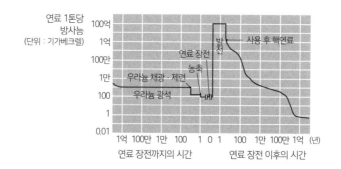

원자력 발전 전후의 방사능 변화

---

1 연료 1톤당 방사능은 우라늄 광석이 약 1,000기가베크렐, 원자력 발전소에서 우라늄 연료를 핵분열시킨 뒤에는 약 100억 기가베크렐이 된다.

핵분열로 생긴 방사성 물질은 붕괴하므로 시간의 경과와 함께 감소한다. 사용 후 핵연료의 방사능이 처음에 강한 것은 세슘-137과 스트론튬-90 등에 원인이 있는데, 이들의 반감기는 30년 정도이기 때문에 그 방사능은 수백 년이 지나면 대부분 사라진다. 그러나 초우라늄 원소라고 부르는 우라늄보다 원자 번호가 큰 원소[2]는 반감기가 수천 년 등으로 긴 것이 많으며, 이들의 방사능은 좀처럼 감소하지 않는다.

그래서 **사용 후 핵연료의 방사능이 우라늄 광석과 거의 같은 수준까지 감소해 그다지 위험하지 않은 상태가 되려면 수만 년 이상이 필요하다.**[3] 이렇게 긴 시간 동안 안전하게 관리할 수 있느냐가 문제인 것이다.

핵분열 반응을 멈춰도 열은 계속 나온다

전기주전자에 물을 끓일 경우 스위치를 끄면 열은 발생하지 않는다. 화력 발전도 마찬가지로 석유나 가스의 공급 밸브를 닫으면 즉시 열의 발생이 중단된다. 그런데 원자력 발전은 핵분열 반응을 멈춰도 원자로에서 대량의 열이 계속 나온다. 연료 속에 쌓인 방사성 물질이 붕괴열을 내기 때문이다. 원자력 발전이 위험한 두 번째 이유는 정지시켜도 계속 열을 내기 때문이다.

원자로에서 핵반응을 정지시켜도 그 직후에는 본래 출력의 7퍼센트 정도의

---

2 플루토늄(원자 번호 94)이나 아메리슘(원자 번호 95) 등. 참고로 우라늄의 원자 번호는 92다.
3 원자력 발전을 '화장실 없는 고급 주택'이라고 말하는 이유는 사용 후 핵연료 등의 방사성 폐기물을 처리할 방법이 확립되어 있지 않기 때문이다.

열이 나온다. 100만 킬로와트(kW)의 원자력 발전소라면 약 20만 킬로와트[4]나 되는 막대한 열이다. 시간이 흐르면 붕괴열이 감소하기는 하지만, 하루가 지난 뒤에도 2만 킬로와트가 넘는 열이 나온다. 전기난로가 1킬로와트 정도니까 2만 대 분의 열이 나오는 셈이다.

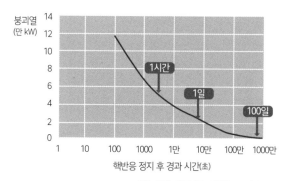

출처 : 다테노 준 『중대사고의 위협』 도요서점(2012)

핵반응 정지 후 원자로의 붕괴열

---

4   전기 출력이 100만 킬로와트인 원자력 발전소는 그 3배인 300만 킬로와트의 열을 낸다(열 출력 300만 킬로와트). 핵반응을 정지한 직후에는 300만 킬로와트의 약 7퍼센트인 20만 킬로와트 정도의 열이 나온다.

냉각을 조금 실패하기만 해도 중대사고로 이어진다

원자력 발전이 갓 실용화되었을 무렵, 원자력 발전의 원가는 화력 발전의 2~3배나 되었다. 물론 이래서는 경쟁에서 이길 수가 없기 때문에 대형화[5]와 콤팩트화[6], 원가 절감이 급속하게 진행되었는데, 그 결과 열의 제어가 매우 어려워졌다.

이것을 보여주는 것이 단위 부피 1리터(L)당[7] 열 발생률(연소실 열 발생률)이다. 화력 발전소의 보일러는 연소실 열 발생률이 최대 1.5킬로와트/리터(kW/L) 정도다. 그런데 원자력 발전은 비등수형이 50킬로와트/리터, 가압수형은 100킬로와트/리터로서 보일러의 30~60배에 이른다. 원자력 발전은 이렇게 고밀도로 열이 발생하기 때문에 냉각을 약간 실패하는 등 조금만 실수를 해도 순식간에 원자로의 연료 등이 녹아 버리는 중대한 사고로 이어진다. 이처럼 여유가 없는 것도 원자력 발전이 위험한 이유다.

---

5 원자로의 출력을 키우는 것

6 연료를 좁은 공간에 채워 넣어서 출력 밀도를 높이는 것. 대형화와 콤팩트화 모두 안전성의 확인이 불충분한 채로 진행되었다.

7 보일러의 경우는 연료를 태우는 '화실'의 부피, 원자력 발전소의 경우는 원자로 속에서 핵 반응이 일어나 에너지가 발생하는 '노심'의 부피로 계산한다.

05 세 원자로가 동시에 중대사고를 일으켰다? '후쿠시마 제1원자력 발전소'

대지진으로 후쿠시마 제1원자력 발전소의 모든 전원이 끊겨 원자로를 냉각할 수 없게 되었다. 여기에 최후의 보루가 되는 장치도 기능하지 않게 된 결과, 일본 최초의 중대사고로 이어졌다.

2011년 3월 11일 14시 46분에 산리쿠 앞바다에서 발생한 도호쿠 지방 태평양 해역 지진이 도쿄전력 후쿠시마 제1원자력 발전소를 덮쳐, 일본 최초의 중대사고[1]가 발생했다. 이 사고는 어떻게 발생했고 진행되었을까?

원자력 발전소는 핵연료가 내는 열로 증기를 만들어 발전을 한다

원자력 발전소는 연료인 우라늄 등이 핵분열을 일으킬 때 내는 열로 물을 끓여서 증기를 만들고, 그 증기로 터빈을 돌려 발전기를 가동함으로써 전기를 만든다. 후쿠시마 제1원자력 발전소는 비등수형으로, 제어봉과 재순환 펌프로 핵분열을 제어함으로써 발생하는 열량을 조정했다.

---

1   원자로를 설계할 때는 일어날 수 있는 사고(설계 기준 사고)를 미리 가정한다. 그런데 이것을 넘어서는 사고가 발생하면 미리 가정해 놓았던 수단으로는 노심 냉각이나 핵반응 제어를 할 수 없게 된다. 그렇게 되면 운전원은 그 밖의 수단을 스스로 찾아내 대응해야 하며, 이런 사고를 중대사고(severe accident)라고 한다.

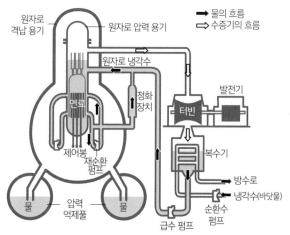

출처 : 나카지마 도쿠노스케 『Q&A 원자력 발전』 신일본출판사(1989)의 그림을 일부 수정

비등수형 원자력 발전의 구조

핵분열 반응은 멈췄지만 원자로에서는 대량의 열이 계속 발생했다

지진 발생 직후, 심한 흔들림이 원자력 발전소까지 도달했다. 이때 1~3호기는 운전 중이었고 4호기는 정기 점검을 위해 정지 상태였다.

흔들림을 감지한 1~3호기 원자로에 제어봉이 자동으로 삽입되어 핵분열 반응이 정지했다. 그러나 원자로에는 핵분열로 만들어진 방사성 물질[2]이 쌓여 있었고, 그것이 대량의 붕괴열[3]을 계속 발생시켰다. 그래서 펌프를 돌려서 물을 계속 순환시켜 원자로를 식혀줘야 했다.

---

2 우라늄 등의 핵분열로 생긴 핵종을 핵분열 생성물이라고 한다.
3 핵분열 생성물이 붕괴될 때 발생하는 열을 붕괴열이라고 한다. 핵분열 생성물이 붕괴되면 분열된 파편과 방사선은 운동 에너지를 얻어서 튀어나가지만 곧 주위의 물질에 부딪혀 정지되고 만다. 이때 운동 에너지가 열에너지로 바뀌며, 이것이 바로 붕괴열이다.

펌프를 돌리려면 전력이 필요하지만 자신들의 발전기는 이미 멈춘 상태이기 때문에 다른 발전소에서 전력을 받아야 했다(외부 전원). 그런데 지진으로 송전탑이 쓰러지고, 수전(受電) 시설도 파괴되어 버렸다. 다른 발전소에서 전력을 받지 못하게 됨에 따라 발전소 내부는 정전이 되었고, 펌프도 작동을 멈췄다.

쓰나미가 원자력 발전소를 덮쳐 모든 전원을 상실하다

외부 전원이 상실된 1분 후, 비상용 디젤 발전기가 자동으로 가동되기 시작해 정전 상태에서 회복되면서 펌프가 다시 작동해 원자로의 냉각을 진행했다.

그런데 오후 3시 30분 전후에 이번에는 쓰나미 제2파가 후쿠시마 제1원자력 발전소를 덮쳤다. 그 결과 쓰나미가 도달하지 않는 높이에 설치되어 있지 않았던 비상용 디젤 발전기가 침수되어 기능을 잃었고, 이로써 모든 전원을 상실하고 말았다(전원 완전 상실).

노심 냉각이 불가능해져 중대사고에 돌입하다

모든 전원이 상실되더라도 노심은 어떻게든 계속 냉각시켜야 한다. 이를 위해 전원이 필요 없는 냉각 장치[4]가 몇 개 설치되어 있는데, 이 냉각 장치들이 가동되어서 원자로의 냉각이 재개되었다. 그러나 전

---

4 비상용 복수기(원자로의 증기를 추출해 파이프로 유도해 열교환기에 쌓인 물을 지나가게 함으로써 온도를 낮추고, 증기가 응축된 물을 다시 원자로로 보내는 장치. 자연 순환을 통해 원자로의 온도를 낮출 수 있다. 1호기에 설치되어 있었다), 격리 시 냉각 계통(원자로의 증기를 사용해 전용 소형 터빈을 돌려서 펌프를 가동시켜 냉각수를 순환시키는 장치. 2, 3호기에 설치되어 있었다)이 있었다.

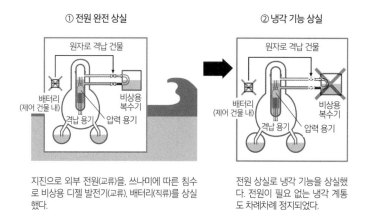

① 전원 완전 상실

원자로 격납 건물

배터리
(제어 건물 내)

비상용
복수기

격납 용기   압력 용기

지진으로 외부 전원(교류)을, 쓰나미에 따른 침수
로 비상용 디젤 발전기(교류), 배터리(직류)를 상실
했다.

② 냉각 기능 상실

원자로 격납 건물

배터리
(제어 건물 내)

비상용
복수기

격납 용기   압력 용기

전원 상실로 냉각 기능을 상실했
다. 전원이 필요 없는 냉각 계통
도 차례차례 정지되었다.

출처 : 도쿄전력 〈후쿠시마 제1원자력 발전소 1~3호기의 사고 경위 개요〉의 그림을 일부 수정

원이 필요 없는 냉각 장치도 수 시간에서 3일 사이에 하나둘 가동을 멈췄다. 냉각이 불가능해진 원자로는 수위가 저하되었고, 마침내 대량의 열을 지속적으로 내는 핵연료가 노출되기 시작했다.

전원이 필요 없는 냉각 장치는 사고가 났을 때 자동으로 작동되는 최후의 보루였다.[5] 이 장치가 기능을 상실함에 따라 후쿠시마 제1원자력 발전소 사고는 중대사고의 영역에 돌입했다.

온도가 급상승해 수소가 발생, 노심이 붕괴되다

원자로 냉각이 불가능해지면 연료봉[6]이 물 위에 노출되어 온도가 급상승한다.

---

5 여기까지가 사고를 예상해 미리 만들어 놓았던 장치였다.

6 우라늄을 산화물로 만든 뒤 가열해서 굳혀 지름 약 1센티미터·길이 1센티미터 정도의 단단한 펠릿으로 만들고, 그 펠릿 약 200개를 지르코늄이라는 금속의 합금으로 만든 약 4미터 길이의 튜브(피복관)에 넣는다. 이것을 연료봉이라고 하며, 연료봉을 6×6개~9×9개씩 사각형으로 묶은 것을 연료 집합체라고 한다.

1초에 섭씨 5~10도씩 급격하게 상승하는 것이다. 연료봉의 온도가 섭씨 1,200도를 넘어서면 연료를 덮고 있는 관(피복관)의 지르코늄과 물이 화학 반응을 일으키는데, 이때 대량의 수소가 발생한다. 이 반응이 일어나기 시작하면 대량의 열도 함께 발생하기[7] 때문에 온도는 더욱 상승한다. 그리고 섭씨 1,800도가 되면 피복관이 녹아 액체가 되고, 섭씨 2,800도가 되면 우라늄 연료도 녹아 버리며 원자로 전체가 파괴된다.

이런 사태를 방지하려면 즉시 원자로에 물을 부어서(주수) 식혀야 한다. 그러나 **후쿠시마 제1원자력 발전소 사고에서는 주수에도 실패하는 바**

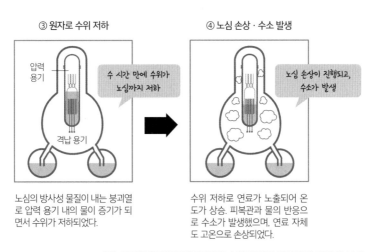

③ 원자로 수위 저하

압력 용기

수 시간 만에 수위가 노심까지 저하

격납 용기

④ 노심 손상·수소 발생

노심 손상이 진행되고, 수소가 발생

노심의 방사성 물질이 내는 붕괴열로 압력 용기 내의 물이 증기가 되면서 수위가 저하되었다.

수위 저하로 연료가 노출되어 온도가 상승. 피복관과 물의 반응으로 수소가 발생했으며, 연료 자체도 고온으로 손상되었다.

출처 : 도쿄전력「후쿠시마 제1원자력 발전소 1~3호기의 사고 경위 개요」의 그림을 일부 수정

---

7 이런 화학 반응을 발열 반응이라고 한다. 반응으로 열이 발생해 온도가 상승하면 반응은 더욱 진행되기 쉬워지며, 그렇게 되면 열이 더 발생한다.

람에 연료봉을 비롯한 원자로의 구조물이 차례차례 녹아 갔다. 원자로 압력 용기의 바닥에도 구멍이 뚫려 격납 용기의 바닥으로 새어나갔다.

벤트와 수소 폭발로 방사성 물질이 대량 누출되다

원자로 본체의 압력 용기에서는 방사성 물질을 포함한 증기와 수소 가스가 파손된 배관 등을 통해 격납 용기로 새어나갔다. 격납 용기 내부의 압력도 상승했기 때문에 내압 한계를 초과해 격납 용기가 크게 파손되는 사태를 막고자 격납 용기 내부의 가스를 인위적으로 방출하는 '벤트'가 실시되었다.

벤트는 대량의 방사성 물질을 방출하기 때문에 주변 주민들을 피폭시키고 만다. 그렇기에 본래 '금기 사항'이라고 할 수 있지만, 후쿠

출처 : 도쿄전력「후쿠시마 제1원자력 발전소 1~3호기의 사고 경위 개요」의 그림을 일부 수정

사고 후 후쿠시마 제1원자력 발전소(왼쪽부터 1, 2, 3, 4호기; 2011년 3월 16일 촬영)

시마 제1원자력 발전소 사고에서는 긴급 상황이었기 때문에 '급한 불을 끄는 것이 더 중요하다'는 판단으로 벤트가 실시되었다.

벤트에는 적절한 타이밍이 필요하다. 그러나 사전에 훈련을 실시하지 않았던 탓에 적절한 타이밍에 벤트를 실시하지 못했고, 그 결과 원자력 격납 용기[8]의 압력을 충분히 낮추지 못했다. 이 때문에 2호기에서는 격납 용기가 크게 파손되었고, 1호기와 3호기에서는 누출되어 원자로 격납 건물의 상부에 쌓여 있었던 수소 가스가 인화해 수소 폭발이 일어난 결과 건물이 붕괴되었다.[9]

이런 손상이나 수소 폭발이 발생할 때마다, 그리고 벤트가 실시될 때마다 대량의 방사성 물질이 누출되었다. 바람을 타고 퍼져 나간 방사성 물질은 비 또는 눈과 함께 지상으로 내려가 그곳에 머물렀고, 그 결과 심각한 오염이 각지로 확산되었다.

세계에서 세 번째 중대사고가 된 후쿠시마 제1원자력 발전소 사고는 체르노빌 원자력 발전소 사고에 버금가는 심각한 피해를 가져왔다. 사고 발생으로부터 방사성 물질이 누출되기까지의 과정을 1~3호기별로 살펴보면 다음과 같다.

---

8 원자로 격납 용기의 유일한 역할은 원자로 속의 방사성 물질이 밖으로 새어나가지 않게 하는 것이다. 후쿠시마 제1원자력 발전소 사고에서는 격납 용기가 크게 파손되어 그 역할을 전혀 해내지 못했다.

9 4호기는 원자로의 연료가 장전되어 있지 않았지만, 3호기에서 새어나온 수소 가스가 4호기의 원자로 격납 건물에 쌓여서 인화해 수소 폭발을 일으켰다.

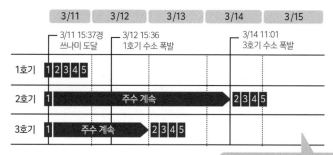

출처 : 도쿄전력 「후쿠시마 제1원자력 발전소 1~3호기의 사고
경위 개요」의 그림을 일부 수정

시간차는 있지만, 같은 과정을 거쳐
수소·방사성 물질을 누설했다.
1 전원 완전 상실
2 냉각 기능 상실
3 원자로 수위 저하
4 노심 손상·수소 발생
5 수소 폭발·방사성 물질 누설

06 방사성 물질의 오염은 어떻게 확산되었을까?

수소가 폭발하거나 벤트가 실시될 때마다 원자력 발전소에서 방사성 물질이 방출되었고, 2호기 격납 용기의 손상으로 많은 방사성 물질이 새어나갔다. 바람을 타고 날아간 방사성 물질은 비 또는 눈과 함께 지상으로 내려왔다.

우유팩 3개 정도의 양이 광대한 지역을 오염시켰다

후쿠시마 제1원자력 발전소 사고로 대기 속에 새어나간 방사성 물질은 후쿠시마현을 비롯해 도호쿠 지방과 간토 지방 등 광대한 지역을 오염시켰다. 오른쪽 그림은 항공기에서 오염 상황을 관측한 것으로, 원자력 발전소로부터 북서쪽에 위치한 후쿠시마현, 간토 북부, 이바라키현 북부, 미야기현 북

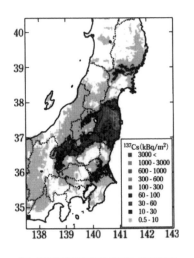

출처 : 나카지마 데루유키 외 『원자력 발전소 사고 환경오염』
도쿄대학교 출판회(2014)

세슘-137의 오염 상황(항공기 모니터링)

부 등 각지에서 세슘-137이 지상으로 내려왔음을 알 수 있다. 그런데 이렇게 넓은 범위를 오염시킨 세슘-137의 양(부피)은 1리터(L)짜리 우유팩 3개 정도에 불과했다.[1] 이것을 보면 방사성 물질이 얼마나 큰 방사능을 지니고 있는지 알 수 있다.

수소가 폭발하나거나 벤트가 실시될 때마다 방사성 물질이 방출되었다

후쿠시마 제1원자력 발전소의 1~3호기에서 수소 폭발이 일어나거나 벤트가 실시될 때마다 방사성 물질이 대기 속으로 방출되었다.

3월 12일에는 작은 피크가 나열된 것이 보이는데, 이것을 보면 1호기에서 벤트가 수차례 실시되어 방사성 물질이 방출되었음을 알 수 있다. 1호기에서 수소 폭발이 일어난 15시 36분에도 피크가 보인다. 3월 13일에는 3호기, 2호기의 순서로 벤트가 실시되었다. 3호기에서는 14일 아침에도 벤트가 실시되었고, 11시 1분에 수소 폭발이 일어났다(11시 전후의 데이터는 결락됨).

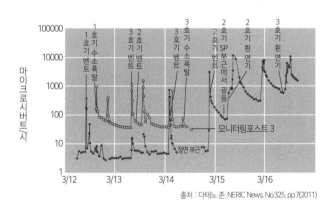

출처 : 다테노 준, NERIC News, No.325, pp.7(2011)

후쿠시마 제1 원자력 발전소 부지 내의 공간 방사선량률

---

1   후쿠시마 제1원자력 발전소 사고로 대기에 누출된 세슘-137은 6~20페타베크렐(페타는 1,000조)로 추정되는데, 여기에서는 20페타베크렐로 계산했다. 20페타베크렐의 세슘-137은 약 6.2킬로그램이며, 이것을 금속 세슘(고체)의 밀도(1세제곱센티미터당 1.873그램)로 나누면 3.3리터가 된다.

3월 15일 6시경에 2호기의 압력 제어 풀(SP)[2] 부근에서 커다란 굉음이 들렸고[3], 하얀 연기가 발생했다. 이때 대량의 방사성 물질이 새어나와 이다테촌 주변을 심각하게 오염시켰다.

상공의 방사성 물질이 비와 함께 지표면으로 내려왔다

다음 그림은 후쿠시마 제1원자력 발전소로부터 약 200킬로미터 떨어진 지바시에서 측정된 사고 후 대기 속 방사선량의 변화다. 어떤 방사성 물질이 방사선량을 변동시켰는지도 표시되어 있다.

3월 15일부터 16일에 매우 높은 수준을 보였는데, 그 원인은 제논-133이라

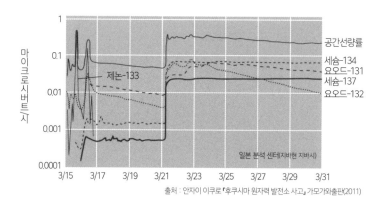

출처 : 안자이 이쿠로 『후쿠시마 원자력 발전소 사고』 가모가와출판(2011)

후쿠시마 제1원자력 발전소 사고 후의 공간 방사선량률 변화

---

2 원자로 냉각수의 압력이 상승하면 압력 제어 풀로 유도해 응축(기체에서 액체로 만든다)시킴으로써 압력을 낮춘다. 287페이지의 그림을 참조.

3 이때 2호기의 원자로 격납 용기가 파손된 것으로 생각된다. 15일 오전~낮에 방출된 방사성 물질의 대부분은 북서쪽에 위치한 나미에정에서 이다테촌 방향으로 향했다. 15일 저녁~16일 새벽에 눈과 비가 내리면서 방사성 물질이 지표면으로 내려와 침착되었다.

는 기체 상태의 방사성 물질[4]이었다. 15일 전후에 2호기 격납 용기의 파손과 벤트로 방출된 방사성 물질이 바람을 타고 간토 지역에 도달했음을 알 수 있다.

3월 21일에는 비가 내렸기 때문에 상공을 떠돌던 방사성 물질이 빗방울과 함께 지표면으로 내려왔다. 그리고 이날 이후로는 방사선량이 좀처럼 내려가지 않았다. 그 원인은 원자력 발전소 사고에서 비롯되는 오염의 주역이라고도 할 수 있는 방사성 세슘과 방사성 요오드가 내려와 흙에 침착되었기 때문이다.

어디로 날아가느냐는 기상 조건에 좌우된다

원자력 발전소 사고가 일어난 뒤에 방사성 물질이 어느 방향으로 어디까지 날아가고 얼마나 지표면으로 내려오느냐는 기상 조건에 크게 좌우된다. 세슘-137은 3월 15일부터 16일[5],

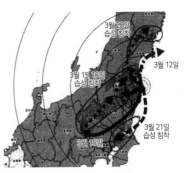

출처 : 나카지마 데루유키 외 『원자력 발전소 사고 환경오염』 도쿄대학교 출판회(2014)

방사성 물질의 운송과 지표면 침착

---

4 제논-133은 베타 붕괴를 일으킬 때 감마선을 방출한다. 감마선은 멀리까지 날아가기 때문에 제논-133이 포함된 방사능 구름(플룸)이 통과하면 감마선의 양이 증가한다. 제논-133은 비활성 기체여서 주위의 물질과 반응하지 않기 때문에 콘크리트 건물 안으로 들어가서 창문과 문을 닫아 밀폐성을 높이면 피폭량을 줄일 수 있다.

5 15일 오후에 저기압이 일본 남부 연안을 통과했다. 아침부터 오전 동안에는 북~북동쪽에서 바람이 불어 이바라키현과 도치기현 방면으로 방사성 물질을 운반했는데, 이 시간대에 간토 지역의 평야 지대에는 비가 내리지 않았던 까닭에 비활성 기체의 통과로 방사선량이 증가하기는 했지만 방사성 세슘의 침착은 없었다.

20일부터 23일[6]의 기간에 집중적으로 침착되었는데, 그 원인은 이 시기에 비와 눈이 내렸기 때문이다(앞 페이지 그림).

방출된 방사성 물질 가운데 20~30퍼센트는 지상에, 나머지 70~80퍼센트는 해상에 떨어졌는데(오른쪽 그림), 이것은 당시의 기상 조건과 관련이 있다. 만약 3월 15일의 기압 배치가 21일과 유사했다면 간토 지역의 오염은 훨씬 심각했을 것으로 생각된

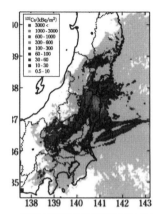

출처 : 나카지마 데루유키 외 『원자력 발전소 사고 환경오염』 도쿄대학교 출판회(2014)

세슘-137의 대기 확산 추계
(2011년 3월 11일~4월 20일)

다. 한편 이동성 고기압이 통과해 남향으로 계속 바람이 불었다면 아부쿠마 산지나 센다이 평야가 심각하게 오염되었을 것이다.

---

6 21일부터 23일에 걸쳐 북동풍이 불었다. 그리고 이 시기에 전선이 남부 연안에 머무르는 '봄장마'로 간토 평야의 각지에 차가운 비가 내렸다.

07

후쿠시마와 체르노빌의
원자력 발전소 사고는 어떻게 다를까?

후쿠시마 제1원자력 발전소 사고는 사상 최악이었던 체르노빌 원자력 발전소 사고와 똑같이 '7등급'으로 평가받는다. 그러나 대기 속에 누출된 방사성 물질의 종류나 양에는 큰 차이가 있다.

후쿠시마 제1원자력 발전소 사고와 체르노빌 원자력 발전소 사고

2011년 3월 11일 발생한 도호쿠 지방 태평양 해역 지진으로 후쿠시마 제1원자력 발전소는 모든 전원을 상실해 원자로 냉각을 실시하지 못하게 되었다. 그 결과 방사성 물질이 대량 누출되어 오염이 확대되었다.

한편 1986년 4월 26일에 구소련 우크라이나 공화국의 체르노빌 원자력 발전소에서는 다양한 결함을 안고 있던 원자로에서 무리하게 '실험'을 실시한 결과 폭주 사고가 일어나 대폭발이 발생했다. 폭발로 원자로와 건물이 파괴되고 화재도 발생해 대량의 방사성 물질이 누출되었으며, 이에 따라 지구 규모로 오염이 확산되었다.[1]

두 사고 모두 '7등급'이지만……

이 두 사고는 모두 국제 원자력 사고 등급(INES)에서 최악인 '7등급(대형 사고)'

---

1   자세한 내용은 "6-1 사상 최악의 사고는 왜 일어났는가? '체르노빌 원자력 발전소 사고'"
    를 참조하기 바란다.

으로 평가되고 있다.[2] 그래
서 이것을 보면 후쿠시
마 제1원자력 발전소와
체르노빌 원자력 발전소
사고의 피해 규모가 같
은 수준이라고 생각하
기 쉽다. 그러나 다음 그

7	대형 사고	◀ 체르노빌 원자력 발전소 사고 ◀ 후쿠시마 제1원자력 발전소 사고
6	심각한 사고	
5	광범위한 지역에 영향을 주는 사고	◀ 스리마일 섬 원자력 발전소 사고
4	국소 영향을 초래하는 사고	◀ JCO 핵 임계 사고
3	심각한 고장	◀ 구 PNC 도카이 사무소 화재 폭발 사고
2	고장	◀ 미하마 원자력 발전소 2호기 증기 발생기 전열관 손상 사고
1	단순 고장(이상)	◀ 고속 증식로 몬주 나트륨 누출 화재 사고
0	등급 이하	

림을 보면 알 수 있듯이 방사성 물질에 오염된 지역의 넓이가 확연히
다르다는 점에서 두 사고의 규모는 상당한 차이가 있다.

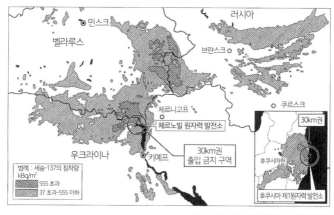

출처 : 나카니시 도모코 『토양 오염』 NHK출판(2013)

후쿠시마 제1원자력 발전소 사고와 체르노빌 원자력 발전소 사고의 오염 지역

---

2 원자력과 방사선 관련 사고의 중대성을 평가하는 척도로, 국제 원자력 기구(IAEA)와 경제
  협력 개발 기구 원자력 기구(OECD/NEA)가 책정한 것이다. 등급이 한 올라갈 때마다 심각
  도는 약 10배가 된다.

사고 내용과 방사성 물질의 방출 상황은 어떻게 달랐는가?

체르노빌 원자력 발전소 사고에서는 원자로의 출력이 정격 출력의 100배로 급상승하며 수증기 폭발이 일어나 원자로와 그 건물이 파괴되었다. 게다가 본래 격납 용기[3]가 없는 원자로였던 까닭에 폭발로 압력 용기의 윗뚜껑이 날아가 버렸고, 감속재인 흑연이 원인이 된 화재도 발생해 10일 동안 계속 불타올랐다.

후쿠시마 제1원자력 발전소 사고의 경우는 원자로 격납 건물의 상부가 수소 폭발로 파괴되기는 했지만 격납 용기에는 심각한 파손이 발생하지 않았다.

체르노빌 원자력 발전소 사고	폭주 사고 출력이 정격 출력의 100배가 되어, 수증기 폭발이 일어난 결과 원자로와 원자로 격납 건물이 크게 파괴되었다.	• 대기 속에 방출된 방사성 물질의 대부분은 원자력 발전소 주변의 땅 위에 낙하·침착 • 불휘발성 물질(잘 방출되지 않는다)까지도 폭발에 방출되어 버렸다.
후쿠시마 제1원자력 발전소 사고	냉각재 상실 사고 원자로 격납 건물에서 수소 폭발이 일어났지만, 격납 용기에 심각한 파괴는 없었다(2호기는 일부 파손).	• 대기 속으로 방출된 방사성 물질의 20~30퍼센트는 육상, 70~80퍼센트는 해상으로 낙하 • 불휘발성 물질, 휘발성이 그다지 높지 않은 물질의 방출량은 매우 적었다.

원자로에는 다양한 방사성 물질이 쌓여 있는데, 휘발성이냐 불휘발성이냐에 따라 사고가 발생했을 때 새어나가는 양이 크게 달라진다. 다음 페이지의 왼

----

3   격납 용기의 유일한 역할은 사고가 일어났을 때 원자로 압력 용기에서 나온 방사성 물질을 가둬 놓는 것이다.

비활성 기체	제논	체르노빌 원자력 발전소 사고	• 제논-133 등의 방사성 비활성 기체는 원자로 내부에 있었던 것 전부, 방사성 요오드는 50퍼센트 이상, 방사성 세슘은 30퍼센트 이상이 방출 • 플루토늄 등의 불휘발성 원소, 휘발성과 불휘발성의 중간인 스트론튬 등도 원자로 내부에 있었던 것 중 2~5퍼센트나 방출되었다.
휘발성	요오드 세슘		
중간	스트론튬 베릴륨 루테늄	후쿠시마 제1원자력 발전소 사고	• 체르노빌 원자력 발전소 사고와 비교했을 때 방사성 요오드의 방출량은 약 10퍼센트, 방사성 세슘의 방출량은 약 20퍼센트였다. • 플루토늄이나 스트론튬 등 불휘발성, 휘발성~불휘발성의 중간에 위치한 원소의 방출량은 훨씬 적었다.
불휘발성	플루토늄 지르코늄 세륨		

쪽 표에서 위쪽에 위치한 물질일수록 잘 새어나간다.[4]

체르노빌 원자력 발전소 사고의 경우, 제논-133 등의 비활성 기체는 원자로 내부에 있었던 것 전부, 휘발성인 방사성 요오드는 50퍼센트 이상, 방사성 세슘도 30퍼센트 이상이 대기 속으로 새어나간 것으로 평가되고 있다. 또한 휘발성과 불휘발성의 중간에 위치한 방사성 스트론튬은 원자로 내부에 있었던 것 중 약 5퍼센트, 불휘발성인 플루토늄도 약 2퍼센트가 새어나가는 등, 본래는 잘 새어나가지 않는 방사성 물질까지 대기 속에 방출되어 버렸다.

한편 후쿠시마 제1원자력 발전소 사고의 방출량은 방사성 요오드가 체르노빌 사고의 약 10퍼센트, 방사성 세슘이 약 20퍼센트로 생각되고 있다.

----

4 끓는점이 낮을수록 잘 휘발되며, 높을수록 잘 휘발되지 않는다. '비활성 기체'인 제논은 끓는점이 섭씨 −107.1도, '휘발성'인 요오드는 섭씨 184.3도, 세슘은 섭씨 678.4도, '휘발성과 불휘발성의 중간'인 스트론튬은 섭씨 1,384도, 바륨은 섭씨 1,913도, '불휘발성'인 플루토늄은 섭씨 3,232도, 지르코늄은 섭씨 4,377도다.

방사성 물질의 확산 상황과 피폭에 대한 대응도 달랐다

체르노빌 원자력 발전소는 내륙에 위치하고 있었던 탓에 방출된 방사성 물질의 대부분이 육상에 떨어졌다. 한편 후쿠시마 제1원자력 발전소 사고에서는 20~30퍼센트가 육상에, 70~80퍼센트는 해상에 떨어졌다. 해상에 떨어진다는 것은 해양 오염을 의미하지만, 주민의 피폭량은 크게 감소한다.

또한 체르노빌 원자력 발전소 사고는 발생 후 5일이나 구소련 국내에서 은폐되었고 그 결과 요오드제를 복용하는 등의 피폭 대책에 중대한 지연이 발생했다. 사고 발생 5일 후, 원자력 발전소로부터 130킬로미터 떨어진 대도시 키예프에서는 비가 내리는 가운데 많은 시민이 노동절 축제에 참가했다.[5] 또한 방사성 요오드에 오염된 우유 등의 섭취 금지 조치도 늦어졌다.

후쿠시마 제1원자력 발전소 사고는 정부가 일부 정보를 알리지 않는 등의 문제가 있었지만[6], 국민은 사고의 경과를 계속 주시할 수 있었으며 식품의 방사능 감시 체제도 조기에 정비되었다.

---

5 키예프는 구소련 우크라이나 공화국의 수도다. 적어도 5월 1일까지 키예프의 시민들은 체르노빌에서 심각한 사고가 일어났음을 알지 못했다. 한편 일본에서는 4월 30일 시점에 이미 외무성이 키예프와 민스크(벨라루스 공화국의 수도) 방면의 도항을 자숙하도록 주의를 환기시켰다.

6 사고 초기에 주민의 패닉을 방지한다는 이유로 SPEEDI(긴급 시 신속 방사능 영향 예측 네트워크 시스템)의 정보를 발표하지 않았다.

08 음식물의 방사성 물질 오염 상황은 현재 어떠할까?

농산물에 방사성 물질이 흡수되는 것을 막기 위한 대책과 철저한 식품 검사를 통해 내부 피폭을 매우 낮은 수준으로 억제할 수 있었다. 유통되고 있는 식품에 대해서는 걱정하지 않아도 된다.

식품 속 방사성 물질의 기준치에 관해

후쿠시마 제1원자력 발전소 사고로 누출된 방사성 물질이 음식물 속에 들어가지 않을까 불안감을 느끼는 사람이 많았다. 식품 속 방사성 물질의 규제치와 검사 체제, 오염 상황은 어떠했을까?

식품 속 방사성 물질에 대한 임시 규제치가 채용된 시기는 사고 6일 후인 2011년 3월 17일이었다. 임시 규제치는 최악의 경우라도 1년에 5밀리시버트(mSv)를 넘지 않도록 설정되었다.[1] 이 기준을 초과하는 방사성 물질이 들어 있는 식품은 제조 단위(동일한 출하 단위)로 회수·폐기했으며, 지역적인 확산이 확인되었을 경우는 지역·품목을 지정해서 회수·폐기했다. 또한 현저한 고농도의 수치가 검출되었을 경우는 지역·품목을 설정해 섭취 제한 조치를 실시했다.

그리고 2012년 4월 1일에는 임시 규제치를 대신하는 기준치가 채용되었으

---

1   임시 규제치는 방사성 세슘의 경우 음료수, 우유·유제품, 채소류가 1킬로그램당 200베크렐(Bq/kg), 곡류, 육류·달걀·생선·기타가 1킬로그램당 500베크렐, 방사성 요오드는 음료수와 우유·유제품이 1킬로그램당 300베크렐, 채소류와 어패류가 1킬로그램당 2,000베크렐이었다.

며, 이 기준치가 현재도 적용되고 있다. 기준치에서는 임시 규제치에서 5밀리시버트였던 연간 허용량이 연간 1밀리시버트로 강화되었다. 또한 임시 규제치는 방사성 세슘과 방사성 요오드에 관해 규정된 것이었는데, 반감기가 짧은 방사성 요오드는 이미 소멸되어 버렸기 때문에 반감기가 긴 세슘-134와 세슘-137 등 다섯 종류의 방사성 물질을 고려하게 되었다.

규제치는 어떻게 결정되었을까?

이러한 규제치는 어떻게 결정되었을까? 먼저 식품으로부터 받는 연간 선량의 상한선을 1밀리시버트로 정한 뒤 식품에 0.9밀리시버트, 물에 0.1밀리시버트를 할당했다. 다음에는 연령과 성별에 따라 10구분으로 나누고 각 구분별로 한도치를 산출한 뒤 그중에서 가장 엄격한 값(최소치)을 선택했으며[2], 여기에서 한 발 더 나아가 그 값을 밑도는 수치로서 일반 식품 1킬로그램당 100베크렐(Bq/kg)을 규제치로 설정했다. 또한 이 한도치는 일본인이 수입 식품과 일본산 식품을 각각 50퍼센트씩 섭취하며 일본산 식품은 100퍼센트 오염되었다고 가정하는 등 현실적으로는 있을 수 없는 매우 극단적인 가정 아래 산출된 것이다.

----

2 연령과 성별에 따라 일반 식품의 섭취량이 다르며, 같은 종류의 방사성 물질을 같은 양 섭취하더라도 체격이나 대사가 다른 까닭에 피폭량이 달라진다. 이런 사실에 입각해서 10가지 연령·성별 구분에 대해 '선량(mSv)＝방사성 물질의 농도(Bq/kg)×섭취량(kg)×환산 계수(유효 선량 계수 : 식품에서 1베크렐의 방사성 물질을 섭취했을 때 몇 밀리시버트를 피폭당하는지 계산하기 위한 계수로, 단위는 mSv/Bq)'라는 식을 사용해 한도치를 산출했다. 13~18세 남성의 경우는 한도치가 120Bq/kg이 된다.

식품으로부터 받는 1인당 연간 선량의 상한치
1밀리시버트(mSv)

식품에 0.9밀리시버트※를 할당

※세슘 이외의 방사성 물질을 고려
스트론튬-90, 플루토늄, 루테늄-106. 19세 이상
의 경우, 크게 어림잡았을 때 식품으로부터 받는
선량의 약 12퍼센트를 차지한다

물에 0.1밀리시버트※를 할당

음료수 기준치(10Bq/kg)의 물을 1년 동안
마셨을 경우에 해당되는 선량

일반 식품에 할당할
선량(mSv)을 결정

연령 구분	한도치(Bq/kg)	
	남	녀
1세 미만	460	
1세~6세	310	320
7세~12세	190	210
13세~18세	120	150
19세 이상	150	130
임산부	160	160
최소치	120	

가장 엄격한 값을
믿도는 수치로 설정

식품군	기준치
음료수	10
우유	50※1
유아용 식품	50※2
일반 식품	100

단위 : 베크렐(Bq)/kg

☆1 소아기에는 성인보다 감수성이 높을 가능성이 있
다는 점을 고려했다.
☆2 아동의 섭취량이 특히 많다는 점을 고려했다.

출처 : 후생노동성 의약생활위생국「식품 속의 방사성 물질의 대책과 현재 상황에 대해」를 바탕으로 작성

식품 속 방사성 물질에 관한 기준치를 결정한 방식

쌀, 과일 등의 방사성 물질을 줄인다

주식인 쌀에 대해서는 특히 관심이 집중되었다. 오른쪽 그림은 겉겨를 제거한 현미를 정미하고 물에 씻은 뒤 밥을

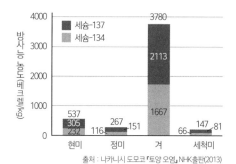

출처 : 나카니시 도모코「토양 오염」NHK출판(2013)

쌀 속의 방사성 세슘 분포

지었을 때 방사능의 농도가 어떻게 변화하는지 나타낸 것이다. 현미의 방사성 세슘 농도는 정미를 하자 약 절반으로 줄어들었고, 물에 씻자 여기에서 다시 절반으로 줄어들었다. 그리고 밥을 짓자 쌀이 물

을 흡수해서 팽창하고 중량도 늘어나기 때문에 방사성 농도가 더 낮아졌다. 밥이 입에 들어갈 때의 농도는 현미였을 때의 약 10분의 1 이하였다.

논이 오염되었음이 알려진 뒤로는 벼의 세슘 흡수를 억제하는 대책도 실시되었다. 제올라이트[3]나 프러시안 블루[4]를 토양에 첨가하는 방법, 세슘과 화학적인 작용이 유사한 칼륨을 살포하는 등의 방법이 대표적이다. 오른쪽 상단 그림을 보면 알 수 있듯이, 칼륨의 양이 충분하다면 방사성 세슘의 흡수량은 감소한다.

오른쪽 하단 그림은 복숭아나무를 잘게 잘라서 방사성 세슘의 농도를 조사한 결과인데, 대부분의 방사성 세슘이

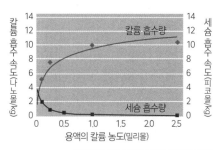

출처 : 나카니시 도모코 『토양 오염』 NHK출판(2013)

쌀의 세슘과 칼륨 흡수 실험

세슘-134와 세슘-137의 농도(세척 후에 측정)

※ 세근의 일부는 사고 당시 없었던 것이다

출처 : 다카하시 다이스케 〈과수 재배와 방사능 오염〉의 그림을 일부 수정

복숭아나무의 방사성 세슘 분포

----

3 점토 광물의 일종으로, 아주 작은 구멍이 많이 뚫려 있어서 다른 물질을 잘 흡착하는 등의 성질을 지니고 있다. 그런 성질 때문에 흡착제, 건조제, 배수 처리, 비료 등에 널리 사용되고 있다.
4 파란색 안료로 고흐가 즐겨 쓴 것으로도 유명하다. 프러시안 블루에는 세슘을 선택적으로 흡착하는 성질이 있다.

가지와 줄기에 있었다. 과일나무의 경우 하늘에서 떨어진 방사성 물질의 약 절반이 줄기를 통해서 나무속으로 들어감으로써 오염되었다는 사실도 밝혀졌다. 따라서 나무껍질을 고압 세척하면 복숭아 등의 과실에 들어가는 방사성 물질의 양을 줄일 수 있다.

식품의 방사성 물질을 엄격하게 검사한다

후쿠시마산 쌀의 경우, 방사성 검출기를 사용해 30킬로그램 단위로 포장된 봉투 전체를 검사하고 있다.[5] 추출 검사가 아니라 전수 검사이기에 소비자로서는 안심할 수 있는 대응이다.

2012년도에는 약 1,034만 개가 검사되었으며 그중 기준치를 초과한 71개가 출하 제한 조치를 당했다. 기준치를 초과하는 봉투는 점점 감소하고 있으며, 2015년 이후로는 전부 기준치 이하로 나왔다(오른쪽 페이지의 표).

후쿠시마에서는 쌀 이외의 농산물 등에 대해서도 검사가 실시되고 있는데, 천연 버섯 등 극히 일부 품목에서만 기준치를 초과한 사례가 나오고 있다. 기준치를 초과한 품목이 발견되면 전체에 대해 출하 제한이나 자숙이 실시되기 때문에 시중에는 유통되지 않는다.

수산물에 대해서는 후쿠시마현과 인근 현의 주요 항구에서 일주

---

5 먼저, 200대 이상의 검출기를 사용해서 기준치를 확실히 밑도는 현미와 그렇지 않은 현미를 분류하는 '스크리닝 검사'를 실시한다. JA(농업협동조합)와 집하 업자 등의 협력 속에 수천 명에 이르는 검사원과 작업원이 이 검사를 실시하고 있다. 이 검사에서 스크리닝 레벨을 초과한 현미에 대해서는 후쿠시마현 환경보전과의 게르마늄 검출기를 사용해서 기준치를 초과하는지 아닌지 판단하는 '상세 검사'를 실시한다.

후쿠시마산 쌀 전수 검사 결과

	25Bq/kg 미만	26~50Bq/kg	51~75Bq/kg	76~100Bq/kg	100Bq/kg 이상	합계
2012년	10,323,674	20,357	1,678	389	71	10,346,169
	99.78258%	0.19676%	0.01622%	0.00376%	0.00069%	100.00%
2013년	10,999,224	6,484	493	323	28	11,006,552
	99.93342%	0.05891%	0.00448%	0.00293%	0.00025%	100.00%
2014년	11,013,045	1,910	12	2	2	11,014,971
	99.98251%	0.01734%	0.00011%	0.00002%	0.00002%	100.00%
2015년	10,498,055	647	17	1	0	10,498,720
	99.99367%	0.00616%	0.00016%	0.00001%	0.00000%	100.00%
2016년	10,265,590	417	5	0	0	10,266,012
	99.99589%	0.00406%	0.00005%	0.00000%	0.00000%	100.00%
2017년	9,976,553	67	0	0	0	9,976,620
	99.99933%	0.00067%	0.00000%	0.00000%	0.00000%	100.00%
2018년	9,248,871	31	0	0	0	9,248,902
	99.99966%	0.00034%	0.00000%	0.00000%	0.00000%	100.00%

출처 : 후쿠시마현 홈페이지

일에 1회 정도의 샘플링 검사가 실시되고 있다. 해산물의 경우 사고 초기에는 표층어와 저층어, 오징어, 문어 등에서 높은 수치가 발견되었지만, 2015년 이후에는 기준치를 초과하는 사례가 거의 사라졌다.[6]

---

6 담수어는 신장의 활동이 해수어와 달라서 방사성 세슘을 잘 배출하지 않기 때문에 해수어에 비해 검출 기준을 초과하는 비율이 조금 높지만, 3개월간의 집계에서도 0이 되는 비율이 늘어났다. 또한 기준치를 넘은 물고기가 유통되는 일은 없다.

후쿠시마산 농산물의 방사성 물질 검사 결과

연도 식품군	2015		2016		2017		2018	
	검사 건수	기준치 초과	검사 건수	기준치 초과	검사 건수	기준치 초과	검사 건수	기준치 초과
곡류 (현미 제외)	2,724	2[※1]	705	0	433	0	236	0
채소·과일	4,585	0	3,793	0	2,855	1[※2]	2,455	0
원유	413	0	415	0	398	0	350	0
육류	3,969	0	3,791	0	3,578	0	3,856	0
달걀	144	0	143	0	111	0	96	0
목초·사료 작물	1,148	0	922	0	680	0	767	0
수산물	9,215	7	9,505	4	9,288	8	7,134	4
산나물·버섯	1,562	7	1,832	2	2,111	1	1,733	2
기타	86	0	74	0	86	0	77	0
합계	23,846	16	21,180	6	19,540	10	16,704	6

출처 : 후쿠시마현 홈페이지

※1 2014년산 콩을 2015년 6월에 검사한 것. 당시 출하 제한을 지시받았던 지역으로, 현에서 정한 출하 관리 계획에 따라 전수 검사를 실시했다. 소각 처분되었다.
※2 특정 농장의 밤(2012년 10월 이후 판매를 중지했으며, 재배 관리를 충분히 하고 있지는 않지만 지속적으로 검사 중인 것)으로, 출하는 되지 않았다.

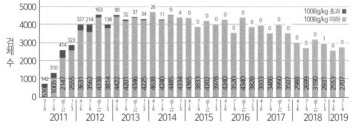

출처 : 수산청 홈페이지

식품 속 방사성 물질의 조사 결과는 다음 사이트에서 볼 수 있다.
① 후쿠시마현 "농산물 등의 방사성 물질 모니터링 Q&A"
   https://www.pref.fukushima.lg.jp/site/portal/nousan-qa.html
② 후생노동성 "동일본 대지진 관련 정보―식품 속의 방사성 물질"
   https://www.mhlw.go.jp/shinsai_jouhou/shokuhin.html
③ 수산청 "수산물의 방사성 물질 조사 결과에 관해"
   http://www.jfa.maff.go.jp/j/housyanou/kekka.html

수산물(해산종)의 방사성 물질 조사 결과

음선법을 통한 내부 피폭 조사의 결과

음식물 안전을 지키기 위한 이런 활동의 결과, 내부 피폭은 연간 1밀리시버트보다 훨씬 낮은 수준으로 억제되었다.

다음 그림은 2018년 3월에 발표된 음선 조사[7]의 결과로, 몸속에 본래 존재하고 있는 천연 방사성 물질인 칼륨-40이 검출되었을 뿐 방사성 세슘은 누구에게서도 검출되지 않았다.

이처럼 후쿠시마현에서의 내부 피폭 리스크는 무시해도 좋은 수준이며, 유통되고 있는 식품도 걱정할 필요가 없다고 할 수 있다.

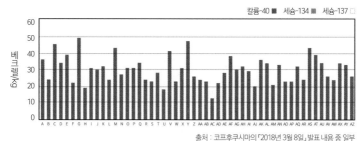

출처 : 코프후쿠시마의 「2018년 3월 8일」 발표 내용 중 일부

음선 방식을 통한 식품 속 방사성 물질의 측정 결과

---

7 조사 대상인 가족에게 자신들이 평소에 먹는 것과 같은 식사를 1인분 더 만들게 한 다음 1~3일치의 식사를 모아서 방사성 물질의 분석을 실시했다. 해당 가족 1인이 평균적으로 하루에 어느 정도의 방사성 물질을 섭취하고 있는지 조사한다.

09

제염을 하면 피폭량을 줄일 수 있을까?

제염은 방사성 물질을 제거해 멀리 떨어뜨려 놓음으로써 방사선량을 대폭 감소시킨다. 후쿠시마 현에서 사람이 살고 있는 지역의 방사선량은 세계 각지의 자연 방사선량과 같은 수준이 되었다.

후쿠시마 제1원자력 발전소 사고로 누출된 방사성 물질 때문에 높아졌던 방사선량은 방사성 핵종의 붕괴와 웨더링[1], 그리고 제염을 통해 저하되고 있다. 제염이란 무엇이며 어떤 효과가 있는지, 후쿠시마 현 내의 제염 상황은 어떠한지에 관해 설명한다.

제염은 방사성 물질을 제거해서 멀리 떨어뜨려 놓는 것

제염은 방사성 물질이 부착된 흙을 깎아 내거나, 나뭇잎 또는 낙엽을 제거해서 먼 곳으로 가져가거나, 건물의 표면을 세척하는 행위다. 제염으로 방사성 물질이 사라지지는 않지만, 생활공간으로부터 멀리 떨어뜨려 놓음으로써 방사선량을 줄일 수 있다. 방의 먼지를 청소기로 빨아들인다고 해서 먼지 자체가 없어지지는 않듯이, 제염도 이와 마찬가지라고 할 수 있다.

방사성 물질이 달라붙은 학교 운동장 등의 흙을 깎아낸 다음 구멍을 파서 깊

---

1 비바람 등에 노출됨에 따른 풍화

이 묻는 것도 제염이 된다. 방사성 물질을 흙이나 콘크리트로 차단하면 날아오는 방사선을 줄일 수 있기 때문이다.

오른쪽 그림은 제염의 효과를 보여준다. 제염하기 전에는 방사성 물질이 붕괴됨에 따라 위의 곡선을 그리며 방사능이 감소한다. 한편 제염으로 방사성 물질을 제거하면 그 후에는 아래의 곡선

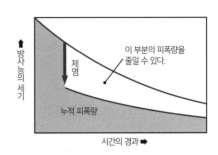

제염을 하면 피폭량이 감소한다

을 그리며 방사능이 감소한다. 제염을 통해 두 곡선의 중간에 해당하는 부분의 피폭량을 줄일 수 있는 것이다.

제염 이후 외부 피폭 선량은 명백히 저하되었다

제염의 실제 효과를 살펴보자. 후쿠시마현 모토미야시는 2011년 5월부터 교정과 보육원·유치원의 앞마당 표토를 긁어내는 제염 작업을 실시했다. 그 결과 제염이 잘된 곳은 방사선량이 원래의 10분의 1로, 일반적인 수준으로 제염이 된 곳은 5분의 1로, 제염이 충분히 안 된 곳도 3분의 1로 저하되었다. 다른 지역에서도 제염이 실시되었는데[2], 방사선량이 제염 전의 수준으로 돌아간 곳은 단 한 곳도 없었다.

---

2 공원이나 공공건물, 택지 등의 제염을 통해 공간선량률(공간을 날고 있는 방사선의 1시간당 양)이 원래의 3분의 1~5분의 1로 저하되는 효과가 나타났다.

다음 그림은 모토미야시에 사는 남매[3]가 개인 선량계를 부착하고 생활하며 누적 피폭 선량을 측정한 결과다.[4] 2012년 6월 이후 오빠의 피폭 선량이 크게 하락한 이유는 이 아이가 4월부터 유치원에 다니기 시작했기 때문이다. 유치원에서는 2011년 5~6월에 앞마당의 제염이 실시되었고, 건물은 방사선을 차단하는 효과가 높은 콘크리트 구조물이었다. 그리고 2012년 12월에는 지역 전체의 제염 작업이 종료되었기 때문에 여동생도 유치원 입학 전이었지만 피폭 선량이 오빠와 같은 수준으로 하락했다. 2016년 9~11월의 측정 결과는 남매 모두 0.1밀리시버트(mSv)를 밑돌았으며, 한번 내려간 누적 선량은 원래의 수준으로 돌아가지 않았다. 이 남매의 데이터는 **제염을 제대로**

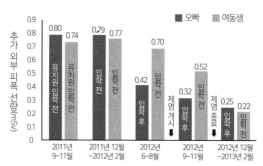

출처 : 노구치 구니카즈 외 『후쿠시마 사고 이후의 원자력 발전의 논점』 책의생사(2018)

제염의 유효성을 보여주는 결과(후쿠시마현 모토미야시의 남매)

---

3 남매가 살고 있는 곳은 모토미야 시내에서 공간선량률이 가장 높은 지역이었다.

4 천연 방사선에 따른 피폭 선량을 제외한 것으로, 추가 피폭 선량이라 한다. 후쿠시마 제1원자력 발전소 사고로 외부에 누출된 방사성 물질 때문에 '불필요하게 받은' 방사선량이며, 여기에서는 추가 '외부' 피폭 선량이다.

실시하면 추가 외부 피폭 선량이 눈에 띄게 하락하며 예전 수준으로 돌아가지는 않음을 보여준다.

후쿠시마현에서는 방사성 핵종의 붕괴와 웨더링을 통해 방사선량이 낮아졌을 뿐만 아니라 제염을 통해서도 저하되고 있다. 현재 사람이 살고 있는 지역의 방사선량은 여러 국가의 자연 방사선량과 차이가 없는 수준까지 떨어졌으며, 과학적으로는 안심하고 살 수 있는 상황이라고 할 수 있다.

후쿠시마현의 제염 상황

후쿠시마현에서는 정부가 제염하는 '제염 특별 지역'과 각 자치 단체(시·정·촌)가 제염하는 '오염 상황 중점 조사 지역(시정촌 제염 지역)'으로 나뉘어 제염이 진행되어 왔다.[5] 오염 상황 중점 조사 지역은 36개 시정촌이며, 2018년 3월까지 제염이 전부 종료되었다.[6]

제염을 통해 토양과 오니(汚泥), 초목, 불에 탄 재 등의 폐기물이 대량 발생했다. 이 폐기물들은 봉지 형태의 용기[7]에 담겨서 폐기물이 나온 현장(2019년 6월 현재 약 7만 8,000군데) 또는 임시 하치장(2019년 6월 현재 716군데)에 보관된다. 임시 하치장의 구조는 다음 페이지의 그림과 같다.

현장과 임시 하치장에 보관된 제염 폐기물은 후쿠시마 제1원자력 발전소와

---

5   '제염 특별 지역'은 누적 선량이 연간 20밀리시버트(mSv)를 초과할 우려가 있다고 판단된 '구 계획적 피난 지구'와 후쿠시마 제1원자력 발전소로부터 20킬로미터 권내의 '구 경계 지구'이며, '오염 상황 중점 조사 지역'은 추가 피폭 선량이 연간 1밀리시버트 이상인 지역을 포함하는 시정촌이다. 제염 상황은 후쿠시마현의 홈페이지에서 확인할 수 있다.

6   주택은 42퍼센트(100에서 58로), 학교와 공원은 55퍼센트, 삼림은 21퍼센트가 감소했다.

7   플렉시블 컨테이너 백이라고 한다.

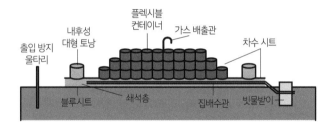

제염 폐기물의 임시 하치장(모식도)

인접한 후타바정과 오쿠마정의 '중간 저장 시설'로 운반될 예정이다. 정부는 폐기물들을 그곳에서 약 30년 동안 보관한 뒤 후쿠시마현 외부의 어딘가로 가져가 최종 처분하겠다는 방침을 천명했다. 그러나 어디를 최종 처분장으로 정하느냐는 문제를 포함해, 제염 폐기물을 중간 저장 시설로 운반한 뒤의 문제에 관해서는 이렇다 할 방침을 내놓지 못하고 있다.

건강에 어떤 영향을 주었을까?

후쿠시마현에서는 한때 최대 16만 명이 넘는 사람이 피난 생활을 보냈다. 원자력 발전소 사고는 건강에 어떠한 피해를 입혔을까?

다행히도 외부 피폭량은 그렇게 많지 않았다

다음 그림은 공간 선량률[1]이 가장 높았던 사고 직후 4개월 사이에 후쿠시마현 주민 약 46만 명이 피폭된 양의 분포도[2]다.

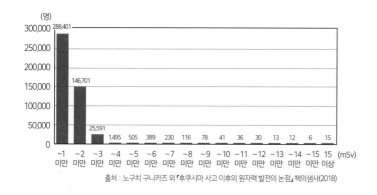

출처 : 노구치 구니카즈 외 『후쿠시마 사고 이후의 원자력 발전의 논점』 책의샘사(2018)

사고 후 4개월 동안의 유효 선량의 분포

---

1 공간을 날고 있는 방사선의 1시간당 양
2 방사선 의학 종합 연구소가 후쿠시마 현민 건강 조사 문진표에 적힌 행동 기록을 바탕으로 외부 피폭 선량 평가 시스템을 이용해 2011년 3월 11일부터 7월 11일의 유효 선량을 추계했다. 선량은 후쿠시마 제1원자력 발전소 사고로 자연 방사선 피폭에 '추가된 양'이다.

유효 선량의 분포는 지역에 따라 다르지만, 현 전체로는 0~5밀리시버트(mSv) 미만이 99.8퍼센트를 차지했다. 가장 높은 수치는 후쿠시마 제1원자력 발전소와 가까운 소소 지역[3]에 사는 한 주민의 25밀리시버트였다.

다음 표는 후쿠시마 제1원자력 발전소와 가까운 12개 시정촌에서 피난한 사람들의 피난 전과 피난 중, 1년의 나머지 기간 동안 피난소에서 피폭된 선량을 추계한 결과다. 이 지구의 사고 직후 1년간의 평균 유효 선량은 모든 연령층에서 수 밀리시버트부터 십 수 밀리시버트 사이였다.

이러한 결과가 보여주듯이, 후쿠시마 제1원자력 발전소 사고로 방출된 방사성 물질이 원인이 된 외부 피폭량은 다행히도 그렇게 높은 수준에 이르지

사고 직후 1년간 피난자의 지구별 평균 유효 선량(단위: 밀리시버트)

연령층	예방적 피난 지구[※1]			계획적 피난 지구[※2]		
	피난 전과 피난 중	피난처	사고 직후 1년간의 합계	피난 전과 피난 중	피난처	사고 직후 1년간의 합계
성인	0~2.2	0.2~4.3	1.1~5.7	2.7~8.5	0.8~3.3	4.8~9.3
소아, 10세	0~1.8	0.3~5.9	1.3~7.3	3.4~9.1	1.1~4.5	5.4~10
소아, 1세	0~3.3	0.3~7.5	1.6~9.3	4.2~12	1.1~5.6	7.1~13

※1 고도의 피폭을 방지하기 위한 긴급 시 방호 조치로서 2011년 3월 12일~15일에 걸쳐 피난이 지시된 지구를 가리킨다.
※2 2011년 3월 말부터 같은 해 6월에 걸쳐 피난이 지시된 지구를 가리킨다.

출처 : 유엔 과학 위원회(UNSCEAR)「2013년」보고서

---

3   후쿠시마현은 동쪽부터 순서대로 하마도리, 나카도리, 아이즈의 세 지역으로 구성되어 있으며, 하마도리의 중부와 북부를 소소 지역이라고 한다. 바다와 아부쿠마 고지에 둘러싸여 있는, 남북으로 길쭉한 지역이다.

않았다. 식품에 대한 대책이 효과를 발휘해 내부 피폭량도 매우 낮은 수준으로 억제되고 있기에 암[4]의 발생률이 상승할 가능성은 거의 없다고 해도 무방할 것이다.

'방사선을 피하는 데 따른 피해'로 많은 사람이 사망했다

한편, 후쿠시마 제1원자력 발전소 사고로 피폭 영향 이외의 곳에서 막대한 피해가 발생하고 있다. 그 상징이라고도 할 수 있는 것이 피난으로 50명이나 되는 사람이 사망한 '후타바 병원의 비극'이다.[5] '방사선 피폭에 따른 피해'를 피하려고 하면 그 대신 '방사선을 피하는 데 따른 피해'가 발생하고 마는 것이다.

다음 페이지 그림은 도호쿠 3개 현의 지진 관련 사망자 수의 추이다. 미야기현과 이와테현은 사고 후 1~3개월 사이에 정점을 찍고 감소한 데 비해 후쿠시마현은 6개월 후부터 2년 후까지 계속 높은 수준을 유지했다. 이것은 원자력 발전소 사고에 따른 오염으로 피난이 장기화된 것이 원인이었다. 다시 말해 '방사선을 피하는 데 따른 피해'였던 것이다. 이 때문에 후쿠시마현에서는 2,000명이 넘는 사람이 목숨을 잃었다.

----

4 후쿠시마현 주민의 피폭 선량은 다행히도 확정적 영향이 발생하는 선량에 비해 크게 낮았다. 피폭이 건강에 영향을 끼칠 가능성이 있는 것은 확률적 영향 가운데 암뿐이지만, 피폭량을 봤을 때는 암의 발생률도 상승할 것으로 생각되지 않는다.

5 3월 14일 오전에 피난을 개시한 후타바 병원의 중증 환자 34명과 돌봄 시설 이용자 98명은 밤에 이와키 시내의 고등학교에 도착하기까지 약 14시간 동안 230킬로미터를 이동해야 했는데, 이동하는 버스 안에서 3명이, 이송된 병원에서 24명이 사망했다. 또한 3월 15일에는 아직 후타바 병원에 남아 있던 환자 95명이 자위대의 도움으로 피난했지만 피난 도중에 7명이 사망하는 등, 최종적으로는 14일과 15일을 합쳐 50명이 피난 과정에서 목숨을 잃었다.

출처 : 시미즈 슈지 외 『행복해지기 위한 '후쿠시마 차별론』 가모가와출판(2108)

동일본 대지진 · 후쿠시마 제1 원자력 발전소 사고의 관련 사망자 수

　피난한 주민 중에는 길어야 며칠 정도라고 생각해서 '별다른 준비 없이' 피난처로 향했던 사람이 적지 않았다. 그러나 그들을 기다리고 있었던 것은 살던 곳으로 돌아갈 수 없는 장기간의 피난 생활이었다.

　피난은 단순히 거주지만 바뀌는 것이 아니라 생활환경도 크게 바뀌어버리며, 그 결과 다음과 같이 정신과 육체에 여러 가지 영향을 끼쳤다. 이러한 신체적 · 정신적 영향도 명백한 원자력 발전소 사고의 피해다.

장기간에 걸친 피난 생활로 나타난 신체적 · 정신적 영향[6]

- 임신에 대한 영향은 발견되지 않았지만 모친의 정신적 건강에 대한 영향이 발견되었다. 40퍼센트 이상이 방사선 피폭에 동반되는 편견과 차별에 불안감을 느끼고 있었다.
- 15세 이하의 아동에서 높은 빈도로 체중 감소가 발견되었다. 피난 지구에서 생활한 아동에서 비만, 고지혈증, 간 기능 장애, 고혈압, 당 대사 이상이 발견되었다.
- 피난 생활을 하고 있는 주민은 피난을 하지 않은 주민보다 다혈증에 걸리는 비율이 높았다. 다혈증의 장기화는 심장 혈관계 질환의 발병과 관련이 있다.
- 20세 이상의 사람 중 약 10퍼센트가 계속적인 음주를 하게 되었다. 음주의 요인 중에는 불면증과 정신적인 고통이 있었다.
- 쓰나미와 원자력 발전소 사고의 경험, 방사선 피폭에 따른 건강 불안에 시달렸다.
- 피난 생활을 하고 있는 주민은 피난을 하지 않은 주민보다 만성 신장병의 발병률이 높았다.
- 피난 지구 거주자의 심방세동 유병률이 상승했다. 심방세동 발병의 위험 인자는 다량의 음주와 비만이었다.
- 피난 지구 주민, 특히 피난민 사이에서 과체중과 비만의 비율이 증가했다. 신체 활동량의 저하, 식생활의 변화와 관계가 있을 가능성이 있다.
- 피난 지구 주민, 특히 피난민에게서 혈압의 상승이 발견되었다. 남성은 지진·원자력 발전소 사고 후 2년 동안 피난 생활을 한 것이 고혈압의 발병과 관련이 있었다.
- 피난민의 당뇨병 발생률도 비피난민에 비해 1.61배 높았다.
- 쓰나미뿐만 아니라 원자력 발전소 사고의 경험이 주민의 기억에 각인되어 다양한 외상후 스트레스 장애를 만들어내고 있었다.
- 음주 유무 혹은 음주량과 상관없이 피난 지역 주민의 간 기능 장애가 증가했다. 피난 생활은 음주 상황과 상관없이 간 장애를 유발했다.

---

6 이 페이지에 기재된 후쿠시마 제1원자력 발전소 사고가 건강에 미친 영향은 후쿠시마 현립 의과대학교 홈페이지(http://kenko-kanri.jp/publications/)에 실린 논문을 요약해서 소개한 것이다. 전부 후쿠시마 현민 건강 조사의 결과를 바탕으로 역학적인 분석을 실시한 것이며, 위의 홈페이지에서 영어 논문과 일본어 요약을 읽을 수 있다.

11

갑상선암이 발견된 이유는 무엇일까?

2011년 3월 11일 시점에 0~18세였던 후쿠시마현의 아동을 대상으로 갑상선 검사를 실시한 결과, 200명 이상에게서 '암'이 발견되었다.[1] 이것을 어떻게 생각해야 할까?

갑상선암은 어떤 '암'일까?

갑상선은 우리의 '울대뼈' 부분에 있으며, 무게는 어른을 기준으로 약 20그램이다. 갑상선은 갑상선 호르몬[2]을 합성·분비하며, 그 재료인 요오드를 열심히 흡수한다. 원자력 발전소 사고가 일어나면 원자로에 쌓여 있었던 방사성 요오드가 새어나오는데, 방사성 요오드도 비방사성 요오드도 화학적인 성질은 차이가 없기 때문에 우리의 몸은 이 둘을 구별하지 못한다. 그래서 방사성 요오드도 갑상선에 흡수되고 만다.

이곳에 생기는 갑상선암은 매우 특이한 '암'이다. 젊은 사람에게 생긴 암은 '진행이 빠르고 예후가 나쁜' 것이 일반적이다. 그런데 **갑상선암은 젊은 사람에게서 발견되는 경우 특히 예후가 좋으며, 생명을 빼앗는 일이 거의 없는 것으로 알려져 있다.** 그 밖에도 다음 표와 같은 특징이 있다.

---

1 '선행 검사(2011년 10월~2014년 3월, 30만 473명 검진)'에서 116명, '본격 검사(검사 2회째)'(2014년 4월~2016년 3월, 27만 516명을 검진)에서 71명, '본격 검사(검사 3회째)'(2016년 4월~2018년 12월, 21만 7,676명을 검진)에서 21명이, '본격 검사(검사 4회째)'(2018년 4월~계속 중, 2018년 12월 31일 현재 7만 6,979명을 검진)에서 2명이 각각 세침 흡인 세포 검사를 통해 '악성 혹은 악성이 의심된다'고 판단되었다.

2 갑상선 호르몬은 세포의 에너지 대사를 활성화시키는 작용을 한다.

갑상선암(유두암)의 특징

1	생존률이 매우 높다.
2	저위험도 암의 진행은 매우 느리며, 대부분은 평생에 걸쳐 인체에 해를 끼치지 않는다.
3	젊은 사람에게서 발견되는 유두암은 대부분의 저위험도 암이다.

또한 사망한 뒤에 부검에서 발견되는 암을 '잠재성 암'이라고 하는데, 갑상선은 잠재성 암이 매우 많은 장기로 알려져 있다.[3] 즉 **갑상선암이 있더라도 수명이 다할 때까지 아무 일도 일어나지 않는 경우가 많다는 말이다.**

선별 검사를 실시해야 하는 '암'이 있다

후쿠시마현에서 실시되고 있는 검사는 증상이 없는 사람을 대상으로 갑상선암을 찾고 있으며, 그런 검사를 선별 검사라고 한다. 그리고 선별 검사의 유효성[4]을 판단하는 데 중요한 요소는 '암의 진행 속도'다.

다음 페이지 표처럼 암은 진행 속도에 따라 네 가지 유형으로 나뉜다. 이 가운데 선별 검사가 유효한 암은 2뿐이다. 그런데 갑상선암은 대부분이 3 아니면 4이기 때문에[5] 선별 검사가 효과적이지 않다.

---

3   사망한 사람의 유체를 해부해 조사하는 것을 부검이라고 한다. 핀란드에서는 부검한 핀란드인 중 35.6퍼센트에게서 갑상선암이 발견되었다는 보고가 있으며, 일본인의 경우도 잠재성 갑상선암의 발견률이 11.3~28.4퍼센트로 보고되고 있다.
4   선별 검사의 목적이 '조기 발견'이라고 생각하는 사람이 많은데, 이것은 잘못된 인식이다. 선별 검사의 유효성은 그것을 실시한 뒤에 '집단 전체에서 그 암에 따른 사망률이 감소하는' 것뿐이다.
5   고령이 되었을 때 미분화암(유형 1)이 발병하는 사례가 극히 드물게 존재하지만, 이것도 선별 검사는 효과적이지 않다.

'암'의 진행 속도는 차이가 크다

1	진행이 너무나 빠른 탓에 금방 증상이 나타나서 죽음에 이르고 만다.	
2	천천히 성장하며, 언젠가는 증상이 나타나 죽음에 이르지만 그때까지 몇 년이 걸린다.	**선별 검사가 효과적인 암은 2뿐**
3	진행이 매우 느리며, 평생에 걸쳐 증상이 나타나지 않는다.	**대부분의 갑상선암은 3 또는 4**
4	암이기는 하지만 전혀 진행되지 않는다.	

사망할 때까지 아무런 증상도 보이지 않는 갑상선암을 선별 검사로 찾아내는 것은 유효성이 없을 뿐만 아니라 과잉 진단[6]이라는 커다란 문제로 이어진다.

한국에서 일어난 과잉 진단 문제

갑상선 선별 검사에서 비롯된 과잉 진단 사례로는 한국의 예가 유명하다. 한국에서는 2000년경부터 갑상선 암 발생률[7]이 급상승해 이전의 15배 수준까지 치솟았다. 그런데 발생

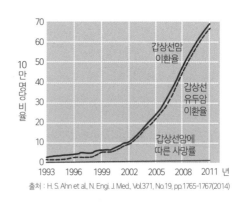

출처 : H. S. Ahn et al., N. Engi. J. Med., Vol.371, No.19, pp.1765-1767(2014)

한국에서의 갑상선암 이환율과 사망률 추이

------

6 증상이 나타나거나 그 병 때문에 죽을 위험성이 없는 사람을 병에 걸렸다고 진단하는 것. 과잉 진단으로 발견한 병을 치료하는 것은 과잉 치료가 되어버린다.

7 어떤 집단에서 일정 기간에 새로 병이 발생한 비율. 이환율이라고도 한다.

률을 상승시킨 갑상선암은 대부분이 예후가 좋은 유두암이라는 종류였으며, 갑상선암에 따른 사망률에는 변화가 없었다.

게다가 오히려 수술에 따른 여러 가지 부작용이 발생했다.[8] 이러한 사실에서 갑상선암의 발생률이 급증한 원인은 갑상선 검진을 받는 사람의 증가에 따른 과잉 진단으로 판단되었고, 그 후 한국은 갑상선암의 선별 검사를 실시하지 않는 방향으로 선회했다. 이 문제는 미국에서도 발생한 바 있다.

후쿠시마의 갑상선 피폭량은 체르노빌보다 훨씬 적다

갑상선암에 관해 생각할 때, 후쿠시마 제1원자력 발전소 사고와 체르노빌 원자력 발전소 사고 h5의 차이를 감안하는 것도 중요하다. 세계의 다양한 연구 그룹이 사고로 방출된 방사성 요오드(요오드-131)의 양을 측정했는데, 후쿠시마 제1원자력 발전소 사고로 방출된 양은 체르노빌 원자력 사고 당시 방출되었던 양의 약 10퍼센트 수준이었다.

체르노빌 원자력 발전소 사고 후, 벨라루스에서는 아동 3만 명이 1,000밀리시버트(mSv)가 넘는 피폭(갑상선 등가 선량)을 당했으며, 최대는 5,900밀리시버트에 이르렀다. 한편 후쿠시마 피폭량은 그보다 0이 2개 적은, 최대 50밀리시버트 정도로 생각되고 있다.

갑상선암의 연령 분포도 피폭이 원인이 아님을 말해 준다

다음 그림은 체르노빌 원자력 발전소와 후쿠시마 제1원자력 발전소

---

8 11퍼센트에게서 갑상선 기능 저하증. 2퍼센트에게서 성대로 연결되는 반회 후두 신경의 손상이 발생했다.

의 사고 후에 발견된 갑상선암의 연령 분포를 나타낸 것이다.[9]

  체르노빌 원자력 발전소 사고에서는 사고 당시의 연령이 낮을수록 갑상선암이 많이 발견되었으며, 연령이 상승함에 따라 수가 감소했다. 그런데 후쿠시마 제1원자력 발전소 사고 후에는 체르노빌과 달리 5세 이하에서 갑상선암이 발견되지 않았으며[10], 10세 전후부터 연령의 상승과 함께 갑상선암이 증가했다.

  이와 같이 **체르노빌 원자력 발전소 사고와 후쿠시마 제1원자력 발전소 사**

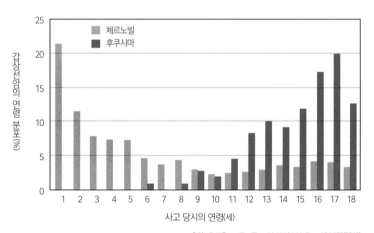

출처 : D. Williams, Eur. Thyroid J., Vol.4, No.3, pp.164-173(2015)

갑상선암의 연령 분포 비율

---

9 사고 후 첫 3년 사이에 발견된, 사고 당시의 연령을 기준으로 한 갑상선암 증례의 연령 분포다. 각각의 사고 후 발견된 모든 갑상선암 증례 수에 대한 연령 비율을 나타낸 그래프이며, 체르노빌과 후쿠시마에서 발견된 수를 직접 비교하는 것이 아니다.

10 방사성 요오드에 따른 갑상선 피폭의 발암 리스크는 5세까지로 거의 한정된다. 성인에게 바제도병 치료 등을 위해 방사성 요오드를 투여해도 리스크는 높아지지 않는다.

고는 갑상선암의 연령 분포도 전혀 다르다.[11]

피폭과의 관계를 보여주는 증거는 하나도 발견되지 않았다

선별 검사에서 발견된 갑상선암의 존재율[12]과 원자력 발전소 사고에 따른 피폭량의 관계도 조사되고 있다. 후쿠시마현을 외부 피폭 선량이 낮은 지역과 중간인 지역, 높은 지역으로 나누고 각 지역에서 갑상선암의 존재율을 비교한 결과, "피폭량이 많을수록 존재율이 높다"라는 관계성[13]은 발견되지 않았다. 또한 피폭된 뒤 갑상선암이 발견되기까지는 시간차가 발생한다. 체르노빌 원자력 발전소 사고 후에도 4년 이내에는 과잉 발생이 발견되지 않았다. 또한 피폭선량이 낮을수록 시간차가 길어진다는 사실도 알려져 있다. 그런데 후쿠시마에서는 사고 후 4년 이내에 이미 갑상선암이 발견되었다. 이것도 피폭이 원인이 아님을 보여준다.

"갑상선 선별 검사는 실시하지 않는 편이 좋다"라는 제언

유엔 과학 위원회를 비롯한 많은 전문 기관은 후쿠시마현의 아동들에게서 발견되고 있는 갑상선암이 방사선 피폭에서 비롯된 것이 아닐 것으로 판단하고 있다. 요컨대 감도가 높은 검사법으로 선별 검사를 실시한 것이 원인이라

---

11 체르노빌 원자력 발전소 사고 후의 연령 분포를 유심히 살펴보면 10세를 넘길 무렵부터 조금씩 증가했음을 알 수 있다. 이 증가는 방사선 피폭과 관계가 없으며, 연령이 상승함에 따라 증가하는 갑상선암이 원인으로 생각된다. 이것은 체르노빌 원자력 발전소 사고 후에 발견된 갑상선암에 대해서도 과잉 진단이 발생했음을 보여준다.

12 어떤 시점에 그 집단에서 병이 있는 사람의 수를 집단의 총수로 나눈 값. 유병률이라고도 한다.

13 선량 반응 관계라고 한다. 피폭이 원인이라면 선량 반응 관계가 발견될 터이다.

는 말이다. 이것은 갑상선암의 발견이 과잉 진단이었음을 의미하며, 과잉 진단은 다음 표와 같은 중대한 피해로 이어진다.

이런 상황에 입각해, 국제 암 연구 기관(IARC)은 2018년 9월에 "원자력 발전소 사고 후에 갑상선 선별 검사를 실시하는 것은 권장하지 않는다"라는 제언을 했다.[14] 다시 말해, 앞으로 원자력 발전소 사고가 발생하더라도 "후쿠시마현에서와 같은 집단적인 갑상선 검사를 실시해서는 안 된다"는 것이다. IARC의 제언에는 후쿠시마의 조사에 관한 직접적인 언급이 없지만, 그 내용을 읽어 보면 갑상선 선별 검사는 중지할 필요가 있다는 의미로 판단할 수 있다.[15]

과잉 진단이 불러오는 중대한 피해

1	소아 갑상선암으로 목숨을 잃는 일은 거의 없음에도 사회에서 시한부 인생으로 간주되고 만다.
2	10대에 암 환자라는 꼬리표가 붙은 채로 진학, 취업, 결혼, 출산 같은 인생의 중대한 이벤트를 헤쳐 나가야 하는 핸디캡을 안게 된다.
3	아이들은 인생의 중요한 이벤트가 찾아올 때마다 '수술을 받아야 할까?'라는 압박을 받게 된다.
4	의학 지식이 없는 사람들에게 '방사선을 맞아서 암에 걸렸는데 치료도 안한 채 방치하고 있는 위험한 아이'로 오해받아 취업이나 결혼에 영향을 줄 위험성이 있다.

과잉 진단의 피해는 진단을 받은 순간 발생한다.
이것은 아동에 대한 인권 침해이며, 그 피해는 매우 심각하다.

출처 : 다카노 도루, 일본 리스크 연구학회지 Vol.28, No.2, pp.67-76(2019)를 바탕으로 작성

---

14 원자력 발전소 사고의 갑상선 선별 검사에 관한 제언. 환경성 홈페이지에서 일본어 번역본을 읽을 수 있다.
15 갑상선암이 발견된 아동에게는 평생에 걸쳐 공적 자금으로 의료 서비스를 제공할 필요가 있을 것이다.

12

후쿠시마 제1원자력 발전소와
피난 지역은 현재 어떤 상황일까?

원자로 지하에 흘러든 지하수는 오염수가 되었으며, 오염수의 저감 대책과 방사성 물질 제거가 실시되고 있다. 세계적으로 경험이 없는 사고 원자로의 폐지 조치에는 긴 시간이 필요하다.

원자로의 방사능 농도는 여전히 매우 높은 상태

후쿠시마 제1원자력 발전소에서 사고가 일어난 지도 2020년 3월로 9년이 되었다. 원자로는 지금 어떤 상태일까?

1~4호기의 상황은 다음 페이지 그림과 같다.[1] 사고가 어떻게 발생했고 어떤 경과를 거쳐 중대 사고에 이르렀는지 해명하기 위해서는 원자로의 상황을 꼼꼼하게 살필 필요가 있다. 그러나 현재도 원자로 등의 방사능 농도가 매우 높은 탓에 접근이 불가능하다.

1979년에 냉각재 상실 사고를 일으켰던 미국 스리마일섬 원자력 발전소 사고의 경우, 방사능 농도가 내려가 원자로의 파괴 상황을 조사할 수 있게 되기까지 약 10년이 걸렸다. 사고의 상황이 훨씬 심각한 후쿠시마 제1원자력 발전소는 그보다 더 긴 시간이 필요하다.

사고로 용해된 핵연료에서는 방사성 핵종의 붕괴로 계속 열이 발

---

1 사고가 발생한 1~3호기의 원자로 압력 용기 온도, 원자로 격납 용기 온도·방사능 농도·수소 농도의 실시간 데이터를 다음 사이트에서 볼 수 있다. http://www.tepco.co.jp/decommission/data/plant_data/index-j.html

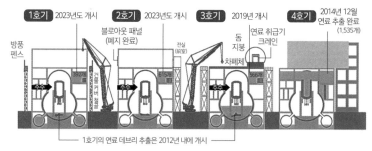

후쿠시마 제1원자력 발전소 원자로 1~4호기의 상황

생하고 있기 때문에 물을 부어서 냉각시키고 있다. 발열량은 사고 당시보다 감소해, 원자로 내의 온도는 섭씨 15~35도 정도를 오가고 있다. 여름에는 수온이 오르고 겨울에는 내려가는 등의 계절 변동을 하고 있는데, 이 또한 발열량의 저하에 따른 현상이다.

폐로 조치를 향한 노력

정부는 폐로 조치 등을 향한 '중장기 로드맵'을 2011년 12월 21일에 발표했지만, 지금까지 몇 번이나 그 로드맵을 수정했으며 그때마다 작업 공정이 지연되는 경향이 있었다. 다음 그림은 2019년 8월 현재의 로드맵이다.

이 로드맵에서 가장 어려운 공정은 연료 데브리[2]의 추출이다. **수많**

---

2 원자로 압력 용기의 노심 연료가 원자로 격납 용기 속의 구조물(노심을 지탱하는 재료나 제어봉, 압력 용기 바닥 부분의 콘크리트 등)과 함께 녹아서 굳은 것

사용 후 핵연료 풀에서 연료 추출

| 잔해 철거·제염 | 연료 추출 장비의 설치 | 연료 추출 | 보관/반출 |

△1, 2호기   △3호기   △4호기

1호기: 연료 추출 개시(2023년도 목표)
2호기: 연료 추출 개시(2023년도 목표)
3호기: 연료 추출 개시(2019년 4월 15일)
4호기: 연료 추출 완료(2014년 12월 22일)

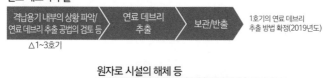

연료 데브리 추출

| 격납용기 내부의 상황 파악/연료 데브리 추출 공법의 검토 등 | 연료 데브리 추출 | 보관/반출 |

△1~3호기

1호기의 연료 데브리 추출 방법 확정(2019년도)

원자로 시설의 해체 등

| 시나리오·기술의 검토 | 설비의 설계·제작 | 해체 등 |

폐로 조치 등을 향한 중장기 로드맵(2019년 8월 현재)

은 원자력 발전소를 가동해 온 미국이나 프랑스, 러시아조차도 원자로 격납 용기에 누출된 연료 데브리를 추출해 본 경험은 없다. 전 세계의 어느 나라도 경험해 본 적이 없는 작업을 후쿠시마 제1원자력 발전소의 1~3호기에서 실시해야 하는 것이다.

정부와 도쿄전력은 일정이 다소 늦어지더라도 주도면밀한 준비를 갖추고 안전을 최우선으로 여기며 신중하고 정확하게 작업을 진행해야 할 것이다. 또한 일본 국민도 세대를 초월해서 지속적으로 관심을 가지며 폐로 조치가 끝날 때까지 그 추이를 지켜봐야 할 것이다.

원자로 건물 지하의 지하수 유입에 대한 대책

후쿠시마 제1원자력 발전소의 부지 지하에는 산에서 바다를 향해 대량의 지하수가 흐르고 있다. 사고 전에는 지하수의 건물 지하 유입과 지하수 때문에 건물에 양력³이 작용하는 상황을 방지하고자 서브드 레인이라는 우물을 파 놓고⁴ 1~4호기에서 매일 850톤이나 되는 지 하수를 퍼 올리고 있었다.

그런데 지진과 쓰나미로 서브드레인이 전부 파괴되고 우물에 잔해 등이 섞여 들어가 사용이 불가능해짐에 따라 원자로 건물과 터빈 건물 의 지하에 하루 400톤가량의 지하수가 유입되기 시작했다. 그리고 이 지하수 가 건물의 지하에 쌓여 있었던 고농도 오염수와 섞이면서 오염수가 지속적으로 증가했다. 오염수의 양을 줄이기 위해서는 먼저 건물 지하에 유입되는 지하수 의 양을 줄어야 한다. 이를 위해 ① 부지 내의 산 쪽 방향에 지하수 바 이패스라는 우물을 파고 지하수를 퍼 올린다, ② 부지 내를 포장해

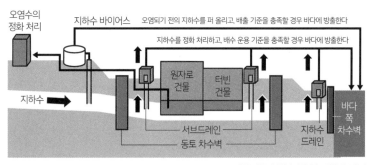

출처 : 후쿠시마현 홈페이지의 그림을 일부 수정

지하수의 건물 유입을 줄이고 바다로 누출되는 것을 방지한다

---

3 지하수의 수위가 건물의 바닥면보다 높으면 건물의 바닥면에 양력(부력)이 작용해 건물을 위로 띄운다. 예를 들어 도호쿠 신칸센의 우에노역은 지하 30미터에 건설되었는데, 지하수 의 강한 양력 때문에 암반까지 굴착한 뒤 강재(鋼材)로 고정시켰다.
4 우물 57개가 건물 주변에 설치되어 있었다.

서 비가 땅속으로 스며드는 것을 억제한다, ③ 서브드레인을 복구·신설해 지하수를 퍼 올린다, ④ 흙을 얼린 벽(차수벽[5])을 설치한다 등 대책이 실시되었다. ①~④를 통해 오염수의 발생량은 하루당 100톤 정도로 감소했지만, ①~③의 대책은 거의 한계에 다다른 것으로 여겨지고 있기 때문에 ④의 동토 차수벽이 매우 중요하다.[6]

1~4호기의 건물 지하 등에 있는 고농도 오염수의 양은 약 3만 4,000톤(2020년 1월 현재)으로, 이 오염수의 정화 대책이 실시되고 있다. **오염수가 바다로 누출되는 것도 막아야 한다.** 그래서 바다 근처에 지하수 드레인이라는 우물을 설치해 오염된 지하수를 퍼 올리고 있다. 또한 1~4호기의 바다 쪽 방향에 차수벽을 설치해 오염수가 바다로 누출되는 것을 막고 있다. 바다 쪽 차수벽이 설치된 뒤로는 바닷물의 방사능 농도가 크게 감소했다.

지하수의 정화 대책

건물 지하 등에 있는 오염수에 대해서는 흡착 장치(KURION과 SARRY)로 방사성 세슘 농도를 5~6만분의 1로 줄인 다음 담수화 장치를 사용해 담수와 처리수(농축 염수)로 분리시킨다. **담수는 1~3호기의 주수 냉각에 사용하며, 처리수(농축 염수)는 다핵종 제거 장치(ALPS)에서 삼**

---

5 320억 엔이나 되는 비용을 투입했지만 얼지 않은 부분이 일부 남는 등 효과가 미진한 상황이 계속되었기 때문에 원자력 규제 위원회의 위원장 대리가 "벽이라기보다 대나무 발에 가까운 상태"라고 말하는 등 효과에 의문도 제기되어 왔다.

6 오염수 대책의 진행 상황은 다음 주소로 들어가면 볼 수 있다.
https://www.tepco.co.jp/decommission/progress/watermanagement/index-j.html

중수소(트리튬[7]) 이외의 방사성 물질을 제거해[8] 법정 배수 농도의 최대치 이하로 만든다.

정화 처리 후 탱크 안에 저장하고 있는 처리수 양은 2019년 12월 12일 현재 약 117만 5,000톤이다.[9] ALPS 처리수에 들어 있는 삼중 수소는 물 분자로서 존재하기 때문에 어떤 제거 장치로도 제거할 수 없다. 그래서 희석시켜 법정 배수 농도의 최대치 이하로 만든 다음 외해에 방출하는 방법이 선택지가 될 것이다.

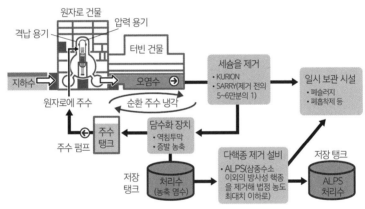

출처 : 도쿄전력 홈페이지를 참고로 작성

오염수의 정화 처리

---

7 삼중수소는 위험성이 높은 방사성 물질이 아니다. 자세한 내용은 "2-8 눈물 한 방울 속에 수천 개가 들어 있다? '삼중수소'"를 참조하기 바란다.

8 처리수(농축 염수)에는 스트론튬-90이 들어 있기 때문에 ALPS에서 처리하기 전에 스트론튬 제거 장치에서 처리한다. 이 처리를 통해 방사능 농도를 10분의 1~1,000분의 1로 줄일 수 있다고 한다.

9 http://www.tepco.co.jp/decommission/progress/watertreatment/

피난 지시 구역은 어떻게 되었을까?

현재 피난 지시 구역은 ① 피난 지시 해제 준비(연간 누적 선량 20밀리시버트(mSv) 이하가 될 것이 확실하다고 확인된 지역), ② 거주 제한(20밀리시버트를 초과할 위험이 있어 주민의 피폭 선량을 줄인다는 관점에서 피난의 지속을 요구하는 지역), ③ 귀환 곤란(사고 발생 후 6년이 경과해도 20밀리시버트 이하로 떨어지지 않을 우려가 있는, 2012년 3월 시점에 50밀리시버트를 초과했던 지역) 구역으로 나눌 수 있다. 2019년 11월 현재 피난 지시 구역은 그림과 같다.

출처 : 후쿠시마현 홈페이지

참고로, 단순히 연간 누적 선량이 20밀리시버트 이하가 되었다고 해서 피난 지시가 해제되는 것은 아니다. ① 일상생활에 필요한 인프라가 대체로 복구, ② 생활 관련 서비스가 대체로 복구, ③ 아동의 생활환경을 중심으로 제염 작업이 충분히 진척된 상황일 때 현·시정촌장·주민의 충분한 협의를 거쳐 해제한다.[10]

----

10 환경성 방사선 건강관리 담당 참사관실 자료에 기재되어 있다. 이 중 ③에 관해서는 유효 선량이 어느 정도일 때 '제염 작업이 충분히 진척되었다'고 판단하는지 명확한 설명이 없어 '20밀리시버트 이하가 되면 해제'라는 오해의 원인이 되고 있다. 지역 주민들이 수긍할 수 있도록 충분한 협의가 중요하다고 생각된다.

13

원자력 발전소 사고가 일어난다면
어떻게 몸을 지켜야 할까?

원자력 발전소 사고로 방사성 물질이 날아왔다면 ① 차폐, ② 거리, ③ 시간의 측면에서 대책을
세워 피폭량을 줄이도록 하자. 쌓여 있는 방사성 물질을 제염하면 피폭량을 크게 줄일 수 있다.

현재 일본에서는 원자력 발전소가 몇 군데에서 가동되고 있다. 만약
원자력 발전소에서 사고가 일어난다면 우리의 몸을 지키기 위해 무엇을 해야
할까?

날아오는 방사선을 막는다 [차폐]

원자력 발전소 사고로 방사성 물질이 누출되었을 경우, 그곳에서 날
아오는 방사선을 최대한 쐬지 않도록 노력할 필요가 있다. 제일 먼저
해야 할 일은 주변에서 날아오는 방사선에 노출되는 장소(창가 등)에 방사선
을 차단하는 물건(차폐체)을 놓아서 방사선을 쐬는 양을 줄이는 것이다.

물을 채운 커다란 페트병을 놓거나 모래를 채운 주머니를 쌓아 놓
으면 방사선을 차단할 수 있다.[1]

---

1 학교나 보육원 같은 곳에서는 창가에 책장을 두는 경우가 있는데, 이것도 외부에서 날아오
는 방사선을 막아 준다.

방사선원으로부터 멀어진다 [거리]

차폐를 해도 방사선이 그다지 감소하지 않을 경우는 방사선을 내보내고 있는 곳으로부터 최대한 거리를 두자. 방 안에서는 창가보다 중심부가 방사선 레벨이 낮다.

방사선 측정기를 사용할 수 있다면 집에서 방사선 레벨이 가장 낮은 장소가 어디인지 조사해 보자. 그 장소에서 지나면 방사선을 쐬는 양을 줄일 수 있다.

방사선을 쐬는 시간을 가급적 줄인다 [시간]

차폐와 거리에 대한 대책을 세운 다음에는 방사선을 쐬는 환경에 있는 시간을 가급적 줄임으로써 방사선 피폭량을 더욱 낮추자. 우리 주변의 장소 중 방사선 레벨이 낮은 곳에서 보내는 시간을 최대한 늘리는 것이 중요하다.

여기에서 이야기한 방사선을 쐬는 양을 줄이기 위한 대책은 ① 차폐 → ② 거리 → ③ 시간의 순서로 실시한다. 가령 차폐를 충분히 하지 않은 상태에서는 거리를 둔다 한들 충분한 효과를 기대할 수 없다.

방사능 구름(플룸)으로부터 몸을 지킨다

원자력 발전소 사고가 일어났을 때 제일 먼저 발생할 우려가 있는 것은 제논-133 등의 방사성 비활성 기체를 포함한 방사능 구름(플룸)[2]이다. 제논-133

---

2 방사능 구름에는 방사성 비활성 기체인 크립톤-85도 들어 있다. 제논이나 크립톤의 경우, 주위의 물질과 반응하지 않고 빠르게 환경 속에 방출된다는 점 때문에 특히 사고 초기에 주의가 필요하다. 제논-133은 반감기가 5.24일인 까닭에 비교적 일찍 없어지며, 반감기가 10.8년인 크립톤-85는 사방팔방으로 흩어져 대기권에 확산되는 사이에 서서히 감소한다.

은 베타 붕괴를 일으키며, 이때 베타선과 감마선을 방출한다. 베타선은 공기 속에서 흡수되지만 감마선은 멀리까지 날아간다. 비활성 기체는 주위의 물질과 화학 반응을 일으키지 않기 때문에 상공을 통과할 때의 외부 피폭이 문제가 된다. 이것을 차단하기 위해 다음의 대책을 실시하자.

(1) 건물 안으로 대피한다 사고가 일어났음을 알았다면 특히 사고 지역으로부터 바람이 불어오는 방향에 위치한 지역의 사람은 가급적 콘크리트로 만든 건물의 내부로 대피하자. 목조 건물의 경우도 실내에 있으면 피폭량을 대폭 줄일 수 있다.

(2) 건물의 밀폐성을 높인다 건물 안에 있을 경우, 창을 닫거나 환기구를 막아 밀폐성을 높임으로써 방사성 가스가 실내로 침입하는 것을 막는다. 비활성 기체를 들이마셔 버리면 폐가 직접 베타선에 노출될 우려가 있다.

먼저 문과 창을 닫고, 외부로 통하는 구멍이 있다면 신문지를 뭉쳐서 끼우는 등 간단한 방법으로 막아 버린다. 너무 꼼꼼하게 막으려고 여기저기 살펴보며 시간을 들이기보다는 먼저 눈에 보이는 구멍을 막은 다음 여유가 생겼을 때 다른 구멍은 없는지 살펴보자.

방사성 물질은 얼룩을 그리듯이 쌓인다

원자력 발전소 사고로 누출된 방사성 물질은 동심원상에 균등하게 퍼지는 것이 아니라 풍향, 풍속, 비나 눈, 지형의 영향을 받으며 원자력 발전소의 주변이나 멀리 떨어진 장소에 얼룩을 그리듯이 떨어져서 쌓인다. 그래서 방사성 물질이 넓은 범위의 지표면에 떨어져 쌓인 핫에어리어와 웅덩이, 낙엽, 빗물받이 등 좁은 범위에 쌓인 핫스폿이 생긴다. 방사선 피폭량을 줄이기 위해서는 이런 핫에어리어나 핫스폿이 어디에 있는지 알아 두는 것도 중요하다.

방사선 측정기는 우주방사선이나 대지에서 날아오는 방사선 이외에 지표면으로 내려와서 쌓인 방사성 물질이 방출하는 방사선도 검출해낸다. **지표면으로부터의 높이나 장소를 바꾸며 측정하면 원자력 발전소에서 나온 방사성 물질이 있는지 없는지 알 수 있다.**[3]

핫에어리어의 경우, 지표면으로부터 1미터 높이에서 측정한 값은 지표면으로부터 10센티미터 높이에서 측정한 값보다 20퍼센트 정도

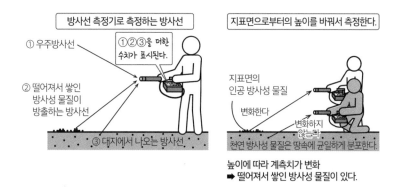

---

3 천연의 방사성 물질은 땅속에 균일하게 분포하기 때문에 그곳에서 나오는 방사선은 지면으로부터의 높이를 바꿔서 측정해도 강도가 변화하지 않는다. 한편 원자력 발전소 사고로 방출된 방사성 물질은 지표면에 넓게 분포하지만 지하로는 그다지 침투하지 않으며 수평 방향에서 날아오는 방사선이 많기 때문에 측정기의 높이를 바꾸면 강도가 변화한다.

감소한다. 핫스폿의 경우는 지표면으로부터 30센티미터 높이에서 측정한 값이 지표면으로부터 3센티미터 높이에서 측정한 값의 10분의 1 이하라는 급격한 차이를 보인다. 이렇게 해서 어디에 방사성 물질이 있는지 파악하면 그곳의 오염을 제거(제염)함으로써 피폭량을 줄일 수 있다.

지표면에 쌓인 방사성 물질을 제거한다

후쿠시마 제1원자력 발전소 사고가 일어난 뒤, 학교의 운동장이나 보육원의 앞마당 등에서 흙의 표면을 깎아내는 제염 작업이 실시되었다. 반경 3미터 정도 범위의 표층토를 3센티미터 정도 깎아내기만 해도 지상의 방사선량이 상당히 감소하는 효과가 있다. 표면의 흙을 가래나 괭이로 판 다음 삽으로 버킷에 담아서 운동장 구석에 미리 파 놓은 구멍에 묻으면 지표면으로 떨어져서 쌓인 방사성 물질을 제거할 수 있다.

빗물받이나 낙숫물이 떨어지는 지면 또는 배수구 등은 방사성 물질이 국소적으로 쌓인 핫스폿이 되는 경우가 종종 있다. 제거할 수 있는 것은 제거한 다음 모래나 벽돌 등을 그곳에 놓으면 방사선 레벨을 낮출 수 있다.

표면이 울퉁불퉁한 아스팔트 도로나 목제 벤치, 인공 잔디 등에 방사성 물질이 떨어져서 쌓이면 제거하기가 어렵다. 이 경우는 고압수를 분사하는 세정기를 사용해서 씻어 내거나 청소용 바닥솔로 방사성 물질을 꼼꼼하게 씻어내자.

제염을 일찍 할수록 피폭량을 줄일 수 있다.

자치 단체의 원자력 방재 계획이나 방재 훈련을 확인한다

원자력 발전소가 위치한 자치 단체나 그 주변의 자치 단체에서는 원자력 발전소 사고가 일어났을 때의 방재 계획과 주민에게 그 사실을 알리는 안내 책자가 마련되어 있다. 안내 책자에는 피난이나 실내 대피[4] 등의 지시가 내려오면 어떻게 몸을 지켜야 하는지에 관한 내용 등이 적혀 있다.

또한 원자력 발전소가 위치한 지역이나 인접한 지역에서는 원자력 방호 훈련이 실시되고 있다. 그곳에서는 피난한 주민이나 차량의 오염 상태 검사와 오염을 제거하는 훈련 등이 실시된다.

방재 안내 책자를 살펴보고 훈련을 참관하며, 불안한 점이나 잘 이해가 안 되는 부분이 있으면 자치 단체에 전하는 것도 중요하다.

원자력 발전소의 주변 지역에서 실시되는 '원자력 방재 훈련'

---

4 실내 대피는 병원이나 사회 복지 시설에 입원·입소한 사람 또는 돌봄이 필요한 사람 등이 조급하게 피난을 하면 오히려 더 위험성이 높아진다고 판단될 경우 차폐 효과나 기밀성이 비교적 높은 콘크리트 건물로 들어가는 것을 의미한다.

제 6 장

원자로와 방사선의

· · · · · · · · · · · · · · · · · · ·

사건 · 사고

· · · · · · · · · ·

01

사상 최악의 사고는 왜 일어났을까?
'체르노빌 원자력 발전소 사고'

핵에너지를 이용하기 시작한 1940년대부터 다양한 대형사고·사건이 세계 각지에서 발생했다. 이 장은 그런 사고·사건 몇 가지를 소개한다. 제일 먼저 소개할 것은 원자력 발전소 사고다.

사고는 '실험' 도중에 일어났다

1986년 4월 26일 깊은 밤, 구소련 우크라이나 공화국에 위치한 체르노빌 원자력 발전소의 원자로 4호기가 핵폭주 사고로 두 차례의 대폭발을 일으켰다. 이 폭발로 원자로 본체와 건물이 일거에 파괴되며 방사성 물질이 대량으로 방출되었다.

사고 전날, 4호기는 보수 점검을 위해 정지될 예정이었다. 이때 발전

출처 : 일본 과학자 회의 『환경 사전』 준포사(2006)

체르노빌 원자력 발전소. 가운데 굴뚝이 폭발을 일으킨 4호기다

소 측에서는 발전소 외부로부터의 송전이 끊기는 사고가 일어났을 경우 터빈 발전기의 관성 회전으로[1] 발전소 내의 전력 수요[2]가 어느 정도 충당되는지 '실험'을 실시하려 했다.

구소련에서 가장 운전 실적이 좋은 원자력 발전소였다

체르노빌 원자력 발전소의 원자로는 구소련이 개발한 유형인 RBMK형[3]으로, 1985년 12월 말 시점에 14기가 가동되고 있었으며 구소련 국내의 원자력 발전 설비 용량 중 약 53퍼센트를 차지하고 있었다.

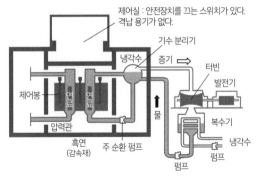

출처 : 안자이 이쿠로 『방사능으로부터 몸을 지키기 위한 책』 주케이출판(2012)의 그림을 일부 수정

체르노빌 원자력 발전소의 구조

---

1   움직이고 있는 물체에 힘을 가하지 않으면 그대로 계속 움직이는 성질을 관성이라고 한다.
2   발전소에는 원자로를 냉각시키는 펌프나 중앙 제어실의 전원 등에 사용할 전력이 필요한데, 원자로를 정지시키면 발전도 멈추기 때문에 발전소 외부로부터 필요한 전력을 공급받게 된다. 이 '실험'은 발전소 외부로부터의 전력 공급이 중단된 상황을 가정했다.
3   일본의 원자력 발전소(경수로)는 경수(평범한 물)를 감속재로 사용하지만, RBMK형(흑연감속 비등경수 압력관형) 원자로는 흑연을 감속재로 사용한다.

사고 전날인 25일 오전 1시, 운전원은 계획대로 원자로의 출력을 정격[4]에서 저하시키기 시작했으며, 비상용 노심 냉각 장치(ECCS)[5]를 해제했다. 계획에서는 정격의 20~30퍼센트까지 출력을 떨어뜨려서 실험할 예정이었는데, 우크라이나의 수도 키예프의 급전 지령실에서 갑자기 전력 공급을 계속하라는 요청이 들어왔다. 이 때문에 운전원은 "대체 언제쯤 실험을 시작할 수 있는 거야?"라고 짜증을 내면서 ECCS를 해제한 채로 운전을 속행했다. 그리고 약 9시간 후에 출력 저하를 재개했는데, **조작 실수로 출력을 예정보다 훨씬 낮은 수준까지 저하시키고 말았다.**

매우 위험한 상태였음에도 실험을 강행하다

26일 오전 1시경, 실험을 위해 예비 펌프를 가동시키자 규정을 초과하는 양의 냉각수가 순환되기 시작했고 이 때문에 수온이 내려가 기포가 대량으로 감소하면서 원자로가 불안정한 상태가 되었다. 이런 상태가 되면 안전장치가 작동해 원자로가 자동으로 정지할 가능성이 있기 때문에 운전원은 실험을 계속하기 위해 정지 신호를 우회시켜서 안전장치가 가동되지 않도록 만들었다.

오전 1시 22분 30초, 규칙상 30개 이상이 필요한 반응도 조작 여유

---

4 안전하게 운전할 수 있는 조건에서 낼 수 있는 최대의 출력
5 원자로 용기 속에서 물과 같은 냉각재가 없어지는 사고가 일어났을 때 즉시 냉각재를 주입해 노심을 냉각시키는 안전 보호 장치. ECCS를 해제하는 것은 운전 규칙 위반이다.

가 6~8개까지 저하되었다.[6] 이렇게 되면 원자로를 긴급 정지시켜야 하는데, 운전원은 실험을 계속하기 위해 이를 무시했다. 이 시점에 원자로는 매우 위험한 상태에 빠져 있었지만, 운전원은 실험을 시작하기 위해 터빈 발전기가 멈출 경우 원자로를 자동으로 정지시키는 보호 신호를 우회시켜 버렸다.*[7]

실험 개시. 원자로가 폭주해 두 차례의 대폭발이 일어나다

1시 23분 04초, 원자로에서 터빈으로 향하는 증기를 끊으면서 실험이 시작되었다. 원자로를 흐르는 냉각수의 유량이 감소하며 온도가 상승했고, 이에 기포가 증가해 출력이 상승하기 시작했다. 1시 23분 40초, 이 사실을 깨달은 현장 책임자는 원자로의 긴급 정지 버튼을 누르도록 명령했다. 그러나 사태는 이미 돌이킬 수 없는 단계에 이른 뒤였다.

긴급 정지 버튼이 눌린 지 4초 후에는 출력이 정격의 약 100배로 급상승했고, 수 초 간격으로 두 차례의 폭발이 일어났다. 첫 번째 폭발은 녹아내린 연료가 물과 접촉하면서 일어난 수증기 폭발, 두 번째 폭발은 피복관의 지르코늄과 물의 반응으로 일어난 수소 폭발로 생각되고 있다. 폭발로 원자로와 건물이 파괴되고 흑연 화재가 발생했으며, 그 후 무려

---

6 원자로 긴급 정지 신호가 발생해 긴급 삽입된 제어봉의 효과가 가장 효과적인 위치에 있는 제어봉 몇 개 분에 해당하는지를 나타내는 양을 반응도 조작 여유라고 한다. 이 양이 많을 수록 긴급 시에 제어봉을 삽입했을 때 핵분열 반응을 효과적으로 제어할 수 있다. 운전 규칙에 따르면 이 원자로의 반응도 조작 여유의 허용 최소량은 30개였다.

7 실험이 실패할 경우 다시 한 번 하기 위해서였다. 계획서에는 적혀 있지 않았다.

10일에 걸쳐 대량의 방사성 물질이 누출되었다.

결함이 있는 원자력 발전소에서 실험을 실시한 것이 원인

이러한 경과만 보면 운전원의 규칙 위반이 사고의 원인처럼 생각될 것이다.[8] 그런데 구소련은 사고 후 같은 유형의 모든 원자력 발전소에서 출력을 제어하는 시스템의 설계를 변경했다. 이것은 RBMK형 원자로에 중대한 결함이 있었음을 암시한다.

RBMK형 원자로에는 저출력에서 제어가 매우 어렵다는 결함이 있었으며, 제어봉에도 여러 가지 결함이 있었다. 소련은 이 사실을 알고 있었기에 저출력에서의 운전을 금지하는 규칙을 제정했고, 사고 후에 제어 시스템을 개선한 것이다. 운전원의 규칙 위반은 분명히 사고를 유발한 직접적인 원인이었지만, 본질적인 원인은 RBMK형 원자로 자체에 있었다. 또한 ECCS를 해제하거나 원자로를 긴급 정지시키는 보호 신호를 우회시키더라도 운전이 가능하도록 만들어진 안전 보호 시스템에도 중대한 문제가 있었다.[9]

급성 방사선 장해로 29명이 사망하고, 13만 5,000명이 긴급 피난

두 차례의 폭발로 원자로를 구성하는 물질 등이 대량 방출되었고, 사

---

8 '저출력에서의 운전은 금지되어 있었음에도 운전을 실시했다.', '원자로의 안전 보호 신호를 우회시킴으로써 무력화시켜 버렸다.', '규칙으로 정해진 반응도 조작 여유 이하에서는 운전을 하지 말아야 함에도 속행했다.' 등 여섯 항목의 운전 규칙 위반이 있었다.

9 실제로 사용하는 원자로에서 안전성이 확보되어 있지 않은 실험을 갑자기 실시한 것도 문제였다. 실험용 원자로였다면 급전 지령실에서 전력 공급 요청이 왔을 리도 없었고, 실험이 늦어져서 운전원이 짜증을 내며 대기하는 일도 없었을 터이다.

방으로 흩어진 고온의 흑연 때문에 터빈 건물 지붕의 아스팔트 등 곳곳에서 화재가 발생했다. 그리고 이 화재를 진화하는 어려운 작업 속에서 수많은 사람이 희생되었다.

사고 직후의 급성 방사선 장해 환자

심각도 분류	피해자 수	사망자 수	전신의 피폭 선량(시버트)
심각도 4	22	21	16~6
심각도 3	23	7	6~4
심각도 2	53	1	4~2
심각도 1	45	0	2~1

출처 : 일본 과학자 회의 「지구 환경 문제와 원자력」 리베르타출판(1991)

사고 직후 진화 작업에 참가했던 소방대원과 원자력 발전소 운전원들에게서 구역질과 구토, 두통 등의 증상이 나타나 키예프와 모스크바의 병원으로 이송되었는데, 237명이 급성 방사선 장해로 진단되었으며 1986년 8월까지 29명이 목숨을 잃었다.[10] 또한 그 밖에도 사고 당시의 폭발과 화상으로 2명, 헬리콥터가 연료 교환 크레인에 충돌하는 사고

사고 직후에 피난한 반경 30킬로미터 권내 주민의 외부 피폭 선량

지역	인구(명)	1인당 평균 선량(mSv)
프리피야트 시	45,000	33.3
3~7km	7,000	543
7~10km	9,000	456
10~15km	8,200	354
15~20km	11,600	52
20~25km	14,900	60
25~30km	39,200	46
합계	134,900	116

출처 : 일본 과학자 회의 「지구 환경 문제와 원자력」 리베르타
출판(1991)

---

10 심각도 4인 사람에게서는 피폭 후 30분 정도가 지날 무렵부터 구역질과 두통, 발열 증상이 시작되었고, 일주일 정도가 지나자 심각한 방사선 장해 증상이 나타났다. 전원이 체표면의 40~50퍼센트에 방사선 화상을 입고 있었으며, 이 화상이 사망의 결정적 원인으로 생각된다.

로 파일럿 1명, 피난 중의 쇼크로 주민 1명이 사망했다.

1986년 5월부터 12월 사이에는 원자로 4호기를 덮고 있는 '석관' 건물, 1~3호기 건물과 주변의 제염 작업에 누적 25만 명이 동원되었다.[11] 1987년 이후 제염에 참가한 사람들을 더하면 누적 60만 명 이상이 동원되었다고 한다. 사고 직후 반경 30킬로미터 권내의 주민 13만 5,000명 전원이 강제 피난 조치를 당했는데, 이들의 평균 외부 피폭 선량은 120밀리시버트(mSv)였으며 3~7킬로미터 권내의 주민은 540밀리시버트로 추계되었다.

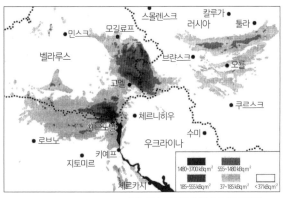

출처 : 일본 과학자 회의 『환경 사전』 준포사(2008)

체르노빌 원자력 발전소 사고로 방출된 세슘-137의 오염 지도

---

11 제염 작업에만 하루 5,000~1만 명이 동원되었다. 가장 어려웠던 작업은 오염된 흑연 블록, 핵연료, 원자로 구조재의 파편이 흩어져 있었던 원자로 3호기 건물의 지붕 제염으로, 1인당 수십 초~수 분 동안 목숨을 걸고 작업해야 했다.

방사성 물질의 대부분은 벨라루스에 떨어졌다

사고로 대기 속에 방출된 방사성 물질은 1~2엑사베크렐(EBq)[12]로, 방사성 비활성 기체는 원자로 내부에 있던 것 전부, 세슘-137과 요오드-131 등의 휘발성 물질은 원자로 내부에 있었던 것 중 10~20퍼센트, 비휘발성 물질은 3~4퍼센트가 방출된 것으로 보고되었다.

사고 직후에는 서풍~북서풍, 사고 후 4일 동안은 북~북동풍이 불었기 때문에 비활성 기체 이외의 방사성 물질 중 약 70퍼센트가 벨라루스 공화국에 떨어졌다. 방사성 물질은 유럽 각국은 물론이고 8,000킬로미터 이상의 거리에 위치한 일본에도 떨어지는 등 지구 규모의 오염을 일으켰다.

1979년에 미국에서 스리마일섬 원자력 발전소 사고[13]가 일어났을 때, 구소련 당국은 "원자력 발전은 사모바르[14]만큼 안전하다"라고 말했다. 그런 자만심이 체르노빌 원자력 발전소 사고를 일으켰다. 현재의 원자력 발전 기술은 결코 완벽하지 않기에, 다룰 때 세심한 주의를 기울어야 한다.

---

12 엑사는 10의 18제곱. 1엑사베크렐은 1조 베크렐의 100만 배다.
13 "6-2 냉각재의 상실로 원자로가 녹아 내렸다? '미국 스리마일섬'"을 참조하기 바란다.
14 러시아에서 물을 끓일 때 사용하는 주전자

02 냉각재 상실로 원자로가 녹아 버렸다?
'미국 스리마일섬'

장치 고장과 조작 실수가 서로 악영향을 끼쳐, 영업용 원자로에서 세계 최초의 노심 용융 사고가
확대되었다. 발전소가 사고의 수습을 발표한 다음날, 주민에게 피난 권고가 발령되었다.

영업 중인 원자력 발전소에서 일어난 세계 최초의 중대사고

원자력 발전소에서 중대사고(severe accident)라고 부르는 대규모 사
고가 발생하면 원자로의 노심이나 구조재가 회복 불가능한 수준까
지 파괴되고 방대한 양의 방사성 물질이 방출된다. 중대사고에 이를 가
능성이 있는 사고로는 냉각재 상실 사고와 폭주 사고[1]가 있다. 앞에서 소개한
체르노빌 원자력 사고는 이 가운데 폭주 사고에 해당되며, 다른 하나인 냉각재
상실 사고는 1979년에 미국 스리마일섬 원자력 발전소에서 발생했다. 스리마
일섬 원자력 발전소 사고는 영업 중인 상업용 원자력 발전소에서 일
어난 세계 최초의 중대사고였다.

운전을 개시한 지 3개월밖에 안 된 최신예 원자력 발전소였다

스리마일섬 원자력 발전소는 동해안과 가까운 펜실베이니아주를 흐

---

1 냉각재 상실 사고는 원자로의 물이 빠져나가 냉각을 할 수 없게 됨에 따라 일어난다. 폭주
  사고는 반응도 사고라고도 하며, 어떤 원인으로 원자로의 핵반응이 급격하게 증가함에 따
  라 발생한다.

르는 서스퀘해나강 중간의 섬[2]에 위치하고 있다. 수도 워싱턴에서 북쪽으로 약 150킬로미터 떨어진 곳으로[3], 1970년경에는 반경 8킬로미터 이내에 2만 6,000명, 16킬로미터 이내에 14만 명이 살고 있었다.

스리마일섬 원자력 발전소는 전기 출력 95.9만 킬로와트의 가압수형 경수로[4]로, 사고가 일어나기 3개월 전인 1978년 12월에 운전을 개시한 당시로서는 최신예 원자력 발전소였다. 운전 경험이 풍부한 경수로였고, 게다가 최신예 설비였다. 사고의 발생이나 확대를 막는 안전장치도 몇 겹으로 설치되어 있었다. 그런 곳에서 왜 중대사고가 일어났을까?

사고는 주 급수 펌프의 갑작스러운 정지에서 시작되었다

사고는 1979년 3월 28일 오전 4시에 주 급수 펌프(다음 페이지 그림의 ①)가 갑자기 정지하면서 시작되었다. 이 펌프는 터빈을 나온 2차 냉각수를 수증기 발생기로 보내는 역할을 했다.[5] 주 급수 펌프가 고장이 날 경우 보조 급수 펌프가 작동해 2차 냉각수를 증기 발생기로 보내도록 설계되어 있었는데, 실제로 보조 급수 펌프가 작동을 했지만 출구 밸브(②)가 닫혀 있었던 탓에 급수가 되지 않았다. 그래서 증기 발생기의 2차측(③)은 냉각재 상실 상태가 되었고, 1차 계통의 열

---

2 섬의 이름이 스리마일섬이다.

3 뉴욕에서는 서쪽으로 약 250킬로미터 떨어져 있다.

4 "5-3 원자력 발전소에는 어떤 유형이 있을까?"를 참조하기 바란다.

5 1차 계통은 원자로에서 나온 물이 증기 발생기, 냉각재 펌프를 지나 원자로로 돌아오는 경로다. 한편 2차 계통은 증기 발생기에서 1차 계통으로부터 받은 열로 끓인 수증기가 터빈을 돌린 뒤 복수기에서 냉각되어 다시 물로 돌아간 뒤 주급수 펌프를 통해 수증기 발생기로 돌아오는 경로다.

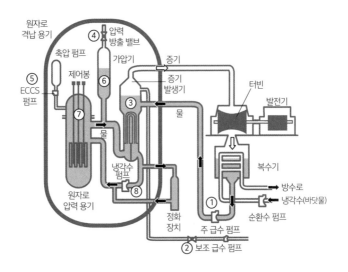

가압수형 원자로의 구조

이 2차 계통으로 흡수되지 않게 되어 압력이 상승한 결과 원자로가
긴급 정지되었다.

이때, 가압기의 압력 방출 밸브(④)가 자동으로 열려 1차 계통의
압력을 낮추기 시작했다. 그 후 제어실의 운전원은 압력 방출 밸브의
램프가 '닫힘'으로 표시된 것을 보고 **1차 계통의 압력이 내려가서 밸브가
자동으로 닫혔다고 생각했지만, 실제로는 계속 열려 있는 상태였다.** 압력 방출
밸브가 고장이 났던 것이다.[6]

---

6 제어실의 운전원이 이 사실을 깨닫고 수동으로 압력 방출 밸브를 닫을 때까지 2시간 22분
   동안, 1차 냉각수의 3분의 1인 약 80톤이 압력 방출 밸브를 통해 유출되었다.

잘못된 표시를 보고 비상용 노심 냉각 장치를 정지시키다

가압기의 압력 방출 밸브를 통해 냉각수가 계속 빠져나간 결과 1차 계통의 압력은 점점 저하되었고, 이에 비상용 노심 냉각 장치(ECCS, ⑤)[7]가 작동해 냉각수 보급을 시작했다. 제어실의 표시판에서는 가압기의 수위(⑥)가 또다시 상승하기 시작했다. 그러나 사실 가압기의 수위는 원자로 내의 수위를 올바르게 나타내지 않고 있었다.[8]

운전원은 가압 방출 밸브가 열려 있으리라고는 꿈에도 생각하지 않았다. 그래서 이대로 수위가 상승하면 1차 계통이 물로 가득 차서 원자로(⑦)가 고압 상태가 되어 위험해진다고 판단하고 ECCS를 수동으로 정지시켰다. 그 결과, 실제로는 수위가 낮아지고 있었지만 이후 11시간 동안 ECCS에서 물이 보급되지 않았다.

1차 냉각수 순환도 멈추면서 노심이 급속히 손상되다

원자로의 1차 냉각수 펌프(⑧)는 사고가 발생하고 1시간 이상에 걸쳐 냉각수를 순환시켜 원자로를 냉각시키고 있었다. 그러나 1차 계통의 압력이 떨어짐에 따라 냉각수 속에 수증기와 가스의 양이 증가했고, 이 때문에 기액이상류[9]가 발생하면서 펌프가 헛돌기 시작해 심한 진동을 일으켰다.[10] 이에 운전원은 평소의 훈련대로 펌프를 정지시켰다.

---

7   원자로 용기 속에서 물 등의 냉각재가 상실되는 사고가 일어났을 때 즉시 냉각재를 노심에 주입해 냉각시키는 안전 보호 장치

8   1차 냉각수가 국소적으로 끓기 시작했고, 이때 발생한 증기 방울이 1차 냉각수를 가압기로 밀어 올렸기 때문에 가압수의 수위가 상승한 것처럼 보였다.

9   물속에 거품이 섞인 상태

10 캐비테이션(공동현상)이라고 하며, 방치하면 펌프가 파괴될 위험성이 있다.

냉각수의 유량이 저하된 데다가 순환까지 멈추자 원자로에서는 핵연료가 과열해 손상이 급속히 진행되었다. 연료 속의 핵분열 생성물이 가압기 압력 방출 밸브(④)를 통해 원자로 격납 용기로, 배관을 통해 건물로 대량 방출되어 방사선 레벨이 급상승했다. 또한 고온이 된 연료 피복관의 지르코늄과 물이 반응해 발생한 수소 가스가 원자로에서 격납 용기로 새어나가 수소 폭발을 일으켰다.

잇따른 경보로 운전원이 혼란에 빠지다

사고가 진행되는 동안 제어실에서는 100개 정도의 경보가 차례차례 울렸고, 혼란에 빠진 운전원은 어떻게 대응해야 할지 판단하지 못했다. 경보 장치는 무조건 많다고 해서 좋은 것이 아니라 현재의 상황을 적절하고 신속하게 파악할 수 있도록 돕는 역할을 해야 하는 것이다.[11]

스리마일섬 원자력 발전소 사고에서는 운전원의 조작 때문에 인위적으로 사고가 확대된 측면이 분명히 있다. 그러나 운전원은 자신의 역할을 소홀히 하지도 않았고, 딱히 능력이 부족했던 것도 아니었다. 그럼에도 사고는 일어나는 것이다.[12]

최악의 등급인 '일반 긴급 사태'를 선언하다

사고가 발생한 지 약 8시간 후인 오전 7시경, 스리마일섬 원자력 발

---

11 사고 조사 특별 위원회(케메니 위원회)가 운전원 전원과 면담한 결과 판명되었다.
12 노심의 45퍼센트, 62톤이 녹아내렸고, 이 가운데 약 20톤이 원자로 용기의 바닥에 쌓였다. 10년 후의 조사에서 바닥에 균열이 발생했음이 밝혀졌다. 만약 이 균열이 확대되어 용융 연료 등이 바닥을 뚫고 내려갔다면 더욱 위기 상황이 되었을 것이다.

전소에는 긴급 사태가
발령되었고, 인근 지역
과 주 경찰은 경계 태세
에 돌입했다. 오전 7시
20분, 격납 용기의 천장
에 설치된 방사선 모니
터가 비정상적으로 높
은 값을 표시했다. 그리

출처 : 안자이 이쿠로 『방사능으로부터 몸을 지키기 위한 책』
주케이출판(2012)]

**사고 당시 사진.
위쪽에 보이는 것이 스리마일 원자력 발전소다**

고 이 시점에 미국에서 설정된 원자력 발전소의 긴급 사태 가운데 최악의 등
급인 '일반 긴급 사태'가 선언되었다.

그때까지 쌓인 물을 다른 건물로 옮기는 등의 목적을 위해 격리[13]
되어 있지 않았던 격납 용기가 오전 7시경에 격리되었다. 이것으로
격납 용기 내의 방사성 물질이 누출되지 않게 되었을 터였는데, 운전
원이 배관의 폐쇄를 해제하는 바람에 방사성 물질이 이곳을 지나 주
변으로 방출되었다.[14]

오전 11시, 사고 대응에 필요한 인원을 제외하고는 모두 스리마일
섬에서 피난시키라는 지시가 떨어졌다. 오후 2시경, 발전소 배기탑의
약 4미터 상공에서 1시간당 30밀리시버트(mSv)의 방사선이 검출되

---

13 안전을 확보하기 위해 밸브를 닫는 등의 방법으로 외부와의 연결을 끊는 것
14 관련 지역의 자치 단체 중 대부분은 이 사고의 정보를 주 정부보다 보도 기관을 통해서 알
   게 되었다. 원자력 발전소로부터 16킬로미터 떨어진 해리스버그의 시장도 그중 한 명으로,
   오전 9시 15분경에 라디오 방송국으로부터 "원자력 발전소 사고에 대해 어떻게 대처할 생
   각이십니까?"라는 질문을 받고 비로소 사고가 발생했음을 알았다.

었다.[15]

3월 29일, 발전소 측은 "사고가 수습되었다"라고 발표했다. 그런데 다음날인 30일에 방사성 가스가 누출되어[16] 배기탑 상공 39미터에서 1시간당 10밀리시버트가 검출되었다. 주지사는 16킬로미터 이내의 주민은 적어도 오전 중에는 실내에 머물 것, 8킬로미터 이내의 주민 가운데 임산부와 영유아는 우선적으로 피난할 것을 권고하고, 주변에 있는 23개 초등학교를 임시 폐쇄하도록 명령했다.[17]

'중대사고는 일어나지 않을 것'이라는 보장은 없다

사고를 조사한 케메니 위원회는 보고서에서 "장기적으로 중대사고가 발생하지 않을 것임을 보장해 주는 마법의 지팡이는 발견할 수 없었다. 원자력의 안전성에 관한 상세한 청사진도 작성할 수 없었다. 만약 일부 기업 등이 근본적으로 자세를 변혁하지 않는다면 결국은 일반 대중의 신뢰를 완전히 잃게 될 것이다"라고 지적했다.

이 사고는 다음과 같은 교훈을 우리에게 남겼다.

① "원자력 발전소에서 사고가 일어나더라도 기기가 자동으로 안전을 유지하도록 작동하므로 걱정하지 않아도 된다"라고 홍보

---

15 자연 방사선 레벨의 약 40만 배에 해당된다.

16 방사성 비활성 기체가 약 1경 베크렐(1경은 1억의 1억 배), 요오드-131이 약 6,000억 베크렐 방출되었다.

17 해리스버그로 이어지는 30킬로미터 길이의 도로가 자동차로 가득 찼고, 자가용 비행기로 피난하는 주민도 있었다. 전화 통화량이 폭증했기 때문에 전화 회사는 텔레비전과 라디오를 통해 긴급 이외의 전화는 삼가도록 요청했다.

했지만, 이것은 사실이 아니었다.

② 몇몇 고장이나 잘못된 조작이 서로 악영향을 끼쳐서 사고가 연 쇄적·복합적으로 확대된 결과 큰 사고로 이어질 수 있다.

③ 원자력 발전소에서 사고가 일어나면 인간이 판단을 내려야 하 는 경우가 많다. 인간의 판단이나 조작이 사고 원인에서 차지하 는 비중도 크다.

03

자살 시도에 원자로가 휘말렸다?
'미국 아이다호'

원자로가 폭주한 원인은 운전원이 자살을 위해 제어봉을 뽑은 것으로 생각된다. 그러나 제어봉 하나를 뽑은 것만으로도 쉽게 폭주하도록 만든 설계야말로 사고의 진짜 원인이었다.

소형 군용 원자로에서 일어난 사고

반세기 이전의 미국에서는 생각지도 못한 원인으로 원자로가 폭주해 운전원 3명 이 사망하는 사고가 일어난 바 있다. 방사선 레벨이 너무나도 높았던 탓에 구조를 위해 원자로에 접근하기도 어려웠지만, 부지가 매우 넓었던 덕 분에 주변 지역의 주민에게 끼친 영향은 경미한 수준에 머물렀다.

사고가 일어난 때는 1961년 1월 3일이며, 발생 장소는 아이다호주 에 있는 국립 원자로 시험장이었다. 이곳에 있었던 SL-1 원자로는 육군

아이다호 원자로 시험장의 위치

이 북극의 기밀 시설에서 발전과 난방에 사용할 목적으로 설계한 것이었다. 가압수형 원자로였지만 일본에서 사용되고 있는 발전용 원자로와는 설계가 달라서, 91퍼센트의 우라늄-235를 포함한 고농축 우라늄[1]을 연료로 사용했다.

원자로에서 화재가 발생했음을 알리는 경보기가 울리다

SL-1의 운전은 군인이 3인 1조 교대 근무로 실시하고 있었다. 사고 당일에는 정지 상태인 원자로의 운전을 다음날인 4일에 재개하기 위한 작업이 진행되고 있었다. 이윽고 하루의 작업이 끝나고 오후 4시에 운전원이 교대했다.

이상이 발생한 때는 오후 9시 1분으로, 시험장 내부의 세 곳에서 원자로의 화재 발생을 알리는 화재경보기가 울렸다 이에 소방대가 현장으로 달려갔지만 방사선의 강도가 1시간당 2,000밀리시버트(mSv)나 되었기 때문에 소방차를 후퇴시켜야 했다.

오후 9시 15분, 방사선 측정기를 휴대한 긴급 구조팀이 위험을 감수하고 건물로 들어갔다. 원자로 위의 플로어까지 올라간 구조팀은 문을 통해 안쪽을 들여다봤는데, 무엇인가 폭발이 일어난 것까지는 알 수 있었지만 운전원 3명의 모습은 어디에도 찾아볼 수 없었다. 이때 측정기가 1시간당 5,000밀리시버트라는 높은 수치[2]를 표시하고 있었기 때문에 구조팀은 서둘러 건물을 떠났다.

---

1 "5-2 '원자력 발전소'와 '원자폭탄'은 무엇이 다를까?"를 참조하기 바란다.
2 이 장소에 1시간 동안 머물러 있기만 해도 대부분의 사람이 1개월 안에 사망하는 선량이다.

구조팀이 출동했지만 운전원은 사망한 뒤였다

사태가 명확해짐에 따라 누군가가 과감하게 행동하는 수밖에 없음이 분명해졌다. 오후 10시 50분, 5명의 구조팀이 출동해 운전원 한 명의 시신을 발견했다. 그리고 아직 살아 있었던 다른 한 명의 운전원을 구조했지만, 신원은 판별할 수 없는 상황이었다.[3]

마지막 한 명은 좀처럼 발견되지 않았다. 그런데 구조팀 중 한 명이 원자로의 천장에 회중전등을 비친 순간, 제어봉에 가슴이 꿰뚫린 채 죽어 있는 운전원의 모습이 보였다. 구조팀은 6일 후 천장에서 그 운전원의 시신을 내렸는데, 대량의 방사성 물질이 부착되어 있었기 때문에[4] 납으로 만든 관에 넣어서 매장했다.

사망한 운전원이 몸에 지니고 있었던 보석과 금속이 중성자선을 쐬어서 강하게 방사화되어 있었다는 데서,[5] 원자로가 갑자기 폭주한 사고로 추정되었다.

부지가 넓었던 덕분에 피해가 적었다

사고 당시 SL-1 원자로에는 약 40페타베크렐(PBq)[6]의 방사능이 있었는데, 폭발로 대량의 방사성 물질이 흩어졌지만 다행히도 대부분은 원자로 건물의 내부에 남아 있었다. 나중에 환경 방사능을 측정한

---

3 들것에 실린 채 건물 밖으로 운반되어 구급차를 타고 병원으로 향했지만, 수십 분 후에 사망했다.

4 시신으로부터 2미터 떨어진 곳에서도 1시간당 1,000~5,000밀리시버트라는 매우 강한 방사선이 나오고 있었다.

5 중성자선을 물질에 조사하면 그 물질은 방사능을 띠게 되며, 이것을 방사화라고 한다.

6 페타는 1,000조

결과, 대기 속에 방출된 요오드-131은 약 3테라베크렐(TBq)로 추정되었다.[7] 사고 다음날, 원자로에서 8.5킬로미터 떨어진 곳에서 1세제곱미터당 1.3베크렐의 방사능이 측정되었다. 또한 SL-1로부터 바람이 부는 방향으로 400킬로미터 떨어진 곳에 있는 마을에서도 방사능이 측정되었다.

출처 : 나카지마 도쿠노스케 『원자력 발전의 안전성』
이와나미서점(1975)

아이다호 원자로 시험장 부지의 넓이

아이다호 원자로 시험장의 부지를 이바라키현 주변의 지도와 겹쳐 보면 이곳이 얼마나 넓은지 알 수 있다.

다행히도 이 사고가 주변의 주민들에게 끼친 영향은 경미한 수준이었는데, 이것은 SL-1 원자로가 광대한 부지의 내부에 있어서 사람들이 사는 곳으로부터 멀리 떨어져 있었던 덕분이었다.

사고의 원인은 실연을 비관한 자살이었다?

SL-1의 방사선 레벨이 낮아지기를 기다린 뒤 원자로의 해체가 실시

---

7 테라는 1조. 참고로, 후쿠시마 제1원자력 발전소 사고는 100~500페타베크렐(10~50만 테라베크렐)의 요오드-131이 대기 속에 방출된 것으로 추정되고 있다.

되었으며, 이때 사고 당시 격렬한 폭발이 일어났음이 밝혀졌다.[8] 운전자 3명이 전원 사망했기 때문에 자세한 사고 원인은 알 수 없었지만, 어떤 원인으로 제어봉이 급속히 뽑히는 바람에 원자

사고 후에 철거되는 SL-1 원자로

로가 폭주해서 폭발에 이른 것으로 생각되고 있다.

SL-1은 제어봉을 하나 뽑으면 임계[9]가 되는 구조로서, 사고 당일에는 운전원이 손으로 제어봉을 뽑는 작업이 예정되어 있었다. 군용 원자로라고는 해도 위험하기 짝이 없는 작업이다.

사고로부터 18년 후, 미국 정부는 사고 조사 보고서를 공개했다. 여기에는 운전원 중 한 명이 실연을 비관해 자살을 시도하려고 제어봉을 뽑았다고 적혀 있었다. 이것이 직접적인 원인이었다고는 하지만, 제어봉을 하나만 뽑아도 쉽게 폭주해 버리는 원자로의 구조야말로 최대의 원인이었던 것으로 생각된다.

8　전체 중량이 13톤이나 되는 원자로 구조재가 원자로 용기째 1미터 가까이 날아올랐던 흔적이 발견되었다. 이 때문에 원자로 용기에 접속되어 있었던 수증기 배관, 급수를 위한 배관 등 모든 배관이 찢겨져 있었다.

9　"5-3 원자력 발전소에는 어떤 유형이 있을까?"를 참조하기 바란다.

04

원자로의 화재로 광대한 목초지가 방사능에 오염되었다 '영국 윈드스케일'

원자로의 흑연을 가열할 때 화재가 발생한 결과, 핵연료가 손상되어 대량의 방사성 물질이 누출되었다. 이 사고를 통해서 얻은 지식은 그 후의 방사능 오염 대책에 적극적으로 활용되었다.

플루토늄 생산용 원자로에서 큰 사고가 발생하다

1957년 가을, 영국의 원자로에서 큰 사고가 일어나 주변의 광대한 지역을 방사성 물질로 오염시켰다. 아일랜드해 연안에 위치한 이 원자로는 천연 우라늄을 연료로 사용하는 흑연 감속 공기 냉각

형[1]이라는 유형으로, **발전은 하지 않으며 핵무기용 플루토늄의 생산이 목적인 군사용 원자로였다.**

흑연을 감속재로 사용하는 원자로의 경우, 운전 과정에서 흑연 속

---

1 콜더홀형이라고 하며, 흑연으로 중성자를 감속시키고 공기의 순환으로 핵연료의 냉각을 실시한다. 이것을 개량해서 발전용 원자로로 만든 것이 영국에서 널리 사용되고 있다. 일본 최초의 상업용 원자력 발전소인 도카이 원자력 발전소는 이것을 수입해서 만든 것이었다. 감속과 냉각에 관해서는 "5-3 원자력 발전소에는 어떤 유형이 있을까?"를 참조하기 바란다.

에 에너지[2]가 축적되기 때문에 때때로 운전을 정지하고 이 에너지를 제거해야 한다. 이를 위해 흑연을 일정 온도까지 가열한 다음 서서히 식히는 작업을 실시하는데, 이 작업 중에 사고가 일어났다.

원자로의 흑연이 불타오르기 시작했다

10월 7일, 윈드스케일 원자로 1호기[3]는 흑연을 가열해 위그너 에너지를 제거하기 위해 정지되었다. 냉각용 공기를 보내는 송풍기를 멈춘 뒤 원자로를 임계 초과[4]로 만들고 흑연 가열 작업을 시작했는데, 이때 핵연료가 손상될 정도의 고온이 되었지만 불완전한 계측 기기와 운전원의 판단 오류로 이 사실을 깨닫지 못했다.

다음날인 8일 아침, 운전원은 원자로를 정지시켰지만 흑연이 충분히 가열되지 않았다고 판단해 오전 11시가 지났을 무렵 두 번째 가열을 시작했다. 10일 아침, 배기탑에서 방사선 레벨이 급격히 상승했지만 얼마 안 가 하락했기 때문에 운전원은 아무런 조치도 취하지 않았다. 그런데 방사선 레벨이 다시 상승하면서 연료 파손 사고가 일어났음이 분명해졌다.

10일 오후, 차폐벽을 떼어내고 원자로를 들여다보니 약 150개의 핵연료가 새빨갛게 달궈져 있었다. 이에 다양한 대응책을 실시해 봤지만 모조리

---

2 흑연에 중성자가 조사되면 흑연의 원자 배열이 일그러진다. 이로 인해서 축적되는 에너지를 위그너 에너지라고 한다.

3 윈드스케일(사고 당시의 지명이며, 현재는 셀라필드라고 한다)에는 원자로가 2개 있으며, 사고를 일으킨 것은 1호기였다.

4 핵분열 연쇄 반응으로 시간이 지날수록 중성자의 수가 증가하는 상태

실패로 돌아갔고, 남은 방법은 대량의 물을 붓는 비상수단뿐이었다. 11일 오전 8시 55분, 새로운 사태의 발생 가능성을 감안해 직원들을 대피시킨 뒤 주수를 개시함으로써 사고가 더 확대되는 사태를 겨우 막을 수 있었다.

사고가 진행되는 동안, 손상된 핵연료에서 대량의 방사성 비활성 기체가 배기탑의 필터를 통해 대기 속으로 누출되었다. 이 필터는 현재의 원자력 발전소에서 사용하는 것보다 성능이 훨씬 나빴기 때문에 휘발성인 방사성 물질도 대량으로 방출되었다.

광대한 목초지가 오염되어 우유 출하가 금지되다

10월 10일부터 13일까지 시설과 주변을 대상으로 방사능 분석을 실시한 결과 방사성 요오드가 대량으로 방출된 것이 분명해졌다. 그리고 '공기 → 목초 → 우유 → 아동이 섭취 → 갑상선 피폭'이라는 경로가 주목받아 목초와 우유 등의 방사능 분석이 강화되었다.[5] 측정 결과 요오드-131은 약 0.7페타베크렐(PBq)[6], 방사성 비활성 기체는 손상된 핵연료 속에 있었던 약 15페타베크렐이 거의 전량 방출된 것으로 추정되었다.[7]

사고로 방출된 요오드-131은 영국 남부에서 유럽 대륙 북부까지 영향을 끼쳤다. 아일랜드해 연안 부근에서는 동서로 16킬로미터, 남

---

5   환경 방사선 측정용 자동차 15대가 사용되어 큰 역할을 담당했다. 또한 영국 각지의 과학자 150명이 채취한 시료의 분석에 참가했다.

6   페타는 1,000조

7   이 분석으로 대책에 긴급성을 요하는 방사성 물질 등에 관한 중요한 정보를 얻을 수 있었다. 이 정보는 후쿠시마 제1원자력 발전소 사고 때도 활용되었다.

북으로 50킬로미터, 총면적 518제곱킬로미터에 이르는 광대한 목초지가 오염되어 우유의 출하가 1개월 이상 금지되었다. 이 사고에 따른 피폭량은 갑상선 등가 선량이 아동의 경우 최대 160밀리시버트(mSv), 성인의 경우 20밀리시버트였으며, 지표면의 방사성 물질 농도가 가장 높았던 지역의 유효 선량은 0.3~0.5밀리시버트로 추정되었다.[8]

사고 경험은 그 후에 활용됐다

윈드스케일 사고는 원자로 상태를 측정하는 장치의 배치 등 설계상의 문제가 주된 원인으로 운전원의 허술한 판단이 사고를 확대했다. 한편 영국 정부와 원자력공사는 사고에 대한 상세한 보고서를 발표하는 등 사고로부터 교훈을 얻으려는 적극적인 자세를 보였다. 따라서 이 사고로 얻은 지식은 그 후의 방사능 오염 대책에 큰 도움이 되고 있다.

---

8 등가 선량과 유효 선량에 관해서는 "3-10 방사선을 쬐었다면 그 영향은 어느 정도일까?"를 참조하기 바란다.

05

인구 밀집 지역에 벌거벗은 원자로가 나타났다? '일본 도카이촌'

한도량을 크게 웃도는 우라늄 용액을 안전 대책도 마련되어 있지 않은 용기에 담은 탓에 임계 사고가 일어나고 말았다. 3명이 대량의 방사선 피폭을 당했고, 그중 2명이 사망했다.

전 세계에서 약 20년 동안 일어나지 않았던 임계 사고가 일본에서 일어났다

우라늄 등이 '한 곳 이상에 일정량 이상' 모이면[1] 핵분열 연쇄 반응이 일어나 대량의 방사선과 열이 발생하며, 이것을 임계라고 한다. 그리고 우라늄이 부주의로 인해 임계량 이상이 되어 버리면 의도치 않은 핵분열 반응이 일어나 제어 불능 상태가 되며, 강한 방사선과 핵분열 생성물이 외부로 방출되고 만다. 이것이 임계 사고다. 원자력 발전을 이용하기 시작한 초기에는 세계의 여러 나라에서 임계 사고가 다수 발생했지만, 임계 사고 방지에 대한 기술적 경험이 축적됨에 따라 1978년 12월의 사고를 마지막으로 더는 임계 사고가 일어나지 않게 되었다. 이에 전문가들은 이제 임계 사고가 그리 쉽게는 일어나지는 않을 것이라고 생각했는데, 1999년 9월에 일본의 이바라키현 도카이촌에 위치한 우라늄 가공 회사 JCO 도카이 사무소에서 임계 사고가 발생했다.

---

1 우라늄 같은 핵분열성 물질은 일정 질량 이상이 되지 않으면 핵분열 연쇄 반응을 유지하지 못한다. 그 최소 질량을 임계량이라고 한다.

허가된 공정에 위배되는 '비공식 현장 매뉴얼'마저도 무시하다

사고는 시험용 원자로인 '조요(常陽)'[2]의 연료를 제조하기 위해 농축도 18.8퍼센트의 우라늄 용액을 취급하는 작업 도중에 발생했다.

농축도 16~20퍼센트의 우라늄에 대해서는 임계 사고가 일어나지 않도록 1회 취급량이 2.4킬로그램(1배치라고 한다)으로 제한되어 있으며, 이것을 질량 제한이라고 한다. 또한 우라늄 용액을 취급할 때는 길쭉한 형태의 용기를 사용해 중성자가 밖으로 새어나오지 않도록 해서 임계를 방지한다. 이

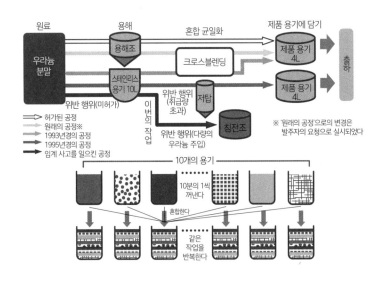

크로스블렌딩

---

2 '조요'는 고속 증식로다. 고속 증식로는 우라늄-235가 핵분열을 일으켜서 튀어나오는 고속의 중성자를 감속시키지 않고 핵분열 연쇄 반응을 일으키며, 동시에 핵분열을 잘 일으키지 않는 우라늄-238을 핵분열 생성물인 플루토늄-239로 바꾼다. 발전을 하면서 소비한 양 이상의 핵분열 생성물을 만들기 때문에 증식로라고 부른다.

것은 형상 제한이라고 한다.

JCO 도카이 사무소에서는 6~7배치의 우라늄 화합물을 질산에 녹여서 농도가 균일한 약 40리터의 용액으로 만드는 작업을 실시하고 있었다. 이때 정부가 허가한 '규정' 공정은 크로스블렌딩[3]이었는데, JCO는 번거롭다는 이유로 이것을 저탑(貯塔)이라는 세로로 긴 용기에 6~7배치를 한 번에 넣고 혼합해[4] 균일화하는 '비공식 현장 매뉴얼'로 바꿔 버렸다. 심지어 사고 당일에는 이 '비공식 현장 매뉴얼'조차도 무시한 채 작업을 했다.

임계 사고가 발생해 작업원 2명이 사망하다

9월 30일 오전 10시 35분, 형상 제한을 충족시키지 못하는 용기(침전조)에 취급 한도량을 크게 초과하는 우라늄 용액을 부었기 때문에 임계 사고가 발생했다. 인구 밀집 지역에 제어가 되지 않고 차폐벽도 없는 '벌거벗은 원자로'가 갑자기 출현한 것이다. 작업원 3명은 순식간에 대량의 방사선을 쐬었고, 이 가운데 2명이 사망했다.[5] 사고 발생 5시간 후에는 반경 350미터 이내의 주민에 대해 피난 권고가, 12시간 후에는 10킬로미터 권내에 실내 피난 권고가 내려졌다. 둘 다 일본 최초였다.

임계 상태가 계속되고 있었던 9월 30일 심야, 침전조 주위의 냉각

---

3 6~7배치를 한번에 혼합하면 임계가 되므로, 크로스블렌딩에서는 4리터들이 용기 10개에서 10분의 1씩을 꺼내 다른 용기에 배분하는 번거로운 방법으로 혼합을 한다.

4 저탑은 가늘고 길쭉한 용기로, 형상 제한을 충족시켰지만 작업이 어려웠다.

5 16~20시버트(Sv) 이상을 피폭당한 작업원은 같은 해 12월 21일에, 6~10시버트 정도를 피폭당한 다른 작업원은 이듬해 4월 27일에 급성 방사선 장해로 세상을 떠났다.

수를 빼내기로 결정되었다.[6] 다음날인 10월 1일 오전 2시 35분에는 "1분 이상 작업하지 마시오"라는 지시 아래 18명이 목숨을 건 작업을 시작했고, 오전 6시 14분이 되었을 때 마침내 임계 사고가 수습되었다.[7]

사고의 직접적인 원인은 작업 공정에 대한 JCO의 중대한 변경이었는데, 허가도 받지 않은 채 너무나도 쉽게 공정 변경이 가능했다. 게다가 1회의 취급량이 1배치를 넘어서는 안 됨에도 7배치나 담을 수 있는 침전조가 존재했다는 사실 자체도 문제였다. 이 용기는 당시의 과학 기술청과 원자력 안전 위원회의 안전 심사를 통과한 것이었다. 심사 자체가 허술했다는 말이다.

---

6 냉각수가 침전조에서 누출되는 중성자의 수를 줄이고 있어서 핵분열 연쇄 반응이 유지되고 있다고 생각했기 때문이다.
7 이 임계 사고에서 핵분열 연쇄 반응을 일으킨 우라늄-235의 질량은 약 0.98밀리그램이었는데, 크기로는 단팥빵 위에 올리는 양귀비씨 한 개 정도에 불과하다.

고온의 불덩이가 두 도시를 소멸시켰다
'히로시마, 나가사키'

전쟁을 빠르게 끝내기 위해, 개발되지 얼마 안 된 원자폭탄이 투하되었다. 열선과 폭풍, 방사선으로 많은 사람이 죽었고, 살아남은 사람에게도 고통이 계속되었다.

우라늄-235 같은 원자에 중성자를 충돌시키면 원자핵이 핵분열을 일으켜 막대한 에너지를 방출한다.[1] 불행히도 이 에너지는 원자폭탄에 최초로 이용되었다.

사상 최초의 원자 폭탄이 히로시마에 투하되다

1945년 여름, 미국의 군사령부는 일본의 패전이 거의 확실해졌음을 알고 있었다. 그해 2월에 열린 얄타 회담에서 미국은 소련과 '극동 밀약'을 체결하고 '독일의 항복 후 3개월 이내에 소련이 대일 전쟁에 참전할 것'을 요청한 바 있었는데, 5월 8일에 독일이 무조건 항복한 지 3개월이 지나려 하고 있었다.

7월 16일, 뉴멕시코주의 사막에서 사상 최초의 원자폭탄 실험을 성공시킨 미국의 대통령 트루먼은 다음날인 17일에 독일의 수도 베를린의 교외에 있는 포츠담에서 소련의 스탈린과 회담했다. 이곳에

---

1 더 자세한 내용은 "5-2 '원자력 발전소'와 '원자폭탄'은 무엇이 다를까?"를 참조하기 바란다.

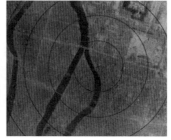

원자폭탄 투하 전(왼쪽)과 투하 후(오른쪽)에 찍은 히로시마시의 항공사진

서 소련이 8월 중순까지는 대일 전쟁에 참전하겠다는 이야기를 들은 트루먼은 일본과의 전쟁을 미국 주도로 승리하고 싶다는 생각에서 원자폭탄 투하 지역의 선정을 서둘렀다. 8월 2일에는 '히로시마·고쿠라·나가사키'의 세 도시가 목표로 결정되었고, 8월 6일 새벽에 우라늄 원자폭탄을 탑재한 B-29 폭격기 '에놀라게이'가 히로시마로 향했다.

오전 8시 15분, 히로시마시의 580미터 상공에서 원자폭탄이 폭발해 히로시마를 소멸시켰다. 이 시간대를 선택한 이유는 아침뜸으로 바람이 불지 않는 시기여서 바람 때문에 원자폭탄이 목표로부터 벗어나는 일이 없으리라고 생각했기 때문이었다.

3일 후, 나가사키에도 원자폭탄이 투하되다

히로시마에 원자폭탄이 투하되었음을 안 소련은 8월 8일 오전 11시에 대일 선전포고를 하고 9일 오전 0시에 중국 북동부(만주)를 공격했다. 9일 새벽, 이 사실을 알고 미국의 손으로 일본에 마지막 일격을

파괴된 우라카미 성당(왼쪽)과 그 주변(오른쪽)

가해야겠다고 생각한 트루먼은 3시간 후에 플루토늄 원자폭탄을 실은 B-29 폭격기 '박스카'를 띄웠다.

오전 9시 45분, 고쿠라 상공에 도달한 폭격기는 원자폭탄 투하 태세에 돌입했다. 그런데 진입 경로의 선택에 실패했고 전날의 폭격으로 발생한 화재의 연기 때문에 목표가 보이지 않았던 탓도 있어서 투하를 포기하고 다음 목표인 나가사키로 향했다. 그리고 오전 11시 2분, 503미터 상공에서 원자폭탄이 폭발해 나가사키를 폐허로 만들었다. 원자폭탄의 폭발 위력은 고성능 화약인 TNT(트리니트로톨루엔)로 환산했을 때 히로시마가 약 15킬로톤, 나가사키가 약 21킬로톤이었던 것으로 추정되고 있다.

고온의 불덩이에서 맹렬한 열선과 폭풍이

원자폭탄이 폭발하면 섭씨 1,000만 도, 수백만 기압이라는 초고온·초고압이 되며, 여기에서 파장이 매우 짧은 전자기파가 방출되어 공

375

기에 흡수된다. 그리고 다시 그 공기가 전자기파를 방출해 주위를 가열하는 일이 반복되어 불덩이라고 부르는 밝게 빛나는 덩어리가 생긴다. 불덩이에서는 열선이 방출되며[2], 폭발

출처 : 노구치 구니카즈 『방사능 사건 파일』 신일본출판사(1998)

히로시마에 투하된 원자폭탄이 만들어낸 버섯구름

에 따른 초고압으로 공기가 급격히 팽창해 충격파(폭풍)도 발생한다. 또한 대량의 방사선도 방출된다.[3]

폭풍과 열선, 방사선에 많은 사람이 목숨을 잃었다

원자폭탄의 피해는 폭풍과 열선, 방사선의 작용이 복합되어 일어났다. 히로시마의 경우 폭발 중심지로부터 1킬로미터, 나가사키의 경우 1.5킬로미터 이내의 차폐물이 없는 장소에 있었던 사람은 열선에 피부의 표면이 검게 타는 심각한 화상을 입고 대부분이 사망했다.

폭발이 일으킨 화재로 공기가 뜨거워져 온도가 급격히 상승하고, 여기에 차가운 공기가 불어와 화재가 더욱 격렬해지는 파이어스톰도

---

2 열선의 방출로 폭발 중심지의 온도는 섭씨 3,000~4,000도가 되었다.
3 폭발 후 1분 이내에 방출되는 초기 방사선과 1분 이상이 지난 뒤에 방출되는 잔류 방사선이 있다. 잔류 방사선의 대부분은 폭발로 생긴 핵분열 생성물이며, 흙이나 건물의 잔해 등이 중성자에 방사화된 것과 섞여 있다. 이런 방사화 강하물을 낙진(폴아웃)이라고 한다. 참고로, 원자폭탄이 대기권 내에서 폭발했을 경우 전체 에너지의 50퍼센트가 폭풍, 35퍼센트가 열선, 5퍼센트가 초기 방사선, 10퍼센트가 잔류 방사선에 배분된다.

발생했다.[4] 파이어스톰은 히로시마에서 격렬하게 일어나, 폭발 중심지로부터 2킬로미터 이내에 있는 가연물은 전부 불타 사라졌다.

폭풍의 위력은 폭발 중심지로부터 500미터 떨어진 곳에서도 초속 280미터에 달했기 때문에, 이 폭풍을 직접 맞은 사람은 모두 내장 파열 등으로 사망했다. 폭발 중심지로부터 1.8킬로미터 떨어진 곳에서도 초속 72미터의 폭풍이 불었고, 폭풍에 전파(全破) 혹은 반파(半破)된 건물에 깔려 많은 사람이 목숨을 잃었다. 폭풍과 화재로 히로시마는 13제곱킬로미터, 나가사키는 6.7제곱킬로미터에 이르는 광대한 범위가 폐허로 변해 버렸다.

히로시마는 폭발 중심지로부터 1킬로미터, 나가사키는 1.2킬로미터 이내의 차폐물이 없는 곳에 있었던 사람은 치명적인 선량의 초기 방사선에 피폭되어 거의 전원이 사망했다. 살아남은 피폭자도 화상이나 외상에 따른 켈로이드, 눈의 수정체가 혼탁해져 시력이 저하되는 백내장, 백혈병 또는 다른 장기의 암 등으로 고통을 겪어야 했다.

1945년 12월까지 히로시마는 약 14만 명, 나가사키는 약 7만 명이, 제2차 세계대전 이후 첫 국세 조사가 실시된 1950년 10월까지는 히로시마 약 20만 명, 나가사키 약 14만 명이 사망한 것으로 보인다.[5]

4　파이어스톰이 발생하면 매연(검댕)이나 핵분열 생성물 등의 미립자가 휘말려서 상공으로 올라가며, 그곳에서 수증기가 응축된 빗방울에 감싸여 지상에 검은 비를 내리는 경우가 종종 있다. 이 비는 봉사활동자나 가족·지인 등을 찾아 시내로 들어온 사람들에게도 내렸다.

5　시청에 보관되어 있던 호적 등의 공문서가 원자폭탄의 폭발로 전부 소실되었고 지역 사회도 완전히 붕괴되어 버렸기 때문에 정확한 사망자 수는 현재도 알 수 없다.

07 비밀이었던 수소폭탄의 구조를 과학자가 밝혀냈다? '마셜 제도'

수소폭탄 실험으로 주변에 있던 선원들과 여러 섬의 주민들이 하늘에서 내려온 하얀 재에 피폭되었다. 일본의 화학자들이 그 재를 분석해, 군사 기밀이었던 수소폭탄의 구조를 밝혀냈다.

미·소가 핵실험을 경쟁하는 핵 군비 경쟁의 시대로

미국이 히로시마와 나가사키에 원자폭탄을 투하한 지 4년이 지난 후 소련이 첫 원자폭탄 실험을 실시했다. 이에 미국은 원자폭탄보다 수십 배에서 수천 배나 강력한 수소폭탄의 개발에 나섰고, 1952년에 수소폭탄 실험을 실시했다. 그러자 이듬해인 1953년에 소련도 수소폭탄 실험을 실시하면서 핵 군비 경쟁이라는 위험한 시대가 시작되고 말았다.

미국은 1946년에 남태평양의 마셜 제도[1]에서 핵실험을 시작했다. 1954년 3~5월에는 '캐슬 작전'이라는 대규모 핵실험을 연달아 실시했는데, 그 중 5회는 비키니 환초에서, 마지막 1회는 에니웨톡 환초에서 실시했다.[2]

새벽 바다에 거대한 섬광이 나타났다

1954년 3월 1일 새벽, 비키니 환초에서 일시적으로 눈앞이 보이지 않

---

1 태평양의 적도로부터 북쪽, 날짜변경선에서 서쪽 지역의 섬들을 미크로네시아라고 한다. 마셜 제도는 미크로네시아에 속해 있으며, 작은 산호초 섬들이 모여 있다.
2 고리 모양으로 발달한 산호초를 환초라고 한다.

을 정도의 강렬한 섬광이 나
타났다. 일련의 실험 가운데
최대급이었던 브라보 실험으
로 15메가톤의 수소폭탄[3]이
폭발한 것이다.

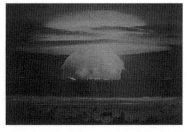

섬광 후, 거대한 버섯구름이

**비키니 환초에서 실시된
브라보 실험으로 생긴 버섯구름**

피어올라 3만 4,000미터 높이
까지 치솟았다.[4] 실험이 산호초의 지표면에서 실시되었기 때문에 대량의 산
호 파편을 비롯한 증발물이 핵분열 생성물과 함께 상공으로 날아 올라갔다.

주변 해역에서는 일본의 다랑어 연승 어선이 900척 이상 조업을
하고 있었다.[5] 제5후쿠류마루는 그 어선 중 한 척이었는데, 폭발 중
심지로부터 동쪽으로 160킬로미터 떨어진 곳에서 그물을 내린 뒤 엔
진을 멈추고 휴식을 취하고 있었다.

섬광이 나타난 지 약 8분 후, 땅울림 같은 굉음이 제5후쿠류마루
를 덮치면서 배가 크게 흔들렸다. 그리고 10분 정도 정적이 흐른 뒤
서쪽 수평선 위에 거대한 버섯구름이 나타났다. 선원들은 현장에서
철수하기 위해 그물을 걷어 올리기 시작했지만, 아무리 서둘러도 그
물을 다 걷어 올리려면 13시간은 필요했다. 그리고 폭발 후 동쪽을

---

3 TNT 화약으로 환산했을 때 히로시마에 투하된 원자폭탄의 1,000배 위력이다.
4 후지산의 약 9배 높이다.
5 하나의 긴 밧줄에 일정한 간격으로 가짓줄을 달고 그 가짓줄의 끝에 낚싯바늘을 매달아서
   물고기를 잡는 어업 방식을 연승(延繩)이라고 한다.

향해서 바람이 불기 시작했기 때문에 섬광이 나타난 지 약 2시간 뒤부터 하얀 재가 그 위를 걸으면 발자국이 남을 만큼 갑판 위에 쌓이기 시작했다.

위험 구역 밖에 있었던 제5후쿠류마루와 환초의 주민들이 피폭되었다

제5후쿠류마루는 위험 구역[6]으로부터 약 30킬로미터나 떨어진 곳에 있었는데, 그럼에도 피폭된 이유는 미국이 수소폭탄의 위력을 과소평가해 위험 구역을 잘못 예측했기 때문이었다. 이 때문에 위험 구역 바깥에 있는 롱겔라프 환초나 우티리크 환초의 주민들도 피폭되었다.

제5후쿠류마루의 선원 23명에게서는 하얀 재가 달라붙었던 곳에 화상의 증상이 나타나는 등 급성 방사선 장해가 발생하기 시작했다. 3월 14일에 모항인 시즈오카현 야키즈항으로 돌아오자 선원의 치료와 함께 선박과 다랑어의 오염 조사가 시작되었는데, 선원의 피폭량은 유효 선량이

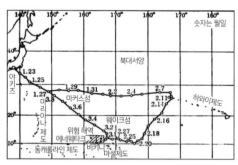

출처 : 미타케 야스오 『죽음의 재와 싸우는 과학자』 이와나미서점(1972)

제5후쿠류마루의 이동 경로

---

6 미국의 원자력 위원회가 설정했다.

1,700~7,000밀리시버트(mSv), 갑상선 등가 선량이 200~1,200밀리시
버트로 추정되었다.[7]

하얀 재는 비키니 환초의 동쪽 섬들에도 떨어졌다. 브라보 실험과
그 밖의 수소폭탄·원자폭탄 실험으로 롱겔라프 환초에서 67명, 아
일링기나에 환초에서 19명, 롱게리크 환초에서 28명, 우티리크 환초
에서 157명의 주민이 하얀 재를 뒤집어썼다.[8]

하얀 재를 분석하여 수소폭탄의 구조를 밝히다

제5후쿠류마루가 야키즈항으로 돌아온 이틀 후, 수많은 화학자가 갑
판 등에 쌓였던 하얀 재를 분석하기 시작했다. 그리고 2개월 뒤, 재
에 어떤 방사성 물질이 들어 있는지가 밝혀졌다. 가장 중요한 사실은
재 속에서 **우라늄-237이라는 자연계에는 존재하지 않는 방사성 물질이 발견
되었다는 것이다.**

우라늄-237은 고속의 중성자 1개가 우라늄-238에 충돌한 뒤 중
성자 2개가 튀어나가서 생성된다. 재 속에 우라늄-237이 있었다는
것은 수소폭탄의 주위를 우라늄-238이 둘러싸고 있었음을 의미한
다.[9] 우라늄-238로 수소폭탄을 둘러싸면 폭발의 위력이 강해지지만,

---

7 선원 중 한 명인 구보야마 아이키치는 1954년 9월 23일에 도쿄제일병원에서 "내가 마지막
   원자폭탄·수소폭탄 피해자이기를 바란다"라는 말을 남기고 세상을 떠났다. 직접적인 사인
   은 간장애였는데, 방사선 장해 치료 과정에서 수혈받았던 혈액에 섞여 있었던 간염 바이러
   스에 감염되어서 생긴 것이었다.
8 롱겔라프 환초 주민의 피폭량은 유효 선량이 1,750밀리시버트, 갑상선 등가 선량이
   100~1,500밀리시버트로 추정되었다.
9 수소폭탄뿐이었다면 재 속에 우라늄-237은 들어 있지 않아야 한다.

핵분열 생성물이 크게 증가하기 때문에 '더러운 수소폭탄'으로 불린다. 미국은 '더러운 수소폭탄'임을 비밀에 붙였지만, 화학자들이 그 사실을 밝혀낸 것이다.[10]

'금방 바닷물에 희석되는' 일은 없었다

태평양의 오염 상황을 조사하기 위해 일본의 과학 조사선 슌코쓰마루가 파견되었다. 조사 결과, 폭발 중심지로부터 1,000~2,000킬로미터나 떨어진 해역에서 채취한 바닷물과 생물

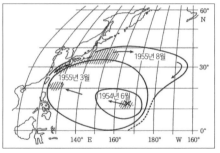

출처 : 미타케 야스오, 사루하시 가쓰코, 〈과학〉 Vol.28, pp.520-513(1957)

북태평양에서 방사성 물질의 확산 경로

에서 방사성 물질이 발견되었다. 미국은 "바닷물에 희석되기 때문에 오염의 우려는 없다"라며 핵실험의 안전성을 주장해 왔는데, 실제로는 '좀처럼 희석

---

10 물론 '더럽지 않은' 원자폭탄이나 수소폭탄이 있을 리 없지만, 우라늄-238로 주위를 둘러싼 수소폭탄은 수소폭탄 중에서도 특히 더럽기 때문에 '더러운 수소폭탄'으로 불렸다. 미국의 최고 군사 기밀이었던 수소폭탄의 구조를 화학자들이 자신들의 힘으로 밝혀냈기 때문에 미국은 크게 당황하게 된다.

되지 않은 채 멀리까지 운반된' 것이다. 이 결과에 놀란 미국 원자력 위원회는 비키니 해역에 조사선을 보내 추가 조사를 실시했고, 결국 일본의 조사가 옳았음을 인정했다.

08

비밀 도시에서 심각한 오염 사고가
발생했다? '구소련 첼랴빈스크'

비밀 도시에서 방사성 폐기물이 강과 호수에 버려지고, 저장 탱크의 폭발 사고까지 발생하면서 심각한 오염이 계속되었다. 방출량은 체르노빌 사고를 능가했지만, 주민들에게는 알려지지 않았다.

비밀 도시에서 핵무기 개발이 실시되었다

미국과 핵 군비 경쟁을 벌이고 있었던 구소련은 핵무기 개발을 10여 곳의 비밀 도시에서 실시했다.[1] 그 도시들은 큰 강과 인접해 있고 철도와 도로, 대도시가 가깝다는 입지 조건을 갖춘 곳에 건설되었다. 이런 비밀 도시 중 다섯 곳이 집중되어 있었던 우랄 남동부는 소련 핵무기 개발의 심장부라고 할 수 있는 지역이었는데, 첼랴빈스크 지역은 그중에서도 특히 중요한 곳이었다.[2]

영국으로 망명한 메드베데프는 소련에서 발표된 방사선 영향에 관한 논문을 상세히 분석한 뒤, 첼랴빈스크 지역에서 1957년부터 겨울에 대규모 핵 사고가 일어나 세계 최대의 오염을 초래했다고 발표했다. 그는 이 사

---

1 대도시에서 수십 킬로미터 떨어진 곳에 인구 수만 명의 폐쇄 도시를 건설하고, 이곳에서 핵무기의 설계, 제조, 조립, 핵탄두의 원료 생산 등을 실시했다.

2 비밀 도시 첼랴빈스크는 첼랴빈스크시에서 북서쪽으로 약 50킬로미터 떨어진 곳에 건설되었다. 처음에 소련은 이곳을 첼랴빈스크-40이라고 불렀으며, 그 후에는 첼랴빈스크-65라고 불렀다. 이 책에서는 간단히 '첼랴빈스크'로 표기한다. 이곳에서 생산된 플루토늄은 소련의 첫 원자폭탄 실험에 사용되었다.

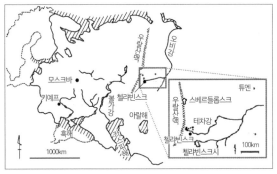

출처 : 〈원자력 자료〉 No.225(1989)를 일부 수정

'우랄의 핵 참사' 관련 지도

고를 '우랄의 핵 참사'라고 명명했고, 이에 관해 저술한 책은 전 세계에 충격을 안겼다. 이 사고는 오랫동안 확인되지 않다가 1991년 12월에 소련이 붕괴된 뒤에야 진상이 밝혀졌다.

높은 레벨의 방사성 폐수를 그대로 강에 흘려보내다

첼랴빈스크에서 플루토늄 생산의 중심지는 마야크 공업 콤비나트였다.[3] 다만 이곳에는 커다란 문제가 있었는데, 사용 후 연료를 재처리해서 플루토늄을 추출한 뒤에 남은 고레벨 방사성 폐기물을 어떻게 처리하느냐는 것이었다.

처음에는 폐수를 강에 그대로 흘려보내는 무모한 방법이 사용되었

---

3 마야크에는 플루토늄 생산용 원자로 4기, 재처리 공장, 고농축 우라늄 생산 공장, 실험용 및 방사성 동위 원소 생산용 원자로 1기 등이 있었다.

다. 약 100페타베크렐(PBq)[4]이라는 엄청난 양의 방사성 물질이 들어 있는 폐수가 테차강으로 흘러들어가, 하류 지역에 사는 주민 약 12만 4,000명을 피폭시켰다. 그러나 마야크의 존재 자체가 철저한 기밀 사항이었기 때문에 주민들은 고레벨 폐수가 강으로 흘러들고 있다는 사실을 전혀 알지 못했다.

1992년 가을에 테차강 유역을 조사한 일본의 화학자는 강가의 토양에서 세슘-137을 발견했다.[5] 고레벨 폐수가 흘러들었다는 증거가 40년이 지난 뒤에도 확실히 남아 있었던 것이다.

그다음에는 호수에 고레벨 방사성 폐수를 버렸다

1953년경부터 고레벨 폐수를 테차강에 버릴 수 없게 되자, 다음에는 근처에 있는 카라차이 호수에 폐수를 버렸다. 그 총량은 4.4엑사베크렐(EBq)[6]이라는 정신이 아득해질 정도의 양이었다. 체르노빌 원자력 발전소 사고로 방출된 양이 1~2엑사베크렐로 추정되니, 이를 능가하는 양을 작은 호수에 버렸던 것이다.

1967년 봄에는 가뭄으로 카라차이 호수가 말라붙어 호수 바닥이 노출되었는데, 이런 상황에서 2주 동안 강풍이 부는 바람에 약 200페타베크렐의 방사성 물질이 바람을 타고 날아가 1,800제곱킬로미터에 이르는 지역을 오염시켰다.

---

4 페타는 10의 15제곱. 즉 1,000조다.
5 노구치 구니카즈 박사(니혼대학교)가 토양을 채취해서 일본으로 가져와 분석했다. 참고로, 강가에서는 1시간당 13마이크로시버트(μSv/h)의 방사선이 검출되었는데, 이것은 자연 방사능의 100배가 넘는 수준이다.
6 엑사는 10의 18제곱. 다시 말해 1조의 100만 배다.

1957년에는 고레벨 폐수 탱크가 폭발하다

1957년 9월 29일, 마야크에 있는 고레벨 폐수 저장 탱크가 냉각 시스템의 고장으로 폭발하는 대형 사고가 발생했다.[7] 폭발로 약 700페타베크렐의 방사성 물질이 방출되었고, 그중 10퍼센트 정도는 바람에 실려 1,000킬로미터나 떨어진 곳으로 운반되었다. 사고 후 10일 동안 1,100명이, 그 후 1년 반 동안 다시 1만 명이 강제 이주를 당했고, 1만 5,000제곱킬로미터 넓이의 지역이 봉쇄되었다. 이주의 이유를 알리지는 않았지만 신속하게 주민들을 이주시킨 덕분에 피폭량은 최대 900밀리시버트(mSv), 평균 20밀리시버트에 그쳤다.

마야크에는 땅속 곳곳에 방사성 폐기물이 묻혀 있으며,[8] 그 총량은 약 40억사베크렐에 이르는 것으로 추정되고 있다. 이러한 사태에 입각해 러시아 정부는 1993년에 오염의 실태를 공표했다.[9]

---

7 이것이 메드베데프가 지적한 '우랄의 핵 참사'다.
8 '최소한도 수송의 원칙'을 따라 가까운 곳부터 순서대로 방사성 폐기물을 묻어 나갔다.
9 40여 년에 걸쳐 은폐해 왔던 것이다.

폐병원에서 훔친 방사선원 때문에 4명이 사망했다? '브라질 고이아니아'

폐병원에 있었던 세슘-137을 밀봉한 방사선원이 도난당해 해체되었다. 희푸른 빛을 내는 것을 보고 귀중한 물건이라고 생각해 핥거나 만진 4명이 목숨을 잃었다.

폐원된 병원에 도둑이 들어와 방사선원을 훔쳤다

방사선과 아무런 관계도 없는 사람이 방사선과는 아무런 관계도 없는 장소에서 방사선 장해로 사망하는 사고가 일어나기도 한다. 1987년에 브라질의 고이아니아시[1]에서 발생했던 사고도 그런 사고 중 하나였다.

이 사고는 시내의 폐원된 병원에 있었던 방사선 치료 장치의 조사체[2]가 도난당하면서 시작되었다. 9월 10일, 폐원된 병원에 귀중한 기계가 남아 있다는 소문을 들은 도둑 2명은 병원에 침입해 며칠 밤에 걸쳐 분해 작업을 한 끝에 13일에 그 기계를 분해하는 데 성공했다. 두 도둑은 조사체를 손수레에 싣고 500미터 떨어진 집으로 가져왔는데, 그날 불쾌한 기분과 구역질을 느꼈고 다음날에는 설사와 현기증이 나타났으며 오른손과 손목이 부어올랐다.[3]

---

1 고이아니아시는 수도 브라질리아로부터 남동쪽으로 약 250킬로미터 떨어진 농산물 집산지로, 사고 당시의 인구는 100만 명이었다.
2 안에 세슘-137이 51테라베크렐(테라는 1조) 들어 있었으며, 질량은 16그램이었다. 조사체에는 세슘을 염화물(염화세슘)로 만든 다음 수지(樹脂)와 섞어서 쌀알 크기로 뭉친 구슬이 채워져 있었다.
3 손의 부종과 현기증은 식중독에 따른 알레르기로 진단되었다.

세슘-137은 스테인리스강으로 만든 용기에 밀봉되어 있었기에 본래 밖으로 새어나올 위험성은 없었다. 그런데 도둑은 18일에 그것을 분해해 버렸다. 조사체는 그날 폐품 회수 업자에게 팔려 업자의 집 차고로 운반되었다. 업자는 어슴푸레한 차고에서 희푸르게 빛나는 조사체를 보고 '이건 귀중한 물건이구나'라고 생각해 집안으로 가지고 갔다.

샌드위치를 먹으면서 '보물'을 가지고 놀았다

다음날부터 3일 동안, 진귀한 '보물(조사체)'을 보러 친척과 이웃 사람들, 지인 등이 집으로 찾아왔다. 그 사이 폐품 회수 업자와 아내는 줄곧 '보물' 곁에 있었는데, 아내는 21일에 구역질과 설사 증상을 보여 병원에 갔다.[4]

9월 22~24일에는 업자의 고용인 2명이 조사체에서 차폐재인 납을 녹이는 작업을 실시했다.[5] 또한 24일에 찾아온 업자의 형은 '보물'의 일부를 받아서 자신의 집으로 가져가 테이블 위에 올려놓고 가족들과 함께 구경했다. 6세였던 딸은 샌드위치를 먹으면서 '보물'을 즐겁게 가지고 놀았다.[6]

9월 28일, 가족이 아픈 원인이 남편이 가져온 푸른빛을 내는 물건

---

4 진단은 식중독에 따른 알레르기였다. 아내는 6,000밀리시버트(mSv)를 피폭당했고, 이후 사망했다. 폐품 회수 업자는 7,000밀리시버트를 피폭당했지만 살아남았다.

5 각각 6,000밀리시버트와 5,000밀리시버트를 피폭당했으며, 이후 두 사람 모두 사망했다.

6 6,000밀리시버트를 피폭당했으며, 이후 사망했다. 몸속에 들어간 세슘-137은 10기가베크렐(GBq, 기가는 10억)이었다. 참고로 세슘-137 10기가베크렐의 질량은 0.31밀리그램에 불과하다. 손에 묻은 가루를 핥았을 뿐인데 사망한 것이다.

때문이라고 생각한 폐품 회수 업자의 아내는 고용인과 함께 조사체를 공중위생국으로 가져가, 의사에게 "이것이 가족을 죽이고 있다"라고 말했다. 의사는 시의 공중위생부에 연락해 도움을 청했다.

방사선 검출기의 스위치를 켠 순간 바늘이 최대치를 가리켰다

같은 28일, 조사체 때문에 몸 상태가 나빠진 10명이 입원해 있었던 병원의 의사는 이들의 증상이 방사선 피폭에 따른 것이라고 판단하고 주 환경국에 연락해 물리학자의 도움을 요청했다. 휴가로 고이아이나에 와 있었던 물리학자가 빌린 방사선 검출기를 들고 공중위생국에 도착해 스위치를 켠 순간, 바늘이 순식간에 최대치를 가리켰다.

물리학자는 검출기가 망가졌다고 생각해 다른 검출기를 빌린 다음, 이번에는 스위치를 켜 놓은 상태에서 공중위생국으로 돌아갔다. 그러자 검출기는 건물과 가까워질수록 큰 값을 나타냈다. 무엇인가 엄청나게 거대한 방사선원이 노출되어 있다고 결론을 내린 물리학자와 의사는 주의 보건국에 사태를 알렸다.

약 11만 명이 경기장에서 오염 검사를 받았다

브라질 원자력 위원회는 약 11만 명의 시민을 올림픽 경기장에 모아놓고 오염 검사를 실시했다.[7] 피폭된 사람 중 49명이 입원했고, 그중

---

[7] 249명이 오염되어 있었는데, 이 가운데 120명은 의복이나 신발이 오염된 것이었고 나머지 129명이 외부와 내부 오염이었다. 피폭 선량은 56명이 500밀리시버트 이상, 그중 19명이 1,000밀리시버트 이상 4,000밀리시버트 미만이고 8명이 4,000밀리시버트 이상이었으며, 7,000밀리시버트를 초과한 사람은 없었다고 한다.

21명은 집중 치료가 필요한 상태였다. 10월 1일에는 중환자 6명이 특수 시설이 있는 리우데자네이루의 해군 병원으로 이송되었다. 이 사고로 인한 사망자는 앞에서 이야기한 4명이며, 그 밖에 1명이 한쪽 팔을 절단했다.

오염 조사 결과 오염이 심한 지역은 군과 경찰의 감시 아래 출입이 금지되었다. 오염된 가옥의 철거와 토양의 제거가 실시되어 44테라베크렐의 세슘-137이 회수되었다고 한다.

이와 비슷한 사건은 또 있다. 1971년에는 일본 지바현의 조선소에서 용접한 장소의 비파괴 검사[8]를 위한 방사선원(인듐-192)이 땅에 떨어졌는데, 도급 업자인 청년이 그것을 주워서 집으로 가지고 돌아갔다.[9] 또 1984년에는 모로코 건설 현장에서 땅에 떨어진 사용하던 인듐-192 방사선원을 통행인이 주워서 집으로 가져가는 일이 있었다. 이 사고로 8,000~2만 5,000밀리시버트(8~25시버트)를 피폭당해 가족 8명이 모두 사망했다.

---

8   "4-6 방사선을 사용하면 물건을 부수지 않고도 속을 들여다볼 수 있다?"를 참조하기 바란다.

9   이 사고로 6명이 피폭되었지만 사망자는 없었다.

용어 해설

. . . .

이 책에 나오는 용어의 해설이다.
*가 붙어 있는 용어는 이 용어집에 설명이 있다.

가전자　원자*에서 가장 바깥쪽의 전자껍질*에 들어 있는 전자*

간접 작용　방사선*이 세포 속에서 물 등을 분해해 활성 산소나 유리기 등 매우 불안정한 물질을 만들고 이것이 단백질이나 DNA 등에 반응해 변화를 일으킴으로써 결과적으로 세포에 손상을 주는 것

감마선　방사선*의 일종으로, 불안정한 원자핵이 자신이 가진 잉여 에너지를 전자기파에 건네 방출한 것

개인 선량계　개인이 피폭된 방사선*량을 측정하기 위한 장치

광전 효과　감마선*이 원자*에 흡수되어 소멸하고, 그 에너지를 받은 궤도 전자*가 외부로 방출되는 현상. 광전 효과로 튀어나온 전자를 광전자라고 한다.

괴변　(⇒ 방사성 붕괴)

궤도 전자　원자핵 주위의 궤도를 돌고 있는 전자*

그레이　흡수선량*의 단위

급성 장해　피폭* 후 몇 주 이내에 증상이 나타나는 방사선* 장해

내부 피폭　몸속에 있는 방사성 핵종*에서 날아오는 방사선*에 피폭*되는 것

닫힌 껍질　(⇒ 전자껍질)

동위 원소　같은 원소(같은 원자 번호*)에 속한 원자* 또는 원자핵*이지만 중성자*의 수가 다르기 때문에 질량수*가 다른 것. 방사능*을 지닌 동위 원소를 방사성 동위 원소라고 한다. 동위체라고도 한다.

동중체　원자 번호*는 다르지만 질량수*가 같은 원자* 또는 원자핵*

들뜸　원자핵*의 주위를 돌고 있는 전자*(궤도 전자*)가 아예 바깥으로 쫓겨나지는 않았지만 안쪽 궤도에서 바깥쪽 궤도로 이동하는 것. 여기(勵起)라고도 한다.

등가선량　방사선* 방호를 위해 고안된 인체의 피폭*선량을 나타내는 척도로, 단위는 시버트다.

딸 핵종　방사성 붕괴*가 일어난 뒤의 핵종*

만성 장해　피폭* 후 수 개월 이상이 지난 뒤부터 나타나는 방사선* 장해

모니터링 포스트　흡수선량*률을 측정하는 장치로, 단위는 시간당 그레이*다.

문턱값　어떤 현상을 일으킬 때의 최소량. 역치라고도 한다.

물리적 반감기　(⇒ 반감기)

밀킹　반감기*가 긴 어미 핵종*에서 반감기가 짧은 딸 핵종*을 반복적으로 분리 · 추출하는 조작. 어미 핵종에서 딸 핵종을 분리시켜도 딸 핵종은 어미 핵종으로부터 생성되는 것이기 때문에 딸 핵종의 반감기의 몇 배의 시간을 두면 몇 번이라도 분리 · 추출할 수 있다. 젖소로부터 우유를 짜내는 작업과 비슷하다고 해서 이렇게 부른다.

반감기　방사성 물질*의 양이 절반이 되기까지 걸리는 시간으로, 물리적 반감기라고도 한다. 반감기가 와서 절반이 된 방사성 물질은 다음 반감기에 다시 그 절반이 되고, 그다음 반감기에 또다시 그 절반이 된다. 즉 완전히 없어지지는 않는다.

방사능　어떤 원자*가 가만히 내버려 둬도 스스로 방사선을 방출해 다른 원자로 바뀌어 버리는 성질을 지닌 것

방사선　높은 에너지를 지닌 소립자*나 전자기파*의 흐름

방사선 측정기　방사선*의 존재 여부, 방사선의 종류나 양, 에너지를 측정하는 장치. 방사선 측정은 크게 방사선의 양이나 질에 관한 측정과 방사능*에 관한 측정으로 나눌 수 있다.

방사성 물질　방사선*을 방출하는 물질

방사성 붕괴　방사성 핵종*이 방사선*을 방출해서 다른 핵종*으로 바뀌는 것

방사성 핵종　방사선*을 방출하는 핵종*

방사화 생성물　방사능*을 지니고 있지 않은 물질에 중성자*를 조사(照射)하면 중성자와 원자핵*의 상호 작용으로 방사화가 일어나 물질이 방사능*을 지니게 된다. 방사화한 물질을 방사화 생성물 또는 유도 방사능이라고 한다.

베크렐　방사능*의 세기를 나타내는 단위. 1초 동안 원자핵*이 붕괴*되는 수를 나타낸다.

베타 마이너스 붕괴　베타 붕괴의 일종으로, 원자핵*에서 마이너스의 전하를 가진 전자*가 튀어나온다.

베타 붕괴　원자핵*의 방사성 붕괴*의 일종으로, 불안정한 원자핵*이 베타선*을 방출해 다른 원자로 변한다. 베타 붕괴에는 세 종류가 있으며, 베타선이 방출되지 않는 베타 붕괴도 있다.

베타선　불안정한 원자핵*에서 방출되는 전자*의 흐름

베타 플러스 붕괴　베타 붕괴*의 일종으로, 원자핵*에서 플러스의 전하를 가진 양전자*가 튀어나온다.

붕괴 계열　연차 붕괴*에서 방사성 물질*이 변해 가는 과정을 정리한 것

비(比)방사능　방사성 동위 원소를 포함한 물질의 1그램당 방사능* 강도

비거리　방사선*이 물질 속에서 운동 에너지를 전부 잃어버릴 때까지 날아가는 거리

비활성 기체　가전자*가 가득 채워져 있어서 화학적으로 안정적인 까닭에 다른 원자*와 거의 반응하지 않는 원소. 헬륨, 네온, 아르곤 등으로, 전부 상온에서 기체 상태다.

생물학적 반감기　몸속에 들어간 방사성 핵종*이 생물학적 배설 작용만을 통해서 절반으로 줄어들기까지 걸리는 시간

선량당량　유효선량*을 몸속에서 직접 관측하기는 불가능하기 때문에 그 대용으로 사용하는 측정 가능한 척도. 어떤 장소의 방사선*의 강도를 측정하는 주변 선량당량과 개인의 피폭* 모니터링에 사용하는 개인 선량당량이 있다.

선질 계수　흡수선량*이 같더라도 방사선의 종류나 에너지(선질)에 따라 영향이 다를 경우가 있다. 이 영향의 차이를 수량적으로 표시하기 위해 사용하는 계수를 선질 계수라고 한다.

소립자　물질의 구조는 분자 → 원자* → 원자핵* → ……으로 계층화할 수 있는데, 원자핵의 다음에 오는 양성자*나 중성자* 등의 입자를 소립자라고 한다.

시버트　피폭*선량의 단위다. 등가선량*, 선량당량*, 유효선량*의 단위는 전부 시버트다.

신체적 장해　피폭*을 당한 본인에게 나타나는 방사선* 장해

알파 붕괴　원자핵*의 방사성 붕괴의 일종으로, 알파선이 방출된다. 알파 붕괴가 일어나면 원자 번호*가 2, 질량수*가 4 감소한다.

알파선　알파 붕괴*가 일어날 때 원자핵*에서 튀어나오는 입자로, 양성자* 2개와 중성자* 2개로 구성되어 있다.

양성자　원자핵*을 구성하는 소립자* 중 하나로, 플러스의 전하를 띤다.

양전자　질량은 전자*와 같지만 플러스의 전하를 지닌 소립자*

어미　핵종 방사성 붕괴*가 일어나기 전의 핵종

엑스선 전리* 능력을 지닌 전자기파*로, 원자핵*의 바깥에서 나오는 것을 말한다. 빌헬름 콘라트 뢴트겐이 발견했다.

연쇄 반응 반응으로 생겨난 생성물이 다음 반응에 사용되면서 반응이 연속적으로 일어나는 것

연차 붕괴 어떤 원자*가 방사선*을 방출해 다른 핵종*이 된 뒤에도 아직 방사능*을 지니고 있어서 반복적으로 붕괴가 계속되는 것을 연차 붕괴 혹은 축차 붕괴라고 한다. 또한 이때 나타나는 붕괴의 사슬을 붕괴 계열*이라고 한다.

외부 피폭 몸 밖에 있는 방사성 핵종*에서 날아온 방사선*에 피폭*되는 것

원자로 핵분열* 연쇄 반응*을 제어하면서 지속시킬 수 있도록 만든 장치

원자 물질을 구성하는 단위로, 원자핵*과 전자*로 구성되어 있다.

원자 번호 원자핵* 속에 있는 양성자* 수와 전자* 수는 서로 같다. 그 수를 원자 번호라고 하며, 원자*의 화학적 성질을 결정한다.

원자핵 양성자*와 중성자*로 구성된 복합 입자로, 원자*의 중심에 있으며 전자*와 함께 원자를 구성하고 있다.

유도 방사능 (⇒ 방사화 생성물)

유전자 유전 정보가 기록된 구조의 단위로, 대부분의 생물에서는 DNA*에 저장되어 있다.

유전적 장애 피폭*을 당한 사람의 자손에게 나타나는 방사선 장애

유효 반감기 몸속에 들어간 방사성 핵종*이 생물학적 반감기*와 물리적 반감기*에 따라 절반으로 줄어들기까지 걸리는 시간

유효선량 피폭*이 원인이 된 발암의 정도를 일률적으로 평가하는 피폭선량으로서 고안된 척도. 단위는 시버트*다.

이성질핵 원자 번호*와 질량수*가 같으면서 에너지 상태가 다른 원자핵*

이성질핵 전이 괴변*의 일종으로, 높은 에너지 상태의 원자핵*이 감마선을 방출해 낮은 에너지 상태가 되는 것

이온 전하를 띤 원자* 또는 원자의 집단(원자단)이 1개 이상의 전자*를 방출하면 양이온, 1개 이상의 전자를 받아들이면 음이온이 된다. 이렇게 해서 이온이 되는 것을 이온화 또는 전리*라고 한다.

자발 핵분열   외부에서 중성자*가 충돌하지 않았음에도 저절로 일어나는 핵분열*

전리 방사선   전리* 작용을 지닌 방사선*

전리   원자핵*의 주위를 돌고 있는 전자*(궤도 전자*)가 원자*로부터 떨어져 나가는 현상

전자기파   진공이나 물질 속에서 전기장과 자기장이 진동하고 그 진동이 주위로 전달되는 현상

전자껍질   원자* 안에서 전자*가 돌고 있는, 원자핵* 주위의 궤도. 원자핵과 가까운 순서대로 K껍질, L껍질, M껍질……이라는 이름이 붙어 있으며, 각각 2개, 8개, 18개의 전자가 들어갈 수 있다. 어떤 전자껍질에 들어갈 수 있는 최대한의 전자가 들어간 상태를 닫힌 껍질이라고 한다.

전자   소립자*의 일종으로, 원자핵* 주위의 궤도를 돌고 있으며 마이너스 전하를 띤다. 무게는 양성자*나 중성자*의 약 1,800분의 1에 불과할 만큼 가볍다.

전자 포획   베타 붕괴*의 일종으로, 원자핵*의 전자*가 방출되는 대신 궤도 전자*가 원자핵*으로 떨어지는 현상

중성미자   소립자*의 일종으로, 베타 붕괴*가 일어날 때 원자핵*에서 튀어나온다. 뉴트리노라고도 한다.

중성자   원자핵*을 구성하는 소립자* 중 하나로, 전하를 지니고 있지 않다.

직접 작용   방사선*이 단백질이나 DNA* 등의 중요한 화합물에 전리*나 들뜸(여기)*을 일으켜 파괴함으로써 세포에 손상을 주는 것

질량수   원자핵* 속에 있는 양성자* 수와 중성자* 수의 합계

콤프턴 효과   감마선*이 원자*에 부딪혀서 궤도 전자*를 밀쳐내 방출시키고 자신도 에너지의 일부를 잃어서 파장이 길어지는 현상. 방출된 전자를 콤프턴 전자라고 한다.

피폭   방사선*을 쐬는 것

핵반응   원자핵*과 다른 소립자*가 충돌함에 따라 일어나는 현상

핵분열   우라늄이나 토륨과 같은 무거운 원자핵*에서 일어나는 핵반응*으로, 원자핵이 무게가 그다지 다르지 않은 2개 이상의 원자핵으로 분열하는 것

핵종   원자 번호*, 질량수*, 원자핵*의 안정성을 기준으로 결정되는 원자핵의 종류

확률적 영향 아주 적은 피폭선량에서도 나름의 확률로 증상이 나타나는, 문턱값*
이 존재하지 않는 것으로 생각되는 장애. 피폭선량이 커질수록 발생 확률이 증가하
며, 증상의 정도는 피폭선량과 관계가 없다.

확정적 영향 피폭*선량이 문턱값*을 넘어서면 급격히 발생 확률이 증가해 모두에
게서 증상이 나타나며, 문턱값 이하에서는 누구에게서도 증상이 나타나지 않는 장
애. 피폭선량이 커질수록 증상이 심해진다.

흡수선량 인체 등에 흡수되는 단위 질량당 방사선 에너지*로, 단위는 그레이*다.

DNA 손상 방사선*, 자외선, 화학 물질 등에 DNA*의 염기 서열이 바뀌어 버리는 것

DNA 수복 세포 속의 효소가 DNA*의 손상을 고치는 것

DNA 유전자*의 본체. A, C, G, T의 네 문자가 나열되어 있으며, 이것을 DNA의 염
기 서열이라고 한다.

참고 자료

. . . .

책

- 菊池　誠・小峰公子『いちから聞きたい放射線のほんとう』筑摩書房

- 早野龍五・糸井重里『知ろうとすること。』新潮文庫

- 田崎晴明『やっかいな放射線と向き合って暮らしていくための基礎知識』朝日出版社

- 飯田博美・安齋育郎『放射線のやさしい知識』オーム社

- 舘野之男『放射線と健康』岩波書店

- 一ノ瀬正樹『放射能問題に立ち向かう哲学』筑摩書房

- 清水修二ら『放射線被曝の理科・社会』かもがわ出版

- 池田香代子ら『しあわせになるための「福島差別」論』かもがわ出版

- 舘野　淳『シビアアクシデントの脅威』東洋書店

- 中西準子『原発事故と放射線のリスク学』日本評論社

웹사이트

- 高エネルギー加速器研究機構「暮らしの中の放射線」
  http://rcwww.kek.jp/kurasi/index.html

- 消費者庁「食品と放射能Q&A」
  https://www.caa.go.jp/disaster/earthquake/understanding_food_and_
  radiation/material/

- 環境省「放射線による健康影響等に関する統一的な基礎資料」
  http://www.env.go.jp/chemi/rhm/h30kisoshiryo.html

- 福島県「水・食品等の放射性物質検査」
  https://www.pref.fukushima.lg.jp/site/portal/list280.html

- 福島県「各種放射線モニタリング結果一覧」
  http://www.pref.fukushima.lg.jp/site/portal/monitoring-all.html

- 大阪大学医学部甲状腺腫瘍研究チーム「ホームページへようこそ」
  http://www.med.osaka-u.ac.jp/pub/labo/www/CRT/CRT%20Home.html

참고 문헌

赤塚夏樹『日本の原発は安全か』大月書店(1992年)

秋山　守『軽水炉』同文書院(1988年)

アラン E. ウォルター『放射線と現代生活』ERC出版(2006年)

安斎育郎『からだのなかの放射能』合同出版(2011年)

安斎育郎『原発と環境』かもがわ出版(2012年)

安斎育郎『食卓の放射能汚染』同時代社(1988年)

安斎育郎『図解雑学　放射線と放射能』ナツメ社(2007年)

安斎育郎『福島原発事故』かもがわ出版(2011年)

安斎育郎『放射能から身を守る本』中経出版(2012年)

安斎育郎『放射能　そこが知りたい』かもがわ出版(1988年)

飯田博美・安斎育郎『放射線のやさしい知識』オーム社(1984年)

池田香代子ら『しあわせになるための「福島差別」論』かもがわ出版(2017年)

伊藤嘉昭・垣花廣幸『農薬なしで害虫とたたかう』岩波書店(1998年)

ウラル・カザフ核被害調査団編『大地の告発』リベルタ出版(1993年)

M. アイゼンバッド『環境放射能』産業図書(1979年)

岡野眞治『放射線とのつきあい』かまくら春秋社(2011年)

小野　周・安斎育郎編『原発事故の手引き』ダイヤモンド社(1980年)

菊池　誠・小峰公子『いちから聞きたい放射線のほんとう』筑摩書房(2014年)

北畠　隆『放射線障害の認定』金原出版(1971年)

工藤久明編『放射線利用』オーム社(2011年)

原子力技術史研究会編『福島事故に至る原子力開発史』中央大学出版部(2015年)

原子力ハンドブック編集委員会編『原子力ハンドブック』オーム社(2007年)

原子力用語辞典編集委員会編『原子力用語辞典』コロナ社(1981年)

児玉一八『活断層上の欠陥原子炉─志賀原発』東洋書店(2013年)

児玉一八・清水修二・野口邦和『放射線被曝の理科・社会』かもがわ出版(2014年)

小松賢志『現代人のための放射線生物学』京都大学学術出版会(2017年)

阪上正信編『放射化学　要覧と要説』金沢大学理学部放射化学研究室(1966年)

桜井　弘編『元素111の新知識』講談社(2009年)

清水修二『原発とは結局なんだったのか』東京新聞(2012年)

清水修二『NIMBYシンドローム考』東京新聞出版局(1999年)

清水修二・野口邦和『臨界事故の衝撃』リベルタ出版(2000年)

J. エムズリー『元素の百科事典』丸善(2003年)

菅原　努監修『放射線基礎医学』金芳堂(1992年)

政治経済研究所編『福島事故後の原発の論点』本の泉社(2018年)

田崎晴明『やっかいな放射線と向き合って暮らしていくための基礎知識』朝日出版
社(2012年)

多田　将『放射線について考えよう。』明幸社(2018年)

舘野　淳『原子力のことがわかる本』数研出版(2003年)

舘野　淳『シビアアクシデントの脅威』東洋書店(2012年)

舘野　淳『廃炉時代が始まった』朝日新聞社(2000年)

舘野　淳・野口邦和・青柳長紀『東海村臨界事故』新日本出版社(2000年)

舘野之男『画像診断』中公新書(2002年)

舘野之男『放射線と健康』岩波新書(2001年)

舘野之男『放射線と人間』岩波新書(1974年)

田中司朗ら編『放射線必須データ32』創元社(2016年)

D.N.トリフォノフ・V.D.トリフォノフ『化学元素 発見の道』内田老鶴圃(1994年)

中川　毅『人類と気候の10万年史』講談社(2017年)

中島映至ら『原発事故環境汚染』東京大学出版会(2014年)

中嶋篤之助『Q&A原発』新日本出版社(1989年)

中嶋篤之助編『地球核汚染』リベルタ出版(1996年)

中嶋篤之助『現代と原子力』汐文社(1976年)

永田和宏ら『細胞生物学』東京化学同人(2006年)

長瀧重信『原子力災害に学ぶ放射線の健康影響とその対策』丸善出版(2012年)

中西準子『原発事故と放射線のリスク学』日本評論社(2014年)

中西友子『土壌汚染』NHK出版(2013年)

日本アイソトープ協会『アイソトープ手帳』(2002年)

日本原子力産業会議『解説と対策　放射線取扱技術』(1998年)

日本物理学会編『原子力発電の諸問題』東海大学出版会(1988年)

日本分子生物学会編『21世紀の分子生物学』東京化学同人(2011年)

日本保健物理学会『暮らしの放射線Q&A』朝日出版社(2013年)

野口邦和編『原発・放射能図解データ』大月書店(2011年)

野口邦和『放射能汚染と人体』大月書店(2012年)

野口邦和『放射能からママと子どもを守る本』法研(2011年)

野口邦和『放射能事件ファイル』新日本出版社(1998年)

野口邦和『放射能のはなし』新日本出版社(2011年)

早野龍五・糸井重里『知ろうとすること。』新潮文庫(2014年)

B.アルバートら『細胞の分子生物学』ニュートンプレス(2017年)

物理学史研究刊行会編『物理学古典論文叢書　放射能』東海大学出版会(1970年)

松原昌平ら『わかりやすい放射線測定』日本規格協会(2013年)

薬袋佳孝・谷田貝文夫『放射線と放射能』オーム社(2011年)

三宅泰雄・中島篤之助『原子力発電をどう考えるか』時事通信社(1974年)

三宅泰雄『死の灰と闘う科学者』岩波書店(1972年)

米沢富美子『猿橋勝子という生き方』岩波書店(2009年)